自家採種ハンドブック

ミシェル・ファントン, ジュード・ファントン［著］
自家採種ハンドブック出版委員会［訳］

「たねとりくらぶ」を
始めよう

現代書館

自家採種ハンドブック
―「たねとりくらぶ」を始めよう―

現代書館

巻頭言

秋山豊寛

　食にこだわりを持つ人、安全性や味を大切にしたいと考える人々の中に、食材を自分で買って調理するだけではあき足らず、自分で食材を育てるところから始めたいという人が出てきても不思議はありません。

　ところが、いざ実際に、あの時食べたあれを食べたいと考えて、自分で材料になる野菜や穀類を育てようとタネを捜してみますとコトはそう簡単でないことに気がつきます。

　確かに種屋さんに行けば、たとえば、トマトやキュウリ、ナスなどの夏野菜、ホウレンソウやダイコンなどたくさんの種類が、いくらでもあるように見えます。多くは交配種で、毎年タネを買うことが前提のものが結構たくさんあります。しかし、多少こだわって、在来種のタネが欲しいと思って捜すと、これが予想外に見つけるのが難しいのです。

　たとえば、シロウリは漬物にすると美味しいし、自分でやってみようとタネを捜すとなりますと、これがどこの種屋さんにでもあるというわけではありません。結局、友人を通じて手に入れるということになります。古くから五穀に数えられているアワやヒエなども、やはり作っている人を捜し出すことが出発点になります。

　穀物をはじめとする農産物の自給の重要性は多くの人々が指摘し、納得することでもありますが、多くの場合、国内での自給が強調されるにとどまります。ところが、タネの自給についてはあまり強調されないばかりか、生産者によるタネの自給の重要性はほとんど指摘されません。タネの種類によっては、原産国が外国である場合が、たとえばトウモロコシの場合など、少なくありません。ひょっとして遺伝子組み換えのタネが輸入されている可能性だって考えられます。

　タネを生産者が毎年買わねばならないシステムは、結局のところ、作物を育てる人がタネの生産者（社）に、依存することになります。タネを供給する側の都合に合わせねばならないことにもつながります。しかし、農業の持続可能性は、生産者によるタネの自給も前提となるはずです。

　生物の世界で、種の多様性が重要であることは、多くの人々が認めるところです。

　植物についても同じことです。作物についても同じことです。一般の圃場で生産者が、自家採種のタネで、好みの作物を育て続けることは、種の多様性を維持するという点からも重要です。特に、自給のために、自分の好みのために一定の作物を作り続けることは重要です。何故なら、商品作物を作る場合に考えられる「効率性」なるものと離れたかたちで生産が維持されるからです。

タネは研究所や試験場にたくさんあります。しかし、これは研究目的に添ったかたちでのタネの保存であり、研究予算の都合で処分される可能性があります。種子バンクにしても、銀行ですから破産することもあります。種屋さんは商売上のタネの保存ですから、儲からなければ、生産者のところまでタネが出て行くことはありません。
　個人の場合も、それに関心を持ち、こだわりを持つ人が少なければ、結果は同じようなものになる可能性は否定できませんが、それなりの人数の生産者が存在すれば、研究所や試験場に優るとも劣らない役割を果たすことは可能になります。好みやこだわりは、お金に換算されない価値の大切さを前提としています。収穫量が少ないから意味がないというような考え方はしないでしょう。
　東北地方でジュウネンと呼ばれるエゴマなどは、商品作物としては、あまり効率の良くない作物ですが、土地の人々の好みと、育てやすさから、各地の農家の畑の隅で、細々と栽培が続いていました。現在、このエゴマの油の成分の良さが改めて見直されています。このエゴマにしても、市場に出すことが目的ではなく、自家消費を目的に栽培されていたからこそ残っているものです。
　ところで、タネを採ることを目標に植物が枯れるまで、つまり、その植物の一生と付き合ってみますと、一年草の場合、たとえば大根にしろ、人参にしろ、こんなに可愛い花が咲くのかと驚かされます。畑の一部を通常より長い期間占拠されますから、いわゆる畑利用の効率からいえば、時に不便なこともありますが、短いスパンでの効率とは違う何かがそこにあることに気がつきます。
　植物のタネが播かれ、生長し、花を咲かせ、実をつけ、葉がしおれ、茎が枯れる経過を全体として見ていますと、改めて、生命のつながりを感じることができます。タネが生命のかたまりであること、いとおしさを感じることができます。
　21世紀は、生命科学が大いに発展する時代とも予測されています。しかし、残念なことには、こうした状況を手放しで喜ぶわけにもいきません。たとえば遺伝子研究をめぐる科学の発展は、技術革新によって、その成果とやらが慎重な安全確認もされないままに実用化される方向にあります。通常、実用化なるものは、大きな組織によって実現され、成果は、その実用化のために投資した人々に基本的には専有されるのが実情です。
　科学技術の発展とやらが、商品化と手をたずさえて、つまり商業主義と結びつくかたちで進んでいる現状では、私たちが、金儲けのシステムの肥やしにされないための、何らかの対応が迫られています。努力がもとめられています。その努力の方向のひとつが、自給であり、タネについても自給を志す人々のネットワークが形づくられることです。そうした一人ひとりの努力がネットワークとして広がることが、時代を少しずつでも良くする方向なのです。

自家採種ハンドブック──「たねとりくらぶ」を始めよう──●目次

巻頭言 ……………………………… 秋山豊寛 *2*

第Ⅰ部
種とりの目的

第1章　種子保存のネットワーク……………… *10*
第2章　生物多様性の背景……………………… *16*

第Ⅱ部
種とりの基本

第1章　どんな種子を守っていくか…………… *28*
第2章　交雑の防止と種子の生産……………… *32*
第3章　選抜と収集……………………………… *39*
第4章　採種のあとは…………………………… *44*
第5章　種まきと設計…………………………… *54*
第6章　特別な仲間──ウリ科植物…………… *65*

第Ⅲ部
品目別の種とり法62

品目	科	頁
キャベツ	アブラナ科	71
ブロッコリー	アブラナ科	73
カリフラワー	アブラナ科	75
メキャベツ	アブラナ科	76
ケール	アブラナ科	77
ハクサイ	アブラナ科	79
チンゲンサイ	アブラナ科	80
ミズナ	アブラナ科	82
タアサイ	アブラナ科	82
カブ	アブラナ科	83
コマツナ	アブラナ科	85
アブラナ・在来ナタネ	アブラナ科	86
タカナ・カラシナ	アブラナ科	87
ダイコン	アブラナ科	88
ラディッシュ	アブラナ科	91
ルッコラ	アブラナ科	92
トマト	ナス科	93
ナス	ナス科	97
ピーマン・トウガラシ	ナス科	100
キュウリ	ウリ科	102
カボチャ	ウリ科	105
ズッキーニ	ウリ科	107
トウガン	ウリ科	108
ニガウリ	ウリ科	109
スイカ	ウリ科	110
マクワウリ・メロン	ウリ科	112
シロウリ	ウリ科	114
ハヤトウリ	ウリ科	114
オクラ	アオイ科	116
トウモロコシ	イネ科	117
レタス	キク科	123
シュンギク	キク科	127
ゴボウ	キク科	128
フキ	キク科	129
シソ	シソ科	130
ネギ	ユリ科	132
タマネギ	ユリ科	134
ラッキョウ	ユリ科	137
ワケギ	ユリ科	138
ニラ	ユリ科	139
ニンニク	ユリ科	140
アスパラガス	ユリ科	141
ニンジン	セリ科	143
セロリ	セリ科	146
パセリ	セリ科	147
ミツバ	セリ科	148
ホウレンソウ	アカザ科	149
モロヘイヤ	シナノキ科	151
ツルムラサキ	ツルムラサキ科	152
ダイズ	マメ科	153

インゲンマメ	マメ科	155
ソラマメ	マメ科	159
エンドウ	マメ科	161
ササゲ	マメ科	164
アズキ	マメ科	165
ピーナッツ	マメ科	166
ゴマ	ゴマ科	168
ジャガイモ	ナス科	169
サツマイモ	ヒルガオ科	172
サトイモ・タロイモ	サトイモ科	174
ヤマイモ・ヤム	ヤマノイモ科	177
ショウガ	ショウガ科	179

付録●珍しい野菜・ハーブ64品目の種とり法

エンダイブ／チコリー …… 182	リママメ／ヤムビーン …… 198
アーティチョーク／カルドン …… 183	チャイブ／エシャロット …… 199
セルタス／セイヨウタンポポ …… 184	ツリーオニオン／リーキ …… 200
ヒマワリ／キクイモ …… 185	マスタード／コールラビー …… 201
カレンデュラ／マリーゴールド …… 186	コラード／ビート …… 202
サルシファイ／タラゴン …… 187	フダンソウ／ヤマホウレンソウ …… 203
コリアンダー／ディル …… 188	トロロアオイ／ロゼラ …… 204
セルリアック／チャービル …… 189	ソレル／ルバーブ …… 205
フェンネル／アメリカボウフウ …… 190	エンサイ／パンジー・スミレ …… 206
ペルーサトウニンジン／バジル …… 191	コーンサラダ／ポピー …… 207
ミント／ローズマリー …… 192	ハマヂシャ／キンレンカ …… 208
セージ／タイム …… 193	サラダバーネット／ボリッジ …… 209
マジョラム／クロダネカボチャ …… 194	レモングラス／アマランサス …… 210
ヘチマ／ヒョウタン …… 195	ケープグズベリー／キャッサバ …… 211
グアダビーン／コリラ …… 196	オカ／ショクヨウカンナ …… 212
フジマメ／ベニバナインゲン …… 197	ウコン／オオグロクワイ …… 213

第Ⅳ部
「たねとりくらぶ」へのお誘い

「たねとりくらぶ」をはじめませんか？・216
ローカルシード・アクションリスト……218

付表　交配方法と寿命………………………230
用語解説………………………………………234
参考図書………………………………………238

日本語版出版にあたって……………………241
あとがきにかえて……………………………246
出版委員会・出版協力者……………………253
監修者…………………………………………254

装幀／渡辺将史

第Ⅰ部 種とりの目的

第1章
種子保存のネットワーク

❦なぜ収集するか❦

　この本で取り上げた命ある資源——伝統的な作物の品種——は、これまで系統だった収集の対象とされたことがありませんでした。十分な説明がされたことも、農業、園芸関係の書物で取り上げられたこともなかったのです。これらの植物の種子は店頭にはなく、野菜をつくる人から人へと手渡されてきたものです。種子も文化遺産の一部なのに、これまでほとんどかえりみられてこなかったことに気づいた人々が、シードセイバーズ・ネットワークに参加して、この豊かな遺産を改めて評価し、受け継いでいこうとしています。これからさらに多くの人々が野菜づくりのなかで、欠かせない作業として種子をとり、守っていくことでしょう。

　この10年ほどの間に、家庭菜園や農場から遺伝的多様性が失われていくという心配が世界的につのってきました。1991年9月、ヨーロッパ議会の農業委員会が植物遺伝子資源を管理・保存する計画を立て、ヨーロッパ遺伝子バンクプログラムとNGO（非政府組織）に作物ネットワークをつくるようにすすめました。この重要な仕事に対する1992年度の予算はほんの250万USドルにすぎなかったのですが、1992年発行の『ジーンフロー』誌（先進国政府の寄付金によってまかなわれている植物遺伝子資源のための国際研究所の出版物）によると、この勧告には大きな意味がありました。

　「NGOがおこなっている植物遺伝子資源の保存の重要性が公聴会で明らかになり、以下の点について早急な対応が必要であると力説された。
・持続可能な農業システムにおいて、遺伝的多様性を維持し利用することについて民間のリーダーシップを強化しサポートすること。
・遺伝的多様性の喪失を食い止め、現在残っている遺伝子資源を有効利用するために公的・非公的なリーダーシップをとること」
　シードセイバーズ・ネットワークでも、目的を同じくする個人や組織とコンタクトをとりたいと望んでいます。

🌱 始まり 🌱

　なぜ私たちがシードセイバーズ・ネットワークを始めたのかと訊ねてくるニュースメディアが増えています。ミシェルは決まってこう答えます。
　「これはまったくジュードのせいなんです。彼女は正真正銘のフランス料理しか食べたくないというのです。いいところを見せて彼女の愛を勝ち取ろうと、私は正統派の料理をすることはもちろん、肝心な材料のほうも育てなければならなくなったわけです。
　それまでも、トマト、ピーマン、タンポポとチコリーは、よいものを家庭菜園でつくっていました。しかし本物の料理をつくるためにはそれにふさわしい品種が必要だったのです。そこで夏のニース風ラタトウユをつくるために、私はサラダ用トマトではなく煮込み料理に向く肉厚のトマト、赤と緑のピーマン、丸くて香りのよいニースのウリ、匂いの強い紫色のニンニクを探し始めました。
　本当の愛がなければできなかったことでしょう。しかしこれらの種子はほとんどどこにも売っていなかったので、私は『グラスルーツ』誌と『アースガーデン』誌（オーストラリアの園芸季刊誌）に広告を出さなければなりませんでした。すると、すごい反響があったのです。とにかく、たくさんの種子が来て、野菜づくりの仲間に分けなければならないほどでした」
　また、こう答える場合もあります。それは1985年にデイビット・カバナロと知り合ったことにまつわる話です。アメリカの自然学者、写真家で、食用植物の品種保存に熱心な彼は、私たちにオーストラリアで種子保存のための団体を始めるように非常に強くすすめ、アメリカでケント・ウィリーが設立した「シードセイバーズ・エクスチェンジ」という組織を紹介してくれました。ケント・ウィリーは家庭栽培品種の系統だった収集を公的に始めた最初のヨーロッパ人でした。私たちは彼の努力に刺激されて、手始めの参考にさせてもらいました。オーストリア、スイス、ドイツ、フランスにも同様のNGOがあり、市民の支援のもとに運営されています。
　また、ときにはこんな説明もします。シードセイバーズ・ネットワークは、珍しい、地域に適した品種を収集する私たちの習慣と、自分で育てたいという情熱とともに人にも分けてあげたいという気持ちから生まれたのだと。
　私たちは店では買えない貴重な在来種のいくつかを、引退しようとしている農家から譲ってもらいました。これらの珍しい種子を野菜をつくる人たちに分けて、この特別な種子が、たとえばネズミの被害にあったり、ハチによる交雑でだいなしになることがないようにしたいと思いました。また、これらの種子をどのよう

にして保存するかという知識も人々に伝えたいと思いました。

　もし政治的意図を持つインタビュアーに質問されたら、私たちは独立した家族経営の種苗会社が大きな国際的企業に合併されてしまうという問題について話すかもしれません。これらの小さな会社は当分自社名を保てるかもしれませんが、大株主の意図によって、彼らの提供してきた種子は「合理化」されてしまうでしょう。つまり小さな種苗会社が人々に提供してきた豊富な品種はほんの少しに減らされ、有用な最高級の野菜の種子は大部分があっという間に公衆の面前から姿を消していくのです。

　このような状況をうち破るため、シードセイバーズ・ネットワークがつくられたのです。ほかの国においても同じころに同じような種子保存のネットワーク組織が設立されています。私たちは皆、多くの園芸家と種子を守ってきた人々の努力を無にしてはいけないと考えたのです。

　設立にあたって、パーマカルチャーの父、ビル・モリソン氏が大いに励ましてくれました。彼はシードセイバーズ・エクスチェンジの活動を強力にサポートしていて、私たちが同じような組織をオーストラリアに設立しようとしていることを知り、たいへん喜んでくれたのです。

　このように、シードセイバーズ・ネットワークの誕生にはいくつもの理由があったことがおわかりでしょう。私たちが1986年に始めた種子保存と教育のためのトラストは、ほんの手始めに過ぎなかったのです。種子、特に食用そのほか利用価値の高い植物の種子は、一般の人々が管理しなければなりません。とても大切なものだからこそ、ごく少数の人々の独占管理に委ねるべきではないのです。支える人の手が多ければ多いほど、種子は確実に保存されていくのです。

🍎シードセイバーズ・ネットワークの実際🍎

　シードセイバーズ・ネットワークがユニークなのは、社会的に重要な活動を政府の資金援助を受けずにおこなっている点です。研究機関や植物学者が研究対象としてこなかった種子を、売るのではなく、普及させるのです。たとえ農業官僚が市民の意を受けて利用価値の高い品種の収集と維持を優先的におこなうと決定したとしても、そして、それを長期、短期の使用にあわせて一定湿度・温度で貯蔵すると決めたとしても、野菜をつくる人たちは、この受け継がれてきた作物に容易には近づけません。というのも、研究機関というものは、一般個人一人ひとりの要望に対応するようにつくられているものではないからです。

　シードセイバーズ・ネットワークでは、本来の場所での保存を進めています。

それは自分が暮らす地域、自分の畑で受け継がれてきた作物の世話をするということです。決して重荷にはなりません。ネットワークには、一品種にだけ責任を持って毎年育てるだけの人もいてよいわけです。実際、特定の一品種の世話をする人がだんだん増えています。たとえば、ある人はピーマンの採種を専門におこない、ある人はタマネギの採種を専門におこなうというように。マメ類のように品種が多いものについては、中心になって管理をする人だけでなく、それをバックアップする人もいます。

　私たちは大切な植物を保存するための庭園を街の公園につくるようにすすめています。その植物園では発祥の地を同じくする植物がともに育つ生態系をしつらえて、「多様性の中心」（詳しくは第2章参照）を表現します。たとえば南アメリカの畑、エチオピアの畑、中国の畑などのように。

　この展示の中で、植物に種子をつけさせます。野菜づくりのベテランたちが、自家採種を含めたガーデニングのテクニックを披露するのです。ここではもちろんF1品種（一代交配種）ではなく、在来種や固定種を使います。

　このような伝統植物園は、教育活動の格好の場となるでしょう。家庭菜園を含めたガーデニングはオーストラリアで最も人気のある野外活動のひとつだと知って、私たちは希望をふくらませています（1987年オーストラリア国民生活調査委員会レポートによる）。

　世代から世代へと大切に受け継がれてきた先祖伝来の種子には、自家採種できる種子が豊富にあって、熱心なメンバーたちの手で育てられています。植物多様性の危機をうち破ろうとするこの活動に参加したいという方は大歓迎です。シードセイバーズ・ネットワークに参加することで、先祖の遺産である自然受粉種子を熱心に保存している人々と協力していけることでしょう。

　種子保存の初心者、経験者を問わず、また、地元の種子保存グループを立ち上げたいという方も、それぞれ植物の多様性の保存に大きな貢献ができます。経済的貢献でもよいし、バンクに種子サンプルを送っていただいても、ニュースレターの種子交換を通じてほかのネットワークサポーターに種子を提供していただいてもよいのです。もっと活発に関わりたいと思われるなら、品種を試験栽培したり、わずかしかない種子のサンプルを増やしたり、保管者になっていただくこともできます。シードセイバーズ・ネットワークでは、十分な量の種子を送っていただいた場合や、ニュースレターに提供者として登録していただいた場合には、その年の会費を減額させていただくことにしています。

　シードセイバーズ・ネットワークでは、会員あてに年2回ニュースレターを送っています。ニュースレターでは、種子に関するニュース、自家採種のヒント、

種子交換を取り上げていて、そこでは会員が多数の種子、根茎類、その他さまざまな種苗を提供しています。その多くは、めったに買うことができないものです。ニュースレターを通じて探している種子の提供を求めたり、手持ちの余った種子を提供することもできます。また、ニュースレターのリストを見て種子を注文することもできますし、年間を通じて「シードバンク」あてに申し込んでさまざまな種子を手に入れることもできます。

シードセイバーズ・ネットワークの「シードバンク」は、生きた種子が集まっている場所です。本来シードバンクの働きは、種子の受け入れと普及のための場所となることで、長期の保存を目的とするものではありません。私たちはネットワークを通じて受け渡される種子に対して、世代ごと、栽培者ごとに、品種を識別する登録ナンバーをつけ、記録を保存していますが、このことが重要なのです。シードセンターは、ニューサウスウェールズ州のバイロンベイに1998年につくられました。品種の試験栽培をする機能、展示・教育の施設があり、「シードバンク」とシードセイバーズ・ネットワークの事務所もここに入っています。

シードセイバーズ・ネットワークの役割は、種苗類を、それらを育てたいという人の手に確実に渡すことです。まだまだ手つかずの有用な植物が何千種も残っているのです。あなたの住む地域でも種子保存のグループをつくることをおすすめしたいし、私たちもそれをサポートすることができると思います。

シードセイバーズ・ネットワークには慈善部門がありますが、これは政治的に混乱した地方の農家や難民を助けることを目的としています。また、種子を買う余裕のない人に種子を提供しています。菜園用、農場用の種子を小包にして、ボツワナ、南インドのデカン高原、パプアニューギニア、エクアドル、サラワクなどの村や開発を援助している人々に送りました。あなたの地域のグループでもこういった海外の特別プロジェクトに向けた種子を育ててはいかがでしょう。

1995年、シードセイバーズ・ネットワークでは、海外で種子保存ネットワークを設立するため、助言とトレーニングをおこなう大々的なプログラムを始めました。この活動は、ソロモン諸島、トンガ、キューバ、カンボジア、マレーシア、南アフリカなどでおこなっています。また、フィジー、インド、ジンバブエ、ネパール、アメリカ合衆国でも、種子所有権の独占、遺伝子組み換え、植物特許の問題、そしてもちろん地域での種子バンク設立など、さまざまな内容について話し合う会議に参加してきました。

シードセイバーズ・ネットワークでは、これら海外プロジェクトに参加するためのトレーニングもシードセンターでおこなっています。すでに自国でトレーニングを受けていて、持続的農業プログラムで働きたいという人たちには、上級者

向けのコースとインターン制度もあります。コースやインターン制度についての情報や申し込みを希望される方は、巻末の連絡先へ直接ご連絡ください。

　次に世界的視野で種子をめぐる問題を見てみましょう。

第2章
生物多様性の背景

私が貪欲をのみ愛したとき、
私の力は無だった。
石を植える者には種子はできない。

——ビル・モリソン——

❦種子の故国❦

　20世紀初め、ロシアの植物学者ニコライ・バビロフは、世界中で作物の遺伝学的な故郷であるいくつかの場所を確認しました。彼はそこを植物の多様性の出発点という意味で「多様性の中心」と名づけ、この多様性の中心を保存することの大切さを強調しました。そここそ、作物とその近縁野生種が、本来生活していた場所なのです。

　これらの中心の多くは、山や川や湖にさえぎられ、何世紀にもわたって同じような農耕がくり返されていたのです。そこはまさに農業のゆりかご、幾種もの植物の栽培の発祥の地だったのです。

　時を経て、人の手による選抜と自然の摂理による選択が、これらの植物をそれぞれ異なった形質を備えた新しい形態へと進化させてきました。これが在来種とよばれるものです。在来種には多くの遺伝学的な変異が含まれているため、それぞれの作物がさまざまな環境変化を生き延びることができたわけです。未来を考える科学者も植物育種家も、気候が急速に変わっていく現在の地球で、この遺伝的多様性をもつ在来種がいかに重要であるかを認識するようになっています。

　バビロフは、各地を旅して植物を集めることに一生を費やしました。その足跡は広く、南アメリカ、日本、その他ヨーロッパ全土、北アメリカなどに及んでいます。レニングラードのバビロフ研究所は世界で最初の、最大にして最高のシードバンクであり、25万種の生きた種子のサンプルを、保管庫と農場で保管していました。この研究所員の半世紀前の献身ぶりは、今も人々に感銘を与えます。ファウラーとムーニーの著書には次のように記されています。

　「900日におよぶレニングラードの包囲が終わるまでに60万人の人々が路上で餓死し、バビロフ研究所の種子バンク部門でも20人が飢え死にした。生き残った

人々はおがくずからネズミまで目につくものは何でも食べた。農業研究所の稲コレクションを担当していた所員は、遺伝子バンク内で米の袋に囲まれて死んでいた。『遺伝子資源は子孫からの預かり物』——彼らは、今ではすっかり有名になったこの格言を心から信じていたのだ」

バビロフはまた、作物が何千年も前に持ち込まれ、栽培植物として確立し、広まっていった二次的な多様性の中心も確認しました。たとえば、コーヒー、ミレット（雑穀）、ソルガムの本来の多様性の中心であるエチオピアは、中央アジアのトランスコーカサス、ヴォルガ河、アフガニスタン、インドあたりが原産であるコムギの二次的な多様性の中心でもあると考えられているのです。

近代種がしだいに先祖伝来の多様性の中心に入り込んで在来種にとって代わるにつれて、多様性の中心にたくわえられていた遺伝子資源が失われることを心配する科学者が現れてきました。政府や大企業も、私たちが現在利用している食物、薬草、繊維植物、油用植物の原始的な近縁種を探すために、植物学者団を世界中に派遣しています。

国連も国連食糧農業機関（FAO）を通じて、フィリピンの国際稲研究所などの研究機関を援助しています。FAOは、長年にわたって、遺伝形質を収集・保存・評価するためにつくられた植物遺伝子資源国際委員会（国際植物遺伝資源研究所の前身）を支え、便宜をはかっています。この委員会は、今ではオーストラリアも含めたいくつかのヨーロッパ・アメリカ諸国の政府と世界銀行からの資金によって運営されています。

残念なことに、科学者が多様性の中心を訪れるたびに、多くの品種がなくなっていることがわかります。伝統的な品種の遺伝的多様性が失われてきている原因は、次のようにまとめられるでしょう。
・少数の均一な品種が世界的に販売されていること
・農業の形が大規模化していること
・戦争や旱魃（たとえばアフガニスタン、エチオピア、ユーゴスラビア）の結果、種子の栽培や収穫が中断されること

このはなはだしい遺伝的侵食をもとに戻さないことには、私たちは将来の食糧供給の多様性を保ち続けることができないでしょう。

❦ フリーザーの中の生命 ❦

遺伝子資源に責任のある公的機関は、「状況は把握・管理されており、私たち

の作物の多様性は失われていない」と公言します。合衆国のロックフェラー財団はコムギ、オオムギ、トウモロコシの遺伝的多様性の95％が収集され、冷凍遺伝子バンクに安全に収められていると主張します。

　しかし現状はこうした見方とはうらはらに、バラ色であろうはずがありません。FAOの穀物生態学と遺伝子資源ユニットの上級職員であるエマ・ベネットは、トルコで原生種コムギが収集された地域は、ハイウェイ路線図と完全に一致するものだったと証言します。研究者たちは、四輪駆動車から数百メートル以上離れようとはしなかったということです。ユニークな農業環境システムをもつ村々が、道路からはずれているということで、いったい、いくつ見過ごされてしまったことでしょう。

　また、研究機関のコレクションは、必ずしも代表的なものを収集しているとはいえません。というのも、絶滅に瀕した、地域的に重要な品種や商業上あまり価値のない穀物は、貧しい人々にとってはいかに貴重な食物であろうとも、収集家には見落とされがちなのです。

　また一方で、遺伝子バンクに収集保管されている種子サンプルの多くは、参考資料が不十分なために植物育種家の役には立たないという報告もあります。

　この報告に加えて、1991年の『ジーンフロー』誌によると、遺伝子バンクの中では、外部以上に遺伝的侵食が進んでいることが明らかになっています。種子バンクは国によって能力がちがいます。機械の故障や停電は発展途上国ではよくあることです。このために、種子バンクに保管されている種子の発芽能力が危険にさらされます。たとえば、世界最大のソルガムのコレクションはインドにあり、巨大なコムギのコレクションはメキシコにありますが、どちらの国の電力事情も信頼できるものではありません。

　そのほかに政治的不安定という脅威もあります。1991年5月、エチオピアのアジスアベバのナズレット農業研究センターは、軍隊に荒らされました。その施設にはソルガムの大コレクションが保管されていましたが、研究所とともに全滅してしまったのです。

　忘れてはならないのは、種子を遺伝子バンクに保管する目的は、系統の中の多様性を保存するということであって、実際の種子をただそのまま保存することではないということです。種子はふつう5年ごとに発芽能力をテストしますが、発芽能力が一定値を下回れば、遺伝子バンクの農場で栽培してサンプルを増やします。できた種子を収穫し、そのあとまた貯蔵することになります。

　しかし、多くの遺伝子バンクでは、ほんの少しのサンプルが栽培されて更新さ

れるにすぎないので、もともと集められたコレクション全体を十分代表するものとはいえません。このことはサンプルが特に変異性の高い原始的系統からとられている場合に起こりがちです。経済的な事情から、遺伝子バンクでは、ある遺伝的状態を完全に維持するのに必要な量の種子サンプルを栽培することができません。日本の京都では、何代にもわたって一サンプルにつき5本の稲しか育てられていないのですが、本来はそれぞれの品種について一圃場ずつ栽培されるべきなのです。

栽培を数代くり返すと、種子は適応を始めます。地方の気候に適応するばかりか、研究所に貯蔵された種子は、冷凍保管の環境にも適応し始めるのです。長期間の低温保管で生き残った種子だけが発芽できるというわけです。

ある実験では、さまざまな色をしたインゲンマメが、そろって色を失い始めました。10代栽培をくり返したあとでは、一色しか残っていなかったのです。遺伝子は連鎖(遺伝子が同じ染色体上にあって、同時に遺伝すること)していることが多く、色彩の特徴は耐病性や耐干性に関連しているといわれます。特性の中には、多様性を保とうとする努力を怠るだけで、消えてしまうものがあるのです。

たとえば、こんな問題も起こります。伝統的に山岳地帯で灌漑せずに栽培されていた植物が、海抜が低い川岸で栽培されると、土がちがい、害虫もちがい、灌漑され、化学肥料や農薬も使われるため、数代の後には本質的な特徴が失われるのです。

オーストラリアの種子生理学者デイビッド・ムレイ博士は、1991年にまた別の心配を指摘しています。これらのコレクションに対する予算が削減されるというのです。

「現在、国内でも国際的にも政府は財政難で、積極的に保管する遺伝子型の数をカットしなければならなくなっている。しかし、そのような合理化策を今おこなっていいものだろうか。今は主要ではない遺伝子型のどれが将来の栽培に必要なもので、どれが不要なものかを判断することは、まだできない」

明らかに、これらの原種を保存するのに最も安全な場所は第一次、第二次の遺伝的多様性の中心にある農家なのです。農家が伝統的作物を育てて種子をとったり、伝統的家畜を飼ったりすることに対して報酬を支払う草の根システムが、ハンガリーで導入されています。さらにずっと進んだかたちでエチオピアでもおこなわれています。しかし、新石器時代から作物と家畜を育ててきた第三世界の農家は、今、新しい「緑の革命」の種子を育てて、自分たちの伝統的作物を絶滅させているのです。

緑の革命にあらず

　ノーマン・ボーラングは「奇蹟の」種子を使って、いわゆる「緑の革命」を始めました。世界各地に存在する乞食の椀を、パンと米で満たされたバスケットに変えると言ってのけたのです。彼はデュポン社のデ・ニーマス生化学研究所で、後にはメキシコにあるロックフェラー財団のトウモロコシ・コムギ育種研究所で働き、1970年にはノーベル平和賞を受けました。

　ボーラングが開発した短稈、高収量のコムギとイネは、確かに第三世界を変えました。残念ながら、多くの地域では悪いほうへ変えることになりました。

　FAO自身が第三世界の農家に緑の革命を持ち込む手助けをしたのですが、それは種子、農薬、巨大な灌漑プロジェクトがパッケージ化されたものでした。

　20年がたった今、高収量品種が植えられた場所の多くには、汚染された土壌、虫害、外国からの負債、土地所有の集約によって拡大された社会的不平等といった問題が残されています。

　世界を救うはずだった新品種は、虫害、病気に強いといわれていましたが、在来種に比べて地方に固有の虫や病気におかされやすいものでした。たとえば、奇形の種子を生じるイネの黒穂病などがよく見られるようになったのです。

　新品種は従来の品種よりも収量が多かったかもしれませんが、コストが高くつくものでした。農村発展国際基金（RAFI）のオーストラリア支部は、南アジアでは20年間に米の生産高は3倍になったが、これは化学肥料で無理に生産した結果に過ぎないと述べています。このやり方は、村落レベルでみても、国家レベルでみても、いつまでも続けられるものではないのです。

　新品種は、人が手をかけ、計画されたとおりにやらなければ、従来の品種よりも低収量であることが多いのです。それら新品種が現在では「高収量品種」ではなく「高反応品種」とよばれているのもなるほどうなずけます。このように栄養素をより多くの穀粒に変えるように育成された高反応種子では、除草剤がたくさん必要になります。多肥がまた雑草の生育も速めるからです。

　緑の革命の短稈のイネは、風が吹いても倒伏しませんが、家畜に食べさせたり、屋根を葺いたり、紙にしたりする稲わらは十分に得られません。

　ここで使わざるを得ない農薬は、水田の雑草や昆虫を殺すだけでなく、小魚、カエル、田んぼのカニも殺してしまいます。これらは水田で働く人の貴重なタンパク源として不可欠なものなのです。

　カエルや水面近くにいる魚は、ボウフラや水棲雑草を抑え、その糞は手近な肥

料となります。伝統農法では水をぬくときに田に残った魚は土を肥やします。

　かつては、サトイモ、セリ、エンサイ、ヒシのような食用作物が、自生に近いかたちで田の畔に茂っていました。除草剤のせいで、これらの植物の生息場所もなくなりました。

　豊かな生態系、何世紀も前から続けられてきたその地方の農業のやり方で成り立っていた多品種生産は、最大の穀物収量というたったひとつの目的のために犠牲にされてしまったのです。
　これはまるで、少量で栄養バランスのとれた食事を、白米だけの大椀にすり替えるようなものだったのです。
　さらに、灌漑と窒素肥料が葉を繁茂させ、害虫が生育しやすくなります。殺虫剤を使用すると、生き残った昆虫の世代交代が早まり、その結果、突然変異の機会が増えます。そのたびに新しい殺虫剤が必要になり、悪循環に拍車がかかります。
　水田の表面に浮いているシダに似た藻、アゾラ（アカウキクサ）は、広くアジア諸国で伝統的にイネといっしょに栽培されてきました。このアゾラは空気中の窒素を体内栄養素に変え、雑草も抑え、田の水がぬかれると、1エーカーあたり3トンの緑肥になります。農薬が用いられるようになって、この植物も水田から姿を消しました。
　新しいイネの系統の多くはインディカ品種とジャポニカ品種の交雑で育成されていますが、病虫害のほうもどんどん進化し、均一な品種のもつ抵抗性をうち破っています。農家は数年ごとに新しい品種の種子にとり替えなければならないでしょう。
　育種家は、進化を続ける病気に負けない新しい「改良系統」を常につくり出さなければなりません。少なくとも次の系統が開発されるまでの間だけでも抵抗性をもつ品種を。イネやコムギは広大な圃場で単作されるので、小さな病気でも大流行してしまいます。
　緑の革命が考え出されたとき、その土地はだれのものかという大切なことがまったくかえりみられなかったのです。必要な肥料と殺虫剤を買う余裕のある豊かな農家は富を増やし、貧しい農家は資金を使い果たして没落してしまいました。
　第三世界の伝統的農業に対するこの暴挙の結果は、「万人を豊かに」という公約とはほど遠いものとなりました。ロンドンの殺虫剤トラストによると、第三世界では毎年300万件の急性中毒が報告されています。その原因として、識字率が低く、農村の医療サービスが不足していること、防護服の入手が困難なことなど

があげられます。

レスター・ブラウンとヤングは、1990年版『地球環境白書』の「90年代に世界を養う」という章で、「食糧戦線では、勝利はほとんどない」、それは貧しい人々に土地と資金がないためで、「地球上に土地をもたない人々はこの10年のうちに2億2千万世帯に上るだろう」と述べています。

いうまでもなく、こういった人々の問題は、高価な化学物質の投入と二人三脚でなければ育てられない種子をつくり出すことでは決して解決されないでしょう。そして、問題は貧困層だけではなく、その上部にいる人々にも及ぶのです。

自然受粉で増えることのできる在来種を、何世紀にもわたり世話をしてきた農家は、たいそうな殺虫剤など必要としませんでした。しかし、これらの種子は、今では企業と農業研究機関の手中にあるのです。自家採種をしてきた何百万人もの人々が、一握りの科学者にとって代わられたのです。

1960年にはアジアで10万種以上の在来品種が栽培されていたと考えられています。フィリピンの国際稲研究所（IRRI）が交雑によって開発した品種が、広くこれら在来種にとって代わりました。たとえば、中間短桿種IR36は、ほんの2、3年のうちに世界中で最も広く栽培されるイネになってしまいました。1987年までにフィリピンの稲作面積の70％にこの一品種が植えられるまでになりました。

🌱 F_1（一代交配種）に賛成ですか？🌱

遺伝子的に異なった二品種を交配するためには、かなりの手作業が必要です。そのため、種苗店で見かけるきれいな小袋や大袋に入った種子の多くが、労働者の最低賃金に制限がない国、つまりチリ、台湾、ケニア、インドネシアなどで採種されています。それでも、オーストラリアでは、あるF_1トマトの種子に1グラム12ドルという信じられない高値がついています。

二品種を交配してできる交配種は、両親のそれぞれから来た優性の形質をもっています。また、交配種は「雑種強勢」として知られる性質をしばしば示します。両親の特性を混合して受け継ぎ、そのどちらよりも優れたものになるのです。しかし、この雑種強勢は次世代以降には弱まってしまいます。

こうした異なる形質をもつ品種の交配は、野生種でも自然発生的に起こりますが、種子業界では二品種それぞれの遺伝子構成を意図的に狭めて、それぞれのある特定の特徴を分離させます。これらが交配で組み合わされると、業界の育種プログラムや販売計画に都合のよい品種が生まれます。

交配に用いられる計画的な品種系統は、特定の性質について選ばれた一個体か

ら始めるのがふつうで、同じ品種のほかの個体と自然に花粉を交換しないよう管理されます。

これによって各世代の変異性は小さくなります。少しでも形のちがうものは間引かれる、つまり容赦なく淘汰されるのです。このようにして、非常に均一な形質が得られるのです。

望ましい特性について選ばれた一品種をそれだけで10世代も栽培することがあります。「自殖」とよばれる過程です。そのあと、二つの異なる自殖品種を交配させます。その子孫の代で望ましい性質を兼ね備えてもっているものをF_1（一代交配種）というのです。

このプロセスの代表的な例としては、一方はふつうより収量の多い植物を選び、他方は早く実る性質のものを選びます。その結果得られる一代交配種は、収量が多くて、早く実るわけです。

残念なことに第一代であるF_1に続く次世代の種子、つまりF_2世代は、選ばれた特徴をもっているとは限りません。そしてその子孫には、さまざまなものが混じっているのがふつうです。すなわち、近縁交配された性質をもつものもあれば、雑草性の先祖へと先祖返りをするものもあるのです。場合によっては、F_2世代の種子にはまったく発芽しないものも出てきます。

F_1品種は、必ずしも菜園家や農家に有利なものであるとは限りません。「シードセイバーズ」のメンバーや私たち自身の経験からいっても、在来の自家受粉品種は家庭菜園や小さな農場に十分に適合したものです。その香りと栄養は、野菜をつくる人にとっても、料理をつくる人にとっても魅力なのです。

F_1品種の強さと均一性が、一種類の作物を商う農家に魅力的なのはよくわかります。収穫期日に間に合い（農家はスーパーマーケットの出荷日を守らなければなりません）、整然と同じサイズに生育し（包装に便利で、無選別でまとめて機械収穫できます）、なおかつ収量が多いのですから。ただ、残念なことに、これらのF_1品種には大量の肥料と殺虫剤が必要なのです。

1960年にはアメリカ合衆国で植えられたトウモロコシの99％、テンサイの95％、ソルガムの95％、ホウレンソウの80％、ヒマワリの80％、ブロッコリーの62％、タマネギの60％がF_1品種でした。

この数字は今日まで、年を追って高くなってきているようです。しかも、世界中で同じような現象がみられます。種子業界大手のひとつ、アメリカン・パイオニアハイブレッド社は、F_1トウモロコシの研究所を全世界15ヵ所に所有していて、90ヵ国で営業しているのです。

野菜の中にはF_1品種をつくるのが容易なものと、そうでないものがあります。

たとえば、インゲンマメでは、商業的にF1品種がつくられることはありません。なぜならば、これらは自家受粉植物だからです。花一つひとつを手で受粉させるという根気のいる仕事をしたとしても、わずかな数の種子しか得られないので、コストは途方もないものになるでしょう。

F1品種の長所はまた、短所でもあります。人の手で操作が加えられた植物は、条件さえ整えてやれば非常によく応えてくれるかもしれませんが、不利な条件の下で大規模に単作すると、壊滅的な不作をもたらすことがあります。第三世界の農民は自給的な生活をしていて、不作になると飢えるしかないわけですから、このようなことは絶対に避けたいことなのです。

自然受粉品種は変異性があるので、失敗する確率が低くなります。有機栽培について、有名なオーストラリアの作家、ジャッキー・フレンチは「私の畑では、F1ズッキーニがウドンコ病にかかると、全体に広がって数日で次々に枯れます。これに比べて自然受粉植物では、病気の広がりに差があって、早くだめになるもの、長くもつもの、全然影響されないようにみえるものがあります」と書いています。

スーパーマーケットの棚に並ぶ食品には、生鮮食料品も含めて、F1品種の種子から育てられたものが数多くあります。健康食品店や有機食品店で売られている穀物、果実、野菜でさえ、F1品種の産物であることが多く、栄養価は低いことが多いのです。

このような心配は家庭園芸家にはあまり関係がありません。F1品種作物の大部分は、こういう人々にはメリットがないからです。地域に合った自然受粉品種は、長距離を冷蔵車で運ぶことができる品種よりも、香り、柔らかさ、歯ごたえがよいことが多いのです。

私たちは、F1品種に頼りきるのではなく、本来のサイクルで野菜づくりをし、次のシーズンのために自分で種子をとることを強くおすすめします。

デザイナー遺伝子

生物工学の新しい技術を使えば、植物育種家はひとつの植物から、また動物からでも、有用なある遺伝子、または遺伝子群をとり出してほかの植物に組み込むことができます。実験では、カレイの仲間の魚の耐冷性をダイズに移すことも、ホタルの発光をつかさどる遺伝子をタバコに移すこともおこなわれています。

植物細胞にはそれぞれ核があって、細胞中で起こる活動のすべてをコントロールしています。この細胞核の中にDNA（デオキシリボ核酸）があります。DNAは

数千の原子からなる大きな分子で、さまざまな配列をもっています。

　この長い鎖状のDNA分子の数は、植物の種類によって変わります。この鎖上の分子の特定の配列が遺伝子コードを決定し、そのコードに変化が起こると植物の中に新しい性質が生まれます。

　そんな遺伝子組み換えは、企業の植物育種家には理想的なものでしょう。何年もかけて選抜育種をする代わりに、遺伝子組み換えではすぐさま結果が出るのです。

　一例にトマトがあります。トマトスープとペーストの缶詰会社向けに、可溶性固形分がこれまでの系統より2%多いものが開発されました。この系統の遺伝子はペルーのアンデス地方に見られるトマトに由来するものです。この開発は、巨額の富をもたらしました。

　1980年代の初め、バイオテクノロジーは世界中に無農薬農業の新しい希望として売り出されました。農業遺伝学は病虫害を生物学的に抑える品種や、今までより強い品種を約束したのです。しかし、現実はまったくちがうものになってしまいました。このことは今なお、雑草を抑える除草剤に重きが置かれていることからも明らかです。

　ある植物から除草剤耐性遺伝子がみつかると、それをほかの作物に導入することができます。国際開発協会誌の『ディベロプメント・ダイアログ』によると、パイオニアハイブレッド社は、遺伝的な除草剤耐性の選抜は病虫害耐性の選抜と同じくらい重要になりつつあると述べています。

　除草剤耐性戦略によって作物自体が害を受けなくなったので、農薬会社は、より強い毒性の除草剤を使うようになりました。最もわかりやすい例として、モンサント社の除草剤「ラウンドアップ」に耐えられるダイズがあります。これはバイオテクノロジーの最も不安な面のひとつを示しています。つまり、工業を環境や人に適合させるのではなく、環境や人のほうを工業の必要に合わせようとしているということです。もうひとつ例をあげると、産業と連携をとる科学者は、ヨーロッパの絶滅が危ぶまれる木に酸性雨耐性をもたせるための遺伝子操作をほどこしたいと述べているのです。

　医学の世界でも、単なるストレスや単調さからくる症状を治すために、根本にある原因に取り組むことをせずに、薬品を使う傾向があります。これと同じようなことが、農業の世界でも起こりつつあるわけです。

　世界中で残留農薬のない、栄養に富んだ作物が求められているというのに、生物工学者が、大量の化学肥料、除草剤、殺虫剤、殺菌剤を受けつけるように改造

された植物をつくり出していることは、実に恥ずべきことではないでしょうか。すべては、人々の健康、野生の生物の生存、きれいな空気と水を犠牲にしておこなわれるのです。

　生物工学には、もうひとつ心配な点があります。意図しない遺伝子汚染です。生物工学でつくられた除草剤耐性をもつ花粉が近くの近縁種の雑草に移れば、その雑草に除草剤耐性を植えつけることになるのです。
　生物工学でつくられたレタスの除草剤耐性遺伝子が、偶然、ラクトゥカ・セリオラという野生のトゲレタスに移ってしまったという例もあります。これは採種用のレタスを育てる畑では非常にやっかいな雑草なのです。
　その結果、さらに多量の除草剤を使うことになるのです。今、世界中で100を超える生物工学グループが、この除草剤耐性プログラムに取り組んでいます。

　カナダの遺伝学者で、科学評論家にして環境学者でもあるデイビッド・スズキ氏は、現代ではあるものを発見してから応用するまでの時間が危険なほど短くなってしまった、と指摘しています。哲学者、宗教指導者、実践主義者、そして親や祖父母にも、もはや科学的発見がどれほどの影響をおよぼすかについて深く考えたりするような余裕がありません。なんの答えも出ないまま、政策をうち出すべき人も地球上の生命への短期的・長期的な影響をほとんど予測することができず、企業も利益追求以外のなにものでもない経営をますます無責任にただ続けていくことになるのです。

第Ⅱ部
種とりの基本

第1章
どんな種子を守っていくか

🌱さまざまなルーツ🌱

　オーストラリアのシードセイバーズ・ネットワークが保存している種子は、実にさまざまなところからやってきます。なかにはずいぶんと奇妙な経路をたどってオーストラリアにやってきたものも少なくありません。

●前の世代から次世代へと受け継がれてきた種子
　たとえばバーウィックとよばれるスイカがありますが、これは「シードセイバーズ」のあるメンバーのひいおじいさんが1855年にイギリスからオーストラリアに渡ったときに引っ越しの荷物に混じって運ばれてきました。以来ずっと、最も甘く香りの強い株からの種子がこのご家族に受け継がれてきました。おかげで多くの「シードセイバーズ」メンバーとそのまわりの人たちは、このとても甘いスイカを味わうことができるのです。

●在来品種
　これはずっと昔からその地域でつくり続けられてきた品種のことで、いつどうやってそこにきたのかなど、よくわからないものです。
　シドニーの北、数百キロの海岸線地域にライスマローとよばれるカボチャがあります。これは堅い皮でぶつぶつがあり、甘い香りのするものですが、この辺りの道端で売っているのをよく見かけるわりに、どこから来たのか誰に聞いてもわかりませんでした。種子は種苗店でも売っていないし、カタログで取り寄せることもできません。いちばん美味しいものの種子を、自分でとっておかないとダメだということです。つくっている家によって形はさまざまで、緑色の縞のついたものもあります。不揃いな形の野菜は、スーパーのチェーンに卸すときは問題になるかもしれませんが、道端の直売所では誰も気にしません。

●買えなくなった種子
　種苗会社が扱わなくなってしまったあとも、農家や園芸家の畑で生き延びている品種です。

例としてつる性のインゲンマメ、ゼブラビーンがあげられます。茶色の縞のある豆で、やせた土地でも豊作が期待できる品種ですが、各家庭の畑で受け継がれていくうちにさまざまな名前でよばれるようになりました。ギリシャの冬豆とかゼッペリン伯豆、長年この豆をタスマニアで育ててきたパーマカルチャーのパイオニア、ビル・モリソン氏のお母さんにちなんでモリー豆と呼ばれることもあります。

その他、種苗会社がつけた名前がそのまま定着し、種苗店からは姿を消しても各家庭で受け継がれていった品種もあります。

● **最近の移民によってオーストラリアにもたらされた種子**

オーストラリアは移民の文化の国であり、伝統料理とともにさまざまな種子がやってきました。

ハンガリー系移民は肉厚のパプリカをもたらし、ギリシャ系移民は赤いオクラ、イタリア系移民はトマトソースに使う調理用トマト、レバノン系移民は伝来のおいしくて歯ぎれのよいキュウリやカボチャをもってきました。東南アジア系移民は特にオーストラリア北部の気候に適した多くの野菜を運んできましたし、移民が増えたことで都市近郊にたくさんのアジア系物産店ができることにもなりました。そういった店先は魅力的な種苗類の入手先でもあります。

● **歴史的な種子**

歴史的に意味のある種子です。一例として、乾燥と霜に強いビクトリア州の不結球性レタスがあげられます。ゴールドラッシュ時代に中国から、ゴールドラッシュで賑わったバララット地方にもたらされました。この種子はシードセイバーズ・ネットワークによってゴールドラッシュレタスとして広められ、現在ではふつうに買うことができます。

こういった品種は、各地でかつて栽培されていた作物とともに、公共の財産ととらえ、教育の一環として保存されるべきでしょう。

🌱 作物の広がり 🌱

ある地域、またある家庭から広まったと思われるいくつかの品種が、まったく離れた地域から届けられることがあります。園芸家は常に種子を持って移動するものです。

クイーンズランド州の「シードセイバーズ」のメンバーから次のような手紙が

届きました。「私の父は、40年以上ササゲを育ててきました。教員という職業柄、転任はあたりまえだったので、この豆は、実に多様な気候や土壌を経験してきました。砂質の土壌、火山性の赤土、軽いローム層、亜熱帯から熱帯までのそのいずれにも見事に耐えたのです。この豆の長所はさまざまな状況に対して耐性のあることで、害虫にも強く、豆バエさえよせつけません」。

　種苗類は地方の市場でも交換販売がおこなわれています。ベトナム系の店や中国系の店で売っている野菜は、暖地での栽培に適した作物の種苗の入手先となることがよくあります。タロイモ類、赤サトウキビ、ヤムイモ類、さまざまなトウガラシ、挿し木に使えるレモングラス、根のついたままのクレソンやエンサイなどです。園芸家が旅に出ると種子も広がります。1945年、公休でクイーンズランド州北部を訪れたアメリカ兵は、地元の婦人にブラウンロメインレタスの種子を渡しました。その女性はこの種子を増やし、後に「シードセイバーズ」に送ってくれましたが、そのときもうひと袋「知恵の種」と書いたものが同封されていました。あけてみるとそこには、種子を世話することの必要を説いた箴言が記してありました。当時92歳の彼女は、分かち合うことに年齢など関係ないことを教えてくれたのです。

　「シードセイバーズ」ではすでに何百ものブラウンロメインレタスの種子を送りだしています。種子バンクに返送されてきた種子の量からすると、この旱魃に強く豊産なレタスは、あっという間に人気の品種になっているようです。

❦ 作物の適応 ❦

　種子や苗が新しい環境に持ち込まれ、そこで何代か栽培されると、遺伝子構成や生育に変化が起こります。植物の外見さえちがってくることもあります。

　マメ類では色の濃い種子の割合が増加することがあります。レタスでは耐暑性が増したり、オクラには秋の寒さに耐えて長く実をつける性質が現れることがあります。年を経るごとに、トマトがより多くの実をつけるようになったり、さらにセンチュウの害を受けにくくなることがあります。

　自然選択の結果、新しい環境条件に最もよく適応したものが、代を重ねるごとに徐々に増え、長い年月を経て平衡に達します。

　ニンジンやホウレンソウのように他家受粉をする植物では、自然にとなり合う植物が受粉し、新たな遺伝子の組み合わせで種子をつくり出します。しかしながら、それは一定の範囲内に限られた中での変異にすぎません。いったん平衡に達

すれば、その品種の一般的な生育は、生育環境が変わらない限り変わりません。

　農薬を使わない栽培者が自分の畑で作物を採種するときは、虫食いの形跡のない、病気にかからなかったもののみを選ぶことでしょう。こうすることによって徐々に、しかし確実に、無農薬の菜園や農場に適した品種を育てていくことになるのです。

　同様にして、早霜の降りる地域では、秋に霜の降りる前に種子を残すことのできる個体だけが生き延びて選択されることになります。数世代後には、このようにして早生で耐寒性のある品種が生まれます。一般に、新しい品種を畑に導入する際、自然条件下で育ちやすい個体だけを残すべきです。このようにして、これまでとは異なる特性が付け加えられることになり、将来にはその植物の特質となっていくのです。10年ほども観察と選抜を続ければ、誰でもその地域に合った独自の系統を育成し、提供することができるようになるでしょう。

❦生命のつながり❦

「最高の食事とは、身近で、できることなら自分自身の畑で旬に収穫し、旬に味わうことのできる食材を使って調理したものである。

　何代にもわたる自家採種によって自ら畑に適応した穀物や野菜を有機栽培で育てると、最高の食材となる。遠いところで化学的な農法で栽培され（たぶん汚染もされている）、輸送や貯蔵を経たF1品種など足元にも及ばない。

　よい栽培法はよい作物を生み、よい作物はバランスのとれた食べ物を生む。

　賢い料理人なら土と種子と作物と人との生命のつながりに目を向けるだろう。それこそが地域を思う心と地元の料理の強みである」

　　　　　　　　　　　　　　　　　　　　　　——1992年マイケル・ボディ

第2章
交雑の防止と種子の生産

❦受粉❦

　受粉は、雄しべから出た花粉が雌しべにつくことによって起こります。
　通常栽培される野菜やハーブ、花卉の多くは、雄しべと雌しべが同じ花の中にあります。こういったものを両性花（完全花）といいます。
　例外は、雄性器官と雌性器官が同じ株にできるものの別々の花にある、ウリ科（カボチャ、メロン、キュウリなど）、トウモロコシ（雌雄同株）、雄性器官と雌性器官が別々の株にあるアスパラガス（雌雄異株）です。

●自家受粉

　完全花には、自家受粉するものがあります。レタス、トマト、オクラでは、雌しべが雄しべのすぐそばにあるので、近くを鳥が通る程度のわずかな風でさえ、花粉が柱頭（雌しべの先）につきます。
　マメ類では、開花前に自家受粉が起こります。これを自動自家受粉といいます。

●他家受粉

　完全花には他家受粉を必要とするタイプのものもあります。こういったタイプのものは、昆虫や風のような外からの手助けを受粉に必要とします。タマネギでは、同じ頭状花序の小花の間や、別の頭状花序の小花との間で受粉がおこなわれます。
　ニンジン、パセリ、セロリなどの散形花序を咲かせる仲間では、ハチやアブが花から花、株から株へと花粉を運びます。
　キャベツの仲間（アブラナ属）のように、同じ花の中での自家受粉を妨げる化学物質を分泌するようなものもあります。ハチやその他の昆虫がほかの株から花粉を運んできて効果的に他家受粉をおこなわない限り、種子はできないのです。
　実際、キャベツの仲間（*Brassica oleracea*）は、同じ仲間のどのグループの花粉でも受け入れ、交雑した種子を実らせます。つまり、同時期に種子をとろうとするキャベツとカリフラワーがあったとしたら、十分距離をあけなければならないのです。そうしないと、キャベツとカリフラワーの雑種ができてしまうでしょう。

また、キャベツ、ブロッコリー、コールラビー、カリフラワーなどを一株だけ植えておいても、それだけではほとんど種子はとれません。すぐそばに同じ品種の別の株があれば、数百グラムの種子を実らせることができます。同じ種の別のアブラナ属が近くで花を咲かせていれば、交雑種ができることになります。

●自然に起こる他家受粉

他家受粉で品質のよい種子をとるためには、質のよい株を親株にできるように、花が咲く前に望ましくない株を抜いたり、つぼみを取ってしまうことが大切です。

レタス、トマト、マメ類のような植物は、自家受粉をします。結実する際に、昆虫もほかの株からの花粉も必要としません。いわば、自然界の交配家なのです。

しかし、実際の畑では、ある程度の他家受粉が起こります。好奇心が強い昆虫や、お腹をすかせた昆虫がいるからです。花粉が昆虫の体や脚についたり、食物として集められて、ごく微量ながら次に虫が訪れる花へと運ばれることがよくあるのです。自家受粉は100％ではあり得ず、場所、昆虫の活動、雌しべの花柱、つまり柱頭の長さによってちがうということを心しておくべきです。

もうひとつ頭に入れておかなければいけないことは、いくつかの品種の花粉は、ほかのものに対して優性だということです。たとえば、トウガラシの花粉は、たいてい同属のピーマンの花粉に対して優性です。

同じ野菜の2つの品種がすぐそばで栽培された場合、他家受粉が自然に起こる割合は、次のようになります。

- 2種類のレタスは、典型的には1〜5％の割合で交雑
- 2種類のトマトは互いに2〜5％の割合で交雑
- 2種類のピーマンは9〜38％の割合で交雑
- トウガラシは、ふつうピーマンの4倍以上の割合で交雑
- オクラは、ミズーリ大学園芸学部によれば4〜18％、アメリカ農務省によれば4〜42％交雑

したがって、自家受粉するものでも、可能な限り隔離をするとよいでしょう。

❦ 交雑を防ぐ ❦

キャベツとカリフラワーを同時に採種したいとき、あるいはキャベツやカリフラワーの二つ以上の品種を同時に採種したいとき、それらが同時に開花するとすれば問題です。これらは他家受粉をするからです。

虫媒花であれば、必ずほかの品種から隔離しなければなりません。自家受粉す

る植物であっても、ピーマンのように、昆虫がある品種から別の品種へと花粉を運ぶことがあるからです。
　では、どうすればいいのでしょうか。これには次のような五つの方法があります。

●隔離して育てる

　二つ以上の品種の間に十分な距離をおいて昆虫や風が運んでくる花粉がつかないようにすれば、交雑を防ぐことができます。どれだけ離せばよいかは植物によって異なります。第Ⅲ部をご参照ください。

　おすすめする距離が長すぎると思われるかもしれませんが、これは昆虫が最もよい条件で飛翔できる距離をもとにしているからです。例をいえば、ミツバチは半径4km内を行動することが知られています。

　隔離の距離は、ひらけた平地での一般的な目安だとお考えください。昆虫の飛翔を妨げる障害物や、風にのった花粉を妨げるもの、たとえば生け垣や建物、フェンス、林など背の高い障害物や丘や山でさえぎられると、交雑の危険を大幅に引き下げることができます。さらに、昆虫がいなければ、交雑の可能性は低くなります。

　家庭菜園家や農家には、ご自分の畑での交雑を防ぐための最小距離を見つける実験をしてみることをおすすめします。実験は、あまり希少でない品種で、十分な種子があるものでおこなってください。

●時間差で隔離する

　この方法は、すべての株が同時に、しかも短期間に花を咲かせる作物に適しています。たとえば、トウモロコシやヒマワリがこれにあたります。トウモロコシを500m離してつくれるほどの広い畑がなくとも、ある品種を早生でつくり、別のものを中生で、また別のものを晩生でつくることは簡単です。それぞれは別々の時期に花粉を飛ばすことになり、十分な栽培期間をもうければ、3種類すべての種子をとることができます。

●袋で覆う

　わずかな種子しか必要なく、しかも交雑を完全に防ぎたいなら、そういった果実、たとえばトマトやピーマンの花を紙の袋やストッキングなどで覆うとよいでしょう。これは、自家受粉をする作物に適しています。

　ポリエチレン袋は空気を通さないので適しません。袋は、開花中、昆虫が入る

のを防いでくれ、空気中の花粉もさえぎってくれます。実を結んだあとで、袋を取り除けばよいわけです。

●網で覆う

長期にわたって花が咲き、虫が花粉を運ぶトウガラシやナスなどの場合、昆虫を完全にさえぎるには、株全体を網で覆います。

古い網戸から、手軽な網室をつくりましょう。短い鉄の棒を地面に突き刺し、ポリパイプをとりつけてドーム形をつくり、寒冷紗やナイロン網を被せてもよいでしょう。同様に、畝全体をアーチ状のトンネルで覆うこともできます。

これで昆虫を完全にさえぎっておいて、人工受粉します。商業的には、採種業者は網室の中にミツバチなどの昆虫を入れて受粉させています。

●日を変えて網室で覆う

同時に開花する二つの品種があって、どちらも種子をつけるために昆虫による受粉が必要な場合に使う方法です。持ち運びできる虫よけの網でつくった網室を使うことになります。

第一の品種を網室で覆っている間に、昆虫に第二の品種を受粉させます。その後、網室を置き換えて、昆虫に第一の品種を受粉させます。両方の品種がそれぞれ受粉したら、開花が終了するまで両者とも網室で覆います。

たとえば、キャベツとカリフラワーの花が同時に咲いているとき、ミツバチにどちらか一方だけ受粉してもらうことができます。ただし、近くにアブラナ科のアブラナ属の植物（ブロッコリー、メキャベツ、コールラビーなど）が同時に花を咲かせていないことが条件です。

ミツバチに、まずキャベツの花で働いてもらい、別の日にはカリフラワーで働いてもらいます。そして、両品種の開花が終わるまで、両方に網を被せたままにしておくのです。

一年生、二年生、多年生

●一年生

一年生というのは、一般には種子から始まって開花、結実までを1年以内の生育期間で終えるものです。この生育期間は平均して6ヵ月ですから、一年生は1年の半分を大地に根を下ろして過ごし、残りの半分は種子として貯蔵され、発芽を待つことになります。

ふつう、一年生は春にまき、晩夏に結実し、秋には枯れます。しかしながら、オーストラリアやニュージーランドの熱帯、亜熱帯地方では、ホウレンソウ、ソラマメ、炎暑に耐えられない冬レタスのいくつかなどは、秋にまかれ、温暖な冬に育ち、春にとう立ちして種子をつけます。

寒冷地では一年生として育てられる植物のいくつか（たとえばトマト類など）は、暖地では多年生になります。

●二年生

二年生というのは、最初の暖かい季節に栄養生長をおこない、寒い時期にいったん生長速度をゆるめ、二度目の暖かい季節に結実して枯れるものです。

これは寒冷地や、やや温暖な地方の野菜の特徴で、たとえばキャベツの仲間やセロリ、多くの根菜類があてはまります。

「二年生」という名称は、越冬して暦の上で年を越してから種子ができる北半球でできた言葉です。とう立ちする時期は、さまざまな要因に依存します。たとえば、緯度（日長に影響します）、温度の周期的変化、土壌水分などが関係します。

植物が一生をまっとうするサイクルに付き合ってみればわかることですが、規則に例外がないわけではありません。忘れ去られたニンジンが、冬の休眠後に体内の周期で翌春にとう立ちすることもあるのです。

ふつう、種子をまき、とう立ちさせて種子をつけさせる方法では、結実までに18ヵ月かかります。二年生植物にはもうひとつ、根などの栄養体からとう立ちさせて種子をつけさせる方法があります。秋に種子をまき、生育途中に典型的な株を選んで、晩秋にいったん土から掘り上げ、貯蔵して、翌春に植えるのです。

タマネギ、ニンジン、セルリアックなどは、野菜そのものを入手して、それを植えるという移植法で種子を得ることもできます。こうすれば、ふつうに採種する半分の期間ですみます。

冬が特に厳しい地方なら、二年生の作物は、畑にわらを被せたり、秋に掘り上げて保存してから、よいものを選抜して春に植えたりします。

二年生植物の種子の品質を毎年一定に保つには、生育中に夜温が−10℃から＋4℃となる寒冷期を少なくとも2ヵ月は必要とします。

オーストラリアやその近隣諸国では、こういった低温期が少ないので、多くの二年生植物が一年生になっています。特に熱帯や亜熱帯地方の畑でこのような傾向が見られるようです。ニンジン、ビート、セロリ、カブ、アメリカボウフウ、キャベツの仲間といった二年生のものが、オーストラリア北部では9ヵ月で結実します。

1年や2年の間なら、このような種子を採種しても問題はありません。しかし、一般に活力を維持するためには、本来二年生植物の種子は寒冷地で採種するべきでしょう。

●**多年生**
　多年生植物は、おそらく菜園で最も便利なものでしょう。少々世話を忘れても生き残り、期待を裏切ることなく恵みをもたらしてくれます。そのために、伝統的な菜園では必ず多年生の作物が植えられ、パーマカルチャーでもよくとり入れられているのです。
　野菜を根菜、葉菜、果菜に分類すると、多年生の作物は次のようになるでしょう。
・**根菜**……サツマイモ、サトイモ、ショウガ、ウコン、ペルーサトウニンジン、ショクヨウカンナ、キャッサバ、オオグロクワイ、ヤマイモ、ミョウガ、など。
　　ミョウガ、ヤマイモなどは、寒い時期にいったん枯死し、春の雨に当たり、暖かい季節になると再び芽を出します。休眠中に収穫したり株分けするのがよいでしょう。
　　サツマイモ、サトイモ、ショウガなどは耐寒性が低いため、日本では、冬に掘り上げ、貯蔵し、春に植えつけます。
・**葉菜**……トロロアオイ、ハマヂシャ、ソレル、ケール、エンサイなど。
　　キャッサバ、サツマイモ、サトイモは、主に根の部分を食用とするために栽培されますが、最も生長の盛んな時期には、これらの葉も風味のよい野菜として用いられます。ハーブのほとんどは多年生で、一般に野菜のコンパニオンプランツ（共栄作物）として優れています。
・**果菜**……マメ科のフジマメ、ベニバナインゲン、ヤムビーン、リママメは、その性質からみな「七年豆」とよばれています。地方によって冬の寒さがちがうので、葉の枯れる程度はちがいますが、春には新芽が吹いてきます。なかには温帯では一年生として、熱帯や亜熱帯では多年生として生育する果菜類もあります。ピーマン、ナス、トマトが、例としてあげられるでしょう。

　株分けする植物、たとえばダイオウ、アーティチョーク、アスパラガスなどは多年生です。ネギの仲間で多年生のものには、リーキ、ニラなどがあります。
　数年にわたって食べるものを与えてくれるだけでなく、多年生の作物は毎年植え替えたり他の人に分けてあげられるだけの根塊や株分けの苗をつくりだします。果樹園や畦など、植える場所を注意深く選んで、いつまでもなくならないように

しておきたいものです。

　さて、これまでのところで、できるだけ交雑を避けて種子をとることを確認しました。では、採種にはどんな株を選べばよいのかということを見てみましょう。

第3章
選抜と収集

❦ 選抜の基準 ❦

　畑にはたくさんの株がありますが、この中からどれに種子をつけさせるのが最もよいかを決めなければなりません。選抜は最もよい果実、最もよい頭花、あるいは最もよいサヤから最もよい種子を選ぶということだけではありません。不要な株を間引くという作業もあるのです。

　間引きとは、文字通り、望ましくない特徴をもつ株を開花前に抜き取ることです。こうすれば望ましくない型の株、あるいは典型的でない株の花粉が、採種用に選んだ株の花に受粉しません。間引きをすれば、特に他家受粉する植物では、最もよい株だけに種子をつけさせることができます。

　どんな特徴をもつのかよくわからない植物から採種するときには、食用に必要な株数より多めに種子をまきましょう。そうすれば、植物のあらゆる変異をみつけだし、特徴を観察し、最も望ましい形質を選抜できるでしょう。

　また、ある品種を長く栽培していれば、どんな形質が期待できるのかわかるようになります。

　しかしいずれにしても、株全体のことを考えなければなりません。病害を受けたかどうかを気にせずにやみくもにただ大きな果実を選抜したり、しっかりしたサヤを選抜したりするよりも、悪天候が続いても生き残る株や、ほかの株が明らかに虫にやられているときにも元気な株を探しましょう。

　どんな場合でも、病害をよせつけない強い株を採種候補にしましょう。弱い株は、畑にそれしかないという場合は別ですが、用いないようにすることです。

　採種しようと考えていた株を家族が収穫してしまったりしないように、最もよい株には目立つリボンを結ぶなどして目印をつけ、だれが見ても特別だとわかるようにします。

　この点で特にスイートコーンはやっかいです。どうやって子どもたちに、「いちばん最初に熟したトウモロコシを食べずにおいておけば、来年はもっとたくさんのトウモロコシを早く熟させてくれる遺伝子が残せるんだよ」ということをわかってもらえばよいのでしょう？

　レタス、キャベツや根菜類といった食べられる時期が終わってからとうが立つ

作物では、とう立ちが遅い株を選ぶことが大切です。レタスではそのシーズンの最初にとう立ちする株ではなく、長い期間葉が食用として利用できる株を選んで、目印をつけます。

どうしても最初にできる種子をとってしまいたくなりますが、そうすると、次世代で、早くとう立ちしてしまう種子の割合が増えてしまいます。レタスを長期間収穫するためには、できるだけ長い間とう立ちしない系統が必要なことを忘れないでください。

サヤインゲンのように何回も継続的に収穫できる作物では、食卓用に収穫を続けて最後に残った数個のサヤから採種しがちです。これでは次のシーズンの種子として適当とはいえません。採種用には最もよい株を、サヤが乾燥して、収穫適期となるまで残し、食卓用にはほかの株を利用するのがよいでしょう。

根菜類では、冬の間貯蔵のために掘り上げたときに、最も大きく、凹凸がなく、最も健康そうで、最も典型的なものを選びます。

トマトでは、植物全体が健康で強いことに加え、果実の食感と早生・晩生の性質が重要なポイントになります。また、暑い夏、果実の日除けとして不可欠な全体の葉の密度も考慮しなければなりません。

メロンでは、大きさが最も重要な因子ではありません。菌類による病気におかされていないことや、特に味、風味が大切な選択因子となるでしょう。

目的によって、小さくとも多くの実をつけているつるから果実を選抜したり、数は少なくとも大きい実をつけるつるから果実を選抜したりすることができます。

時間をかけて世話をすれば、プロでなくとも、家庭菜園家でも自分の必要に応じて自分なりの植物を育成することができます。大きな変化はなにも突然起こるものばかりではありません。灌漑の不十分な乾燥気候の中で2〜3年生き残ったトマトが、すぐに耐干性があるトマト、ということにはなりません。新しい形質は10年くらいたたないと安定したものにはならないのです。

❦ どれくらい選抜すればよいか ❦

菜園家や農家がある品種に惚れ込み、これを毎年採種しようとする場合、採種用の株の数を決め、収穫されてしまわないようにはっきり目印をつけておかなければなりません。たとえ翌年まく分の種子がわずかしか必要でないにしても、いろいろな要因を考えて、何株とっておくかを決めなければなりません。

最も大きい、最も外観のよい植物や果実は当然のこととして選抜の対象となりますが、その品種の中でそれ以外の特徴を持った株から採種することも同じよう

に重要です。
　目的は、多様性の豊かさを維持することなのです。これこそが、すべての株が同じである均一なF1品種の生産とは対極にある、自然受粉品種の本質なのです。
　土壌条件、栽培方法、緯度、作付け時期、気候の変化に作物が適応するために、それ相応の変異性が不可欠です。植物は遺伝子の組み合わせを絶えず換え続けているのです。

　技術的には、トマト、レタス、インゲン、エンドウなどの自家受粉植物では、系統保存に必要な植物は1〜6株ほどもあれば十分とされています。それらは受粉に外からの手助けを必要としません。インゲンは昆虫に花粉を運んでもらうことなく何千年も生き残ってきました。インゲンの遺伝子構成の特性によって、おのずと多様な遺伝子が維持されるようになっているのです。このため、1年ぐらいなら、たった1株の自家受粉植物から採種してもなんの問題もありません。ところが、このやり方で何年もごく少数の株から採種するやり方を続けると、その系統は弱いものになってしまいます。これを専門用語で「近交弱勢」といいます。そしてやがてはその系統は絶滅してしまうでしょう。

　カボチャ、メロン、キュウリなどのウリ科では、毎年、採種用として少なくとも6株以上の果実をとっておくことをおすすめします。カボチャなら、同じつるからではなく、異なるつるから果実をいくつか選んで、種子を混ぜ合わせるのがよいでしょう。もちろん1個のカボチャの果実から種子をとる以外にはないという場合であれば、それがいけないというわけではありません。

　トウモロコシ、ヒマワリ、タマネギでは、変異性を維持するには、多数の株から採種しなければなりません。選抜した株の数が少なすぎると、特徴は失われていくでしょう。
　たとえば多色のトウモロコシならば、いくつかの色や耐虫性が失われることもあるでしょうし、早生・晩生の性質や収量を失うトウモロコシ品種もあるでしょう。
　品種にもよりますが、トウモロコシでは50から100株の穂軸をとっておくことが必要ですし、タマネギやリーキでは少なくとも20株の頭花をとっておく必要があります。
　しかしながら、このように多くの株を確保することができないときは、可能な範囲で採種しましょう。それも大切な採種の作業です。興味があれば多色のトウ

モロコシを使用して実験してみるとよいでしょう。毎年穂軸1本だけを保存し続けます。5年間これをくり返すと、多様性が失われていく様子が色の消失によって観察できます。

　自家不和合性の作物では、十分な稔性を得るには2株以上が必要です。ブロッコリー、ケール、カラシナ、カブの花の雌しべは、同じ株の雄しべの花粉に対して化学物質による壁をつくります。こうして他家受粉を確実におこない、ほかの株の形質を取り入れるようにしているのです。このようにして、作物は、絶えず変化する環境の中で生き残る確率を高めているのです。変異性を高めるために、ふつう採種家は30株以上を残すようにしています。

　変異性を守ることを第一に考えていると、とてつもなく大量の種子を採種するはめになります。たとえば、キャベツ3個分の種子は多いときには1.5キログラムにもなりますし、レタスなら1株につき6万個の種子がとれます。こうなれば近所の人や友人に分けてあげるしかないでしょう。そして、これがシードセイバーズ・ネットワークの目的にもかなうのです。

🌱いつ採種するのか🌱

　一日のうち採種に最もよい時間は午前10時ごろ、つゆが蒸発したときです。
　いつ収穫すれば最も美味しいかがわかっている家庭菜園家なら、いつごろ採種すればよいかすぐにわかるようになるでしょう。
　一般的な目安がいくつかあります。
・トマトやナスなど果肉の中に種子がある果実は、かなり熟して柔らかくなり、食用の時期を少し過ぎたときにとるのが最もよいでしょう。
・カボチャやトウガラシなど熟したものを食べる果実は、食用のものと同じ時期に収穫し、中から種子をかき出します。最もよい採種時期は、果実の登熟から2～3週間後の、種子が膨らんだときです。
・キュウリ、ズッキーニ、オクラ、スイートコーンなど、食用に未熟な状態で収穫する果実は、採種向けにはそれよりかなり長く株に果実をつけておかなければなりません。まずこれ以上大きくならないという大きさに達することが必要で、そのあと、種子が熟すのにさらに3週間くらい株におきます。
　株の上で果実を熟させると、どうしても食卓向けの野菜の収穫は少なくなります。株全体の養分の多くが種子の生産のほうへまわるからです。
・メイズ（飼料用トウモロコシ）、ソラマメ、乾燥マメ、ヒマワリなど、植物の食

用部分が種子である場合、種子が完全に乾燥するまで株におきます。雨に気をつけ、野ネズミや鳥などに種子を食べられないようにします。
・種子の飛び散りやすい植物、つまり熟したときに種子が地面に落ちやすい植物（レタス、ニンジン、アメリカボウフウ、タマネギなど）では、熟したものから次々に採種することです。雨や風の日には、特に気をつけましょう。
・日本の場合、梅雨時期に種子のできるタマネギ、レタス類などは、雨よけをすべきです。

　毎日必ず植物の様子を見て、風が強くなりそうであれば、紙袋で植物を覆います。大きな布やシートを植物の下に敷いても十分用は足ります。すべての種子が熟す前に株全体を抜きとり、軒下などで、布やムシロの上にのせたり、通気性のある袋の中に入れてさらに熟させることもできます。そのとき、根が土につかないように注意しましょう。

さて、採種を終えたら、次に植えるまで保管する準備をしなければなりません。

第4章
採種のあとは

　この章では、種子の処理と貯蔵の方法について全般的な説明をします。個々の植物の種子についてどうすればよいかは、この本の第Ⅲ部を参照してください。

❦種子をとり出す❦

　殻や果梗は、貯蔵中の種子を食べる昆虫のすみかとなります。ちょっと手をかけさえすれば、ふつうの台所用品を使って、十分種子をきれいにとり出すことができます。
　種子は、どのような状態で植物についているかにもよりますが、水洗いする方法と水を使わずにきれいにする方法があります。

●水洗い
　トマト、メロン、キュウリ、カボチャなど、水分を含んだ果肉に種子ができる植物に用います。
　果肉から種子をすくい出し、水をはった大きめのボウルなどに入れ、よくこすります。茶こしで種子を集め、流水で果肉のくずを全部とりのぞきます。そしてお皿やざるやワックスペーパーの上で10日ほど乾燥させます。これだけできれいな種子がとれます。ただし、大きさによって乾きやすさがちがいます。完全に乾かすようにしましょう。これにどんな種子かわかるようにラベルをつけます。

●水を使わない方法
　インゲン、エンドウ、トウモロコシ、ラディッシュ、レタス、ニンジン、タマネギ、ビート、オクラや草花など、乾燥した花床（サク、サヤ、殻、外皮）内で熟す種子に用います。
　収穫せずに、株の上で、乾燥するまで種子を完熟させます。雨が続くようなら、すべてのサヤが茶色になってから株全体を抜きとり、納屋や軒先につるします。
　また、株の上で乾燥したサヤから順にとってもよいでしょう。サヤを手でやさしくもむか、たたいたりして、種子をとり出してから次の風選をおこないます。

●風選

　シードセイバーズ・ネットワークを取り上げたテレビ番組でも言われていたことですが、風選には、古代の聖書の世界を思わせるものがあります。子どもたちにとっても不思議と夢中になれるすばらしいものです。種子と殻をゆっくり空中にほうり上げ、殻を微風で吹き飛ばします。殻には花や果実のがく、果梗、古い花弁、もみ殻、枯れた雄しべや雌しべなどが含まれていますが、肝心な種子は残ります。

　ここでの秘訣は、風選に使う道具の形です。中国雑貨店などにある細長い平らな箕が最もうまくいきました。

　また別の方法としては、種子をボウルに入れてとんとんと振動をあたえます。くずが上にあがってきたら、それを一定の強さで軽く吹くか、小型の扇風機で飛ばします。

　サヤつきの種子（インゲン、エンドウ、オクラなど）を大量に扱うときは、麻袋に入れて踏みつけると、種子をサヤからはずすことができます。乾燥したサヤは手でも取れますし、機械で風選してもよいでしょう。

　なかには「風選は手間がかかりすぎて時間がとれない」という人もあるかと思います。でも、心配しないでください。殻の混じったまま種子を貯蔵しては絶対にいけない、というわけではありません。多少不純物が混じってもいいのです。実際、古い農家では、トウモロコシの種子を穂軸につけたまま貯蔵しているところがあります。

●ふるい分け

　種子をきれいにするもうひとつの方法に、ふるい分けがあります。「シードセイバーズ」では、ふるいセットを使っています。これには目の粗さのちがう5種類のふるいがついていて、それぞれが木枠に取り付けられるようになっています。

　最初に、種子が十分通る目の大きいふるいを用います。まず大きなくずをふるい分けて、畑に捨てます。種子と種子より小さい殻はすべて残りますので、今度

はこれを目の小さなふるいで分けます。台所用品のざるや茶こしでも、十分用をなします。

❦乾燥❦

　種子の乾燥には細心の注意を払わねばなりません。湿気があると、貯蔵してもすぐにだめになってしまいます。

　二段階の乾燥手順が必要な種子もあります。まず、収穫後、サクやサヤの中ですべての種子がからからに乾燥するまで確実に熟させ、次に風選して、種子を乾燥させます。

　一般に大きな種子は小さなものより乾燥時間が長くなります。大きな種子が十分乾燥されているかどうかを簡単に調べるには、種子を噛んでみることです。もし適当な強さで噛んでみて、跡がつかなければ、十分に乾燥しています。噛み跡が残れば乾燥が足りないということなので、さらに乾燥させてください。

　乾燥方法をいくつか紹介します。
・ボウルに少量の種子を入れて窓ぎわの直射日光のあたらないところにおき、ときどき混ぜかえします。
・安全な場所で新聞紙の上に種子を均等に広げます。種子をまくときに、紙にくっついていたほうが便利だということで、湿った種子をそのまま紙の上に広げて乾燥させる人もいます。
・紙袋に少量の種子を入れ、風通しのよい場所につるします。
・多めの種子は網の上におき、ときどき混ぜかえします。
・インゲンなどの大きな種子が多量にある場合は、薄手の麻袋に入れて、つるして乾燥させます。
・湿度の高いときには、台所などの温かい部屋の高いところ（棚の上や給湯器の上）に網をおき、その上に種子をおきます。ただし、45℃以上にならないように注意します。
・日光にあてると、虫害を防ぐ効果もありますが、長時間あてたり、温度が上がりすぎると、発芽しなくなることがあります。温度の上がりすぎには十分に注意しましょう。黒っぽい種子は、特に高温になります。

❦病気❦

　種子の内部や表面で広がる病気はなんとかして防がねばなりません。ほかの人に種子を譲る場合はなおさらです。

買ってきた種子には変な色のコーティングがしてありますが、これはふつう、殺菌剤と殺虫剤を混合したものです。市販の光沢のある紫色のスイートコーンの粒やピンク色のキャベツの種子は化学物質まみれです。

　いったん化学物質を使い始めると、どんどんエスカレートします。アメリカ合衆国農務省の1961年の文書によると、「殺虫剤を使えば種子や若い実生が土壌菌におかされやすくなるので、殺菌剤が必要になります。カプタンディエルドリンやチラムディエルドリンなど、和合性の殺菌・殺虫剤が便利です」。

　ところが、家庭菜園家や農家でも、簡単かつ安全に種子の病気が予防できる実用的な方法があります。

●温水処理

　湿気の多い気候で広がり発生するキャベツの黒菌病、黒斑点病、黒脚病、トマトのカイヨウ病やホウレンソウのベト病といった病気から種子を守る安全な方法です。

- 50℃の一定温度に保ったお湯に25分間種子を浸します。温度が高くなりすぎないように気をつけます。鍋の中に水を入れ、別の鍋にお湯を満たしておいて、温度計でチェックしながらおこないます。
- お湯で処理したあと、ざるに上げて種子を乾燥させます。貯蔵する前にもう一度十分に乾燥させることが大切です。

●発酵

　トマトやキュウリの種子は、細菌や酵母菌の作用によって発酵させることで、種子から病気をとりのぞき、種子がもとで発生する病気を未然に防ぐことができます。

- 果実を2つに切ります。大きなスプーンで種子と果肉をとり出し、容器に入れ、水を少量加えます。これを温かい部屋におきます。
- 数日後、表面から泡やおりが出てきますが、これは発酵が起こっていて、まわりのゼラチン状の果肉が溶けたことを示します。
- 水でよくすすいで、種子をきれいにします。くずや中身のない種子が浮いてきますので、静かに流して捨てます。残ったものをざるに上げ、流水で洗います。こうすれば十分きれいな種子がとれます。
- くっつかない紙やざるの上で、ぬれた種子を薄く平らに広げ、乾燥させます。

貯蔵

　育種の次に種子の活力を左右する大切なポイントが、貯蔵方法です。自分でまいた種子が発芽するのはうれしいものです。それも、一回目で早々と芽が出てくればなおのことです。

　ことに経験の少ない人がいちばんがっかりするのは、待っても待っても芽が出てこないことです。ベテランの人なら、すぐに種子に問題があったとわかるのですが、初心者はあれこれ悩んでしまうものです。

　「深く植えすぎたのかな？　水をやりすぎたのかな？　いや、少なすぎたのかな？」

　ほとんどの野菜や花の種子の寿命は、ふつう、涼しく乾燥した条件では3年から5年です。

　アメリカボウフウの種子は、採種したその年か、せいぜい翌年までしかもちません。セリ科一般の種子やネギ属の種子は、かなり寿命が短く、弱いものです。

　タマネギの種子は、温かい場所、たとえば夏場の西向きの部屋などで貯蔵した場合、発芽率が半分以下にまで落ちることがわかっています。

　一般に大部分のマメ類の種子などのように種皮が厚ければ種子は長もちします。また、小さな種子より大きな種子のほうが長くもつようです。

　貯蔵中の種子は休眠していますが、生きています。これらの種子はきわめてゆっくり呼吸しています。このような生命活動を最低速度（最少のガス交換）に保つ秘訣は、貯蔵中の温度と湿度を一定にすることです。ガス交換が最も盛んなときでも、きわめてゆっくりとしたものなので、種子の寿命を引き延ばすことができます。密閉して貯蔵しないと種子は水分を吸収し、種子の中に貯えられている養分が酸素と反応し始めます。少し温度が上がれば、種子は二酸化炭素を出して発熱します。そうしているうちに呼吸速度が増し、安全な保管の許容範囲を超えてしまいます。

　このことを頭において、貯蔵について大切なポイントを見ていきましょう。

●暗所で

　透明なびんや扉のない棚などで貯蔵した場合、種子の寿命は短くなります。紙袋に入れた上で、暗い色のびんに入れて、戸棚にしまうとよいでしょう。

●湿気

　密閉容器の中に湿気があると、種子に含まれる養分が燃焼し、堆肥のように発

熱することさえあります。種皮の厚さはさまざまなので、水分の吸収のしかたにもちがいがあります。

　ほとんどの野菜の種子は10％以下の湿度で貯蔵すべきです（5％が最適です）。一方、落花生やソラマメは油分が多いので15％の湿度で貯蔵するのがよいでしょう。

　湿度が低いと、種子は温度の変化に耐えやすくなります。野菜の種子は貯蔵する前によく乾燥させなければならないと、ここでもう一度、強調しておきます。種子を十分に乾燥させずにびんの中で堆肥化させてしまうような危険をおかすなら、紙袋に入れて室温でおいたほうがまだましでしょう。

　シリカゲルを密閉容器に入れておくと、種子から出る水分を吸収してくれます。保存びんの底に約1cmの厚さに敷き、脱脂綿を入れて、種子が直接シリカゲルに触れないようにします。シリカゲルは薬局などで手に入ります。

　シリカゲルの結晶は、色でどれだけの水分が吸収されたかがわかります。青色であれば乾燥状態で、ピンク色であれば水分を含んでいます。ピンク色の結晶が青色に戻るまでオーブンで乾燥させれば、繰り返し使用できます。

　シリカゲルが手に入らない場合、粉ミルクか、ひからびた穀粒を保存びんの底に入れても同じ効果があります。湿度の高い日には種子のびん詰めはやめる、というような配慮も大切です。びんの縁にテープを巻くとさらに湿気を防ぐ効果があります。

　亜熱帯・熱帯果樹の種子は、乾燥させると胚がだめになってしまいます。これらは果実を食べたあとすぐに発芽させなければなりません。出てきた小さな実生は、日陰で湿気の多いところにおけば、もっと光が当たるようになるまで何年間も休眠します。これらの実生は実際に森の地面でも、そうやってチャンスを待っているのです。

　柑橘類の種子も乾燥させないようにします。湿度を高く保ち、冷蔵庫で貯蔵すると4年間もちます。湿った砂の中に入れて貯蔵するとよいでしょう。

　多雨林の種子は、採種してから種子をまくまでは、プラスチック容器で湿度を高く保って冷蔵します。

●温度

　ほとんどの野菜の種子では、5℃が理想的な温度です。そこで長期保存には冷蔵庫を利用します。

　短期保存には、よく乾燥させた種子を容器に入れて日陰の部屋におきます。また台所では天井に近いところより、床下のほうが温度が一定で保管場所に適しています。

●虫害の対策

　どんな種子でも貯蔵する前に、ゾウムシが棲みついていないか確認することが大切です。ゾウムシやその他の昆虫の卵は、豆やトウモロコシの種皮の下に隠れていて、適温になると出てきます。

　密閉容器内で2日間冷凍するとゾウムシと卵は殺せます。しかしそれより長い時間、もっと低い温度でないと死なないゾウムシの仲間もいます。冷凍したあとは、容器が室温に戻るのを待ってから、ふたを開けるようにします。これは周囲の空気の水分が内面で結露するのを防ぐためです。

　ただし、ここでは注意が必要です。種子があらかじめ十分乾燥していないと、低温障害を起こすことになります。

　アフリカの農民は、マメ類その他大粒の種子に食用油をぬります。ゾウムシが見つかればぬりかえます。

●容器の種類

　フィルムのケースやねじぶた式のびんは種子の保存に適していますが、コーヒーのびんのパッキングは厚紙と薄いフィルムなので、避けたほうがよいでしょう。ガラスびんは自家製パッキングをうまくつくれば、適切な容器になります。タイヤチューブをふたの内側にちょうど合うように切って使います。

　紙袋や密閉のできるジップつきのポリエチレン袋に乾燥した種子を入れて、品種、日付、その他必要事項を記入し、びんに封入します。このようにしておけば、数種類の種子を一つのびんで貯蔵できます。次にこれを冷蔵庫、食器棚や地下室におきます。ポリエチレン袋はそれだけでは、耐湿性はありません。

❦ 発芽試験 ❦

　種子は適切に貯蔵すれば、その寿命が2倍、3倍になります。しかしコレクションを管理するときには、やはりそれらの発芽能力を調べる必要があります。種子

コレクションをもつ園芸クラブでは、1年おきに発芽試験をおこなってストックしたほうがよいでしょう。

どの程度の正確さが求められるかにもよりますが、10個から100個の種子を使用します。水を含ませた数枚のペーパータオルの上に種子をおき、ポリエチレン袋に入れて20〜25℃で1週間おきます。台所で最もよい場所といえば、窓ぎわや天井付近などの高い場所です。

数日後、紙を広げて種子の発芽を調べます。萌芽が見られたら、これを生育能力ありとして数えます。

1週間後、すべての種子を数えて発芽率を出します。50個のうち45個であれば発芽率は90%となります。60%以下の発芽率であれば、発芽率不良とみなし、早いうちにメンバーに配布し、増やすようにする必要があります。

なお、この試験では、ホウレンソウなど、発芽のときの水分に気をつけなければならないものもあります。

家庭レベルでも発芽率を知っておくと役に立ちます。種子をどの程度の密度でまけばよいかの目安になります。

また、種子の発芽試験は土でおこなうこともできます。土で発芽試験をすると、さらに価値のある情報が得られます。多くの種子が湿った温かいペーパータオルの上で萌芽する力をもっているとしても、土の層をもち上げて芽が出てくるだけの活力をもっていないことがあるからです。

発芽試験はふつう、箱に土を入れ、そこへ種子をまき、板ガラスで覆い、一定の温かい温度に保っておこないます。

最後に、種子の発芽は必ずしもそれだけで、絶対的な基準となるわけではないことを忘れないでください。発芽したとしても、発芽能力がなくなりつつある種子は弱々しいことが多く、遺伝子欠損がある植物や種子ができます。あるいはこ

のような植物が生育すると活力がないことがわかるでしょう。

　種子は、ひとつの可能性に過ぎません。必ずしもすべての種子が発芽するわけではないのです。ロックハンプトンのマーチン氏は、こう言っています。

　「私はオリジナルのオックスハート種のトマトの種子を、やっと見つけました。300年前の聖書の背表紙の中で新聞紙の切れ端で乾燥させてあるのを見つけたのです。新聞の日付は1923年でした。けれど、たったの6粒で、しかも発芽したものは1粒もありませんでした」

　発芽することが確かめられた最古の種子は、放射性炭素を使って460年前に生育していたと測定されたハスです。これは、宗教的に重んじられているもので、中国東北区にある湖の酸素がほとんどない泥炭の中で発見されました。

　ハスの種子にはたいへん硬くて、水を通さない外皮があります。自然の中で長期間保存されるのに適したものです。かたや、マメ類の外皮は決して厚くはありません。10年以上もつマメ類の種子というのはほとんどありません。温帯地域の室温で貯蔵した場合、5年後に発芽能力が残っているのは100粒のうち50粒くらいでしょう。

　ファラオの墓で何世紀も保存されていたコムギの種子やアステカの洞窟で発見されたマメ類に発芽能力があったということはよく知られていることですが、ゲーリー・ナブハン博士は1989年の著書で、これに異議を唱えています。「こんなにも人間に頼らないと生きていけない作物が、どういうわけだか何世紀も生き延びることができたと人々は信じたがっているようです」。

　デイビッド・ムレイ博士は、熱帯のササゲは400年間確実に保存できるだろうとしている科学者の予測に疑問をもっています。彼は、『シードセイバーズ・ネットワーク・ニュースレター』第10号の記事で、こう書いています。

　「このような楽観的な判断には疑問をもちます。私のような種子生物学者のいうことなど、取り上げてもらえないのはしかたのないことかもしれませんが、事実が明らかになったのです。『ニュー・サイエンティスト』1991年5月11日号に掲載のデボラ・マッケンジーによる文献では、"必ずしもすべての種子が寒さの中で生き残るわけではない"という言葉でしめくくられています。オランダの種子バンクの責任者は、"バンクの中では外よりも大きな遺伝的侵食がある"ということを認めています。だとすれば、シードセイバーズ・ネットワークや、世界の他の地域の同じようなグループがどのような位置を占めるということでしょうか。遺伝的多様性を守る者として、私たちは重要な位置を任されているようです。もちろん植物を熟すまで育てたり、採種したり、新鮮な種子を室温貯蔵したりするのは時間もかかるし、手間もかかります。しかし、努力をしようとする人が多け

れば多いほど、さまざまな品種が確実に保存できるようになります。多くの管理者による"分散した"種子バンクは、漫然と種子を保存する集中的な種子バンクよりも、時として起こる不運から生き残る可能性が高いのです」。

　このことから引き出される結論がひとつだけあります。種子の本来あるべき場所は、土の上だということです。ただし地温、天候、そして人的な条件がすべて整っていることが必要です。栽培植物の種子は貯蔵しても数年以上はもちません。そこで、自分たちで種子を確実に増やし、保存していけるようにするために、種子保存のグループや園芸クラブの種子保存部門といったものをつくることが緊急課題なのです。

第5章
種まきと設計

　たねが芽吹く──それはまさに神秘です。もちろん私たちだってその神秘の一部。はかなくもあり、それでいて回復力にとみ、頼もしい緑の世界とともに、私たちも神秘の一部なのです。

　　　　　　──ナンシー・バベル著『採種をはじめる人のためのハンドブック』より

❦種子の準備❦

　用土にはなにが含まれているのか、種子はどこのものなのか、不安な苗を買わないと決めたなら、自分で苗を育てる方法を知る必要があるでしょう。

　まず、時期が栽培に適しているかどうか、そしてこれからまく種子に生育能力があるかどうかを確認してください。病虫害におかされておらず、新しく、ふっくらした種子に発芽能力があります。

　シカクマメのように、とても堅い種皮をもつ種子もあります。こういうものは一個ずつ、種皮に傷をつける必要があります。コンクリートや砥石でこすったり、刃物で刻み目をつけたりします。

　採種後、種子はいったん休眠状態に入ります。その期間はさまざまですが、吸水すると発芽を抑制していた化学的な機構が解除されます。またいくつかの湿生植物など発芽する前にある一定の範囲の温度と光を必要とするものもあります。

　この本で私たちが扱うものは、すべて栽培植物です。栽培植物は、人が手をかけてこそ栽培植物なのです。

●種子の発芽する発育段階
- 水分の吸収
- 異化と転流……この発育段階ではあまり水分を吸収しません。生長調節ホルモンであるジベレリン、サイトカイニン、エチレンが作用し、種子中の油や脂肪を脂肪酸へ変換し、さらに糖やデンプンに変えます（発芽した種子は甘くなりま

す）。この養分が、必要な部分に送られます。
- 細胞分裂……新たに水分を吸収し、より活発に呼吸し、サイズが非常に増大します。
- 最初に出てくるもの……幼根（最初の根）と幼芽（最初の葉）が現れ、そのあとは植物は外から与えられた栄養分に依存し始めます。

種まきのこつ

●床土の準備は入念に

特に小さな種子をまく場合、床土はふるいにかける必要があります。苗床用の床土はさまざまな材料でつくりますが、良質の土、土を軽くするためのピートモス、完熟した腐葉土またはキノコを育てたあとの菌床くずなど、そして目の粗い川砂をそれぞれいくらか入れましょう。

土はそれほど肥えていなくてもだいじょうぶです。堆肥と厩肥は完熟したものを用いなければなりません。

●地温が実際の気温よりも大切

このことは今日に同じく、中世ヨーロッパでも重視されていました。おしりを出して畑にすわり、土の温かさを確かめることはごくふつうのならわしだったわけです。もしすわり心地がよくなければ、種子まきは延期され、心地よくなるまで待ったのです。

●大きい種子は直接畑へ、小さい種子は育苗箱へ

マメ類、トウモロコシ、ウリ類（第Ⅱ部第6章参照）は、土に直接まくほうがうまくいきます。一方、レタス、タマネギ、トマトなどは育苗箱などにまくとよいでしょう。例外は次のものです。
- 涼しい地方で、ウリ類などの苗づくりに早くとりかかりたいときは、屋内で種子をまきます。
- 畑の土が細かければ、小さな種子でもじかにまくことができます（ただし、定期的な水やりが欠かせません）。

●種子はその直径の2〜3倍の深さにまきましょう

- ただし、深すぎるより浅すぎるほうがよいのです。理由は幼芽があまり厚い土の層を突き抜けることができないからです。養分不足、酸素不足、湿気が多す

ぎると枯れてしまいます。
- 砂地や乾燥した暑い気候であれば、深めにまきます。ホピ人はアリゾナ砂漠の焼けるような砂地にトウモロコシの種子を60cmもの深さにまきます。
- 種子を浅くまくときは、表土をできるだけ細かくしましょう。その上にまんべんなく種子をまき、さらに表面をスコップの背で軽くたたいておくとよいでしょう。雨が降らないときには、水やりを頻繁にする必要があるかもしれません。
- 非常に小さな種子を扱うには、少量の砂と混ぜ、畑に浅いみぞをつけ、その中に種子と砂を混ぜたものをまくという方法があります。

●種まき後2、3日は毎日2回、そのあと数日は毎日1回霧吹きで水やりをする

　水は多すぎても、少なすぎても問題を起こします。水やりのいきおいが強すぎたり、強い雨が降ったりすると、種子が土から出てしまったり、流されてしまったりして、だいなしになることがよくあります。

　また、水分不足も種子をだいなしにします。特に種子が発芽をはじめてから、水の供給が絶たれるのは問題です。

●本葉が2対現れてから苗を移植し、日よけします

　多くの野菜では、本葉とは形の異なる双葉があることに気をつけてください。移植後2、3日は強い日差しから苗を守りましょう。

●大きな野菜種子は小さな種子より寿命の長い傾向があります。

　小さな種子をつける植物の保存を考えると、毎年育てて、採種しなければならないかもしれません。

　次のような条件なら、種類によっては、畑で自然に発芽し、育ちます。
- 種子が完熟するまで株が残されているとき。
- 耕さず、マルチもしない肥えた土に種子が落ちるとき。土を耕したり覆ったりすると、こぼれ種から発芽した幼い苗が死んでしまいます。

・発芽してきた実生苗のうちどれが望む野菜の苗か区別でき、それに対応できる場合。

🌱 採種のための菜園設計 🌱

●採種用の植物を残せるスペースを考えておく

　菜園のレイアウトを考えるとき、植物が種子をつけるまで残しておけるだけの土地の余裕をもってください。食卓用に収穫するよりずっと長くその場所に植えていることになります。そのような株の位置を前もって計画することはまず無理でしょう。というのは採種用の株は、そこが採種しやすい場所だからと選ぶわけでなく、それ以外の条件で選ぶことになるからです。

　このことは、すっかり土地をならしたあとに、次の作付けをすることに慣れている方にとってはたやすいことではないかもしれません。もしあなたが、こうしたきっちりしたやり方をなさっているなら、植物が種子をつけるという美学についてちょっと考えてみてください。見た目がいろいろあり、彩色が豊かであると、どれだけその土地の外観が変わり、美しくなるでしょうか。

●ラベル・名札づけは確実に

　自家採種をはじめるなら、几帳面な習慣を身につける必要があります。特にラベル・名札づけには気を配ってください。畑で何ヵ月ももつような名札にしっかりと品種名を記録しておくことはとても大切なことです。

　市販されているものの中でおすすめできる名札は、白いマット地のもので、鉛筆でも字を書くことができます。古いブラインドを切ってつくったラベルは長持ちします。アルミにペンで品種名を彫り込んだこの名札はとても重宝します。

　前にも触れましたが、採種用に畑に残しておく株、果実、種子をつけた穂などはわかりやすいようにはっきりと目印をするとよいでしょう。派手な色の布や銀紙、リボン、ひも、テープなどが利用できます。

　菜園の栽培計画は定期的にきちんと記録しておくようにしてください。

●品種間の交雑を避ける

　自家受粉か他家受粉かは、付録の表を参照してください。以下にごく一般的な野菜の採種についてのヒントをあげておきます。

・複数のレタスを一度に実らせることもできます。背の高い作物を間に植えて、異なる品種のレタスがとなりどうしにならないようにしましょう。

- トマトの畝の間にマメ類を垣にはわせるなどして仕切りをつくると、ほぼ100％品種間交雑を避けることができます。よく似たマメ類を混同しないように、白い豆と色つきの豆を交互に植えましょう。
- ビートとフダンソウは同じアカザ科で、お互い交雑します。好きなだけ多くの種類を栽培してもかまいませんが、それぞれが互いに交雑しないようにしなければなりません。

  採種しない品種がとう立ちし始めたら、すぐに花茎を摘みとってしまうのが最もよい方法です。採種しないものの花が咲かないように、注意深く観察を続けましょう。
- スイカ、メロン、キュウリ、セイヨウカボチャ、ニホンカボチャ、ズッキーニを1ヵ所の畑で育てる場合、1年にそれぞれ1品種だけにとどめましょう。
- トウモロコシは、栽培期間が長い地域の場合、時期をずらすことができます。たとえばある品種を3月初旬にまき、ちがうものを5月初旬、またちがうものを7月初旬にまきます。同じ時期に開花しないので、すべての品種から採種することができます。
- デントコーンやフリントコーンなどは、開花前にやくを取ったり、雄花の穂を抜きとったりしておけば、スイートコーンと交雑して、だめにしてしまうことはありません。逆に、スイートコーンの花粉はデントコーンやフリントコーンと交雑して、遺伝的な性質の混合した粒をつけますが、これはトウモロコシ料理、ポレンタやタコスに使うのであれば、さしつかえありません。
- たとえば、1マイル（約1.6km）以上離れた畑をもっているなど、これくらい距離をあければ、それぞれの畑にトウモロコシ、スイカ、ペポカボチャなどを1品種ずつ栽培し、採種をすることができます。

❦パーマカルチャー❦
（永続的な生活全体のデザイン手法）

　シードセイバーズ・ネットワークがおこなってきた数々の活動がパーマカルチャーの実践であることは、すでに申し上げました。ここでパーマカルチャーとその創始者であるビル・モリソン氏について紹介します。

　私たちが絶滅に瀕している野菜の品種をおもにとり扱うシードセイバーズ・ネットワークに着手しつつあるということを知った彼は、ニンビンの丘の斜面につくられた私たちの畑を訪れ、シードセイバーズ・ネットワーク設立への支援を申し出てくれました。モリソン氏はネットワーク設立最初のメンバーとなりました。

やがてモリソン氏がタスマニアから私たちの住む地方に移り住んでからは、何日にもわたってエキサイティングな日々を日夜を分かたず、ともに過ごしました。私たちは熱心なパーマカルチャー実践者で、パーマカルチャーを亜熱帯地方で応用していましたが、彼はその様子を失敗も含めてすべて、非常に興味深く見ていました。

　私たちはそれまでの10年ほどの間に収集してきた希少な植物や木を彼に紹介しました。「象の耳の木」や「ティプアナ・ティプ」などのシダ状の小さな葉をもつ非常に育ちの早い窒素固定性のマメ科の木を、実のなるつる性植物のパッションフルーツ、ヤムイモ、ヘチマなどが覆い、リオ・ヌネス・コーヒーの木やその木の根もとにはショウガの仲間が育っていました。

　彼は、この地でのパーマカルチャーの実践を感心して見ていました。栽培されているものはすべて何らかの役に立つものでした。珍しい建築材、繊維、染料用の植物、いろんな種類の果実のなる木、飲料用のマテ茶、中国茶、アビシニアン茶、さまざまなコーヒーの木などが育っていました。

　パーマカルチャーでは、すべての植物が複数の役割や仕事をなさなければなりません。防風林は風をやわらげるだけでなく、必要なときには動物の飼料となったり、あるときは有刺鉄線の代わりに防護用の生け垣になったり、そのほかに窒素を固定して土を肥やしたり、ハチを誘う手頃な餌の役割を果たすといったぐあいに。中にはこの役割すべてをになう木もありますし、複数の種類の植物を混植する必要があることもあります。

　著書『パーマカルチャー』の前書きで、ビル・モリソン氏はこう書いています。「私はタスマニアにある小さな漁村で育ちました。村では必要なものはすべてつくっていました。靴も、金属細工もみんなつくりました。人々は魚を捕り、食べ物を育て、パンを焼きました。一つの仕事しかしていないなどという人は一人もいませんでした。だれもがいくつもの仕事をこなしていたのです」。

　食べ物を育てるシステムをデザインするときには、上のことを心に留めておきましょう。

実践的パーマカルチャーの原則

以下の簡単なことを実践すれば、周辺環境になにか問題があっても解決策をみつけ、実用的な菜園をつくり上げることができます。

●**最低限のスペースを利用して、暮らしの場で食物を育てる**

　前庭や裏庭をはじめ、屋根やフェンス、壁なども利用し、あなたの居住空間に植物、動物と共存する生産性の高いシステムをつくりだしましょう。

●**多様性を豊かにする**

　続けて収穫をするための早生、中生、晩生品種、貯蔵しやすい植物、多年生植物、自然にこぼれ種で発芽する植物を選びましょう。

●**生産物と有用性を考えて植物を選ぶ**

　植物を選ぶときは植物全体の価値を考えるべきです。

　よい例に、苦いオレンジがあります。たくさんの棘があり、北アフリカではこれを使って頑丈な生け垣をつくっています。その花からアールグレイティーや、薬効のあるエッセンシャルオイルの原料になるベルガモットエッセンスがとれます。その果実はマーマレードの材料となり、皮からはキュラソー、コアントロー、さまざまな苦み成分のもとがとれます。木の生長をうながすために、定期的に枝をはらいますが、それが貴重な用材となります。

●**さまざまな種の植物を積み重ねる（植物の重層化）**

　もし裸地から栽培をはじめるならば、地表を覆う丈の低い草、灌木、小さめの先駆植物の木が最初の林冠を形づくります。これらは生長が早く、必ずしも長寿ではない、アカシアのようなもので構成されます。

　これらの木は、次に植える果物、ナッツ、材木用の木などのような、より有用な木の苗木を日差しや風から守ってくれます。

　このようにして林冠が育っていくと、さらに、下層の植物、丈の低い草やつる性植物によって、植生全体を豊かにしていくことができます。たとえば、乾燥した気候では、最も高い層からいうと、ナツメヤシの木にパッションフルーツのつるを絡ませ、次にザクロ、最も下の層にヒヨコマメ（またはソラマメ）を植えます。

　また同じ乾燥した気候でのもう一つの例は背の高い材木用の木の陰にアボカド、

フェイジョアの苗木を育て、換金作物のソルガムを、アマ、ヒヨコマメと列ごとに混作します。畑では、夏に背の高い多年生のピーマンがレタスの日除けとなり、その株もとはハーブで覆うことができます。

● **生け垣を用いて生産性を上げ、プライバシーを守る**

　自分の敷地ととなりとの境界線沿いに、背の高い垣、支柱を立て、生長の早いつる性植物をはわせれば、プライバシーを守ると同時に生産性も上げることができます。

　もし、一刻も早く覆いをつくりたいということであれば、ゼブラビーン（インゲンマメ）、あるいは比較的寒いところではベニバナインゲンのようなつる性のマメ類が、たった6週間でフェンスを覆ってくれます。

　フェンスの覆いをよりよくするため、ほかの種の植物を加えてもよいでしょう。つる性のリママメとあわせて、ヘチマ、ラゲナリアヒョウタン、ハヤトウリのようなウリ科のものを利用するとあっという間にフェンスを覆い、たくさんの花と果実をもたらしてくれます。

　長い目でみて取り組むのであれば、まず、すぐに効果をあげてくれる生長の早い一年生のマメ類を植え、多年生のマメ類を窒素固定用として植え、さらに生長は遅いもののその後何年にもわたって育ってくれるパッションフルーツ、キウイ、ブドウなどを植えることもできます。

　西側に支柱、垣などを立てれば、駐車場、育苗用日除けハウス、屋外トイレ、鶏小屋、道具小屋、砂場などにかかる西日をさえぎることができます。これはどんな都会の住居でも有効です。

● **それぞれの仕事、役割を複数の構成要素によって支える**

　たとえば、牧場には牛の飼料として、一年生と多年生の牧草、葉を供給してくれる木やサヤを供給してくれるマメ科の木などがあるとよいでしょう。

　畑で使う水には、いくつかの供給源を確保すべきです。たとえば井戸、屋根をつたう雨水も使えますし、等高線に沿って溝を掘れば水路になるでしょうし、あるいは、樹木の大きな葉の表面のつゆさえも考慮に入れるとよいでしょう。

　食料としては、市販のものを買うのは最小限にとどめ、地元のものをできる限りたくさん食べるようにしましょう。自分の畑、果樹園、自分の住む地域の野菜畑からとれる農作物や、庭の池のザリガニ、魚、カエルなど（ボウフラを食べて害虫防除の役目も果たします）も利用できます。また、森、小川、道端、公共用地にも、野生の食材が生育していることが多いものです。

● それぞれの構成要素が複数の役割をになう

　たとえば、ショクヨウカンナは多年生です。よいデンプン質の植物であり、畑のまわりに植えると雑草対策にもなります。地下茎がびっしりとはって地盤を覆うため、オーストラリアでは普通にみかけるカイクーユのような地下茎で伸びる雑草に、はびこる余地を与えません。このように少なくとも二つの機能をもちます。

　アジア料理にも使えるレモングラスやコンフリーをもう1畝増やすと、雑草の侵入を防ぐバリアをつくることができます。夏作のレタスのように特別な保護を必要とする植物には、風除けをかね、半日陰のスポットをつくってみましょう。

● 問題は解決の糸口である

　ビル・モリソン氏は口をすっぱくしてこういいます。「カタツムリの食害が問題なのではなく、アヒルがいないことが問題なのだ」。

　アヒルがカタツムリのごちそうにありついているのを見ていると、カタツムリが害虫ではなく、アヒルのタンパク源に見えてくるでしょう。また、見た目では利用価値のない沼地さえ、美しい工芸用の竹やアシを生み出すことも可能です。

● ゴミも有用な資源

　ゴミはリサイクルしましょう。

　となりからの雑草の侵入を食い止めるため、境界線沿いに厚い新聞紙の束を互いちがいに重ねて敷きましょう（紙マルチ）。腐植質をつくるために、その上におがくず、わらなどの有機廃棄物をおきましょう。

　鶏がいるなら、鶏がうみ出すものはあらゆる角度から有効利用できます。鶏糞が肥料として有用であることはいうまでもありませんが、鶏のひっかく習性をも利用できるのです。

　鶏にはしつこい雑草を取り除いてもらいましょう。少し工夫して果樹園に垣をめぐらせ、そのなかで鶏に仕事をしてもらえます。機械のトラクターに比べてずっと燃費のよい「チキン・トラクター」となります。

　鶏に必要なタンパク質は落下した果実や蛆で満たされます（これでショウジョウバエの発生が止まります）。鶏は、その習性によって、どんな除草剤よりもずっと安全で効き目のある雑草防除をしてくれるのです。

　においが気になるし、やかましいので、鶏小屋はなにも家の近くにつくる必要はありません。小さな果樹園の中につくったり、移動式の鶏小屋にしてもよいでしょう。果樹園と鶏小屋が同じ場所にあると、一石二鳥です。食べる草も日陰も

ない畑の片すみに鶏がいて、果樹園は草ぼうぼうで、蛆のわいた果実が地面にころがっている状態というのは、だれが見てもあまりいいものではありません。

　パーマカルチャーはすべてのものや人がよりよい生活をおくることのできる共存共栄の場をつくり出します。それは人為的なものですが、自然と共生をしています。

● ゾーンごとに合理的な配置を考える（ゾーン計画）

　平均的な広さの住宅地の土地でも、もっと広い敷地でも、ゾーン計画を立てることで、その土地の用途に応じた分類が容易になります。

　ゾーンは基本的に同心円状に設計します。最も中心の第1ゾーンから始まり、外周あたりのより自然に近い第5ゾーンで終わります。

　各ゾーンの通路や島状の土地をほかのゾーンとの間に設計することもできます。たとえば、第5ゾーンの緑の回廊を家屋にむけて真っ直ぐ伸ばし、玄関口で自然を満喫できるようにすることができます。

　どれくらいの頻度で各ゾーンをおとずれるかや、それぞれにどれほど世話が必要かで、どこになにをもってくるかが決まってきます。

　たとえば、オーストラリアには、葉にとげのあるバニヤンナッツの木があります。実をつけるまでに10年かかる木で、手間をかけずとも元気に育ちますが、その木の下で生活するのは落果を考えると危険です。このような木はできるだけ遠く、たとえば第4ゾーンくらいにもっていきます。

　日常よく使うハーブガーデンは、勝手口、バルコニーや出窓などの前におきます。これは第1ゾーンに属します。

　植物どうしの相性に注目し、コンパニオンプランツ（共栄植物）をいっしょに植える配慮も大切ですが、使う身になって考えることも忘れないでください。毎食新鮮な野菜を食べたいなら、食材用の畑が近くになければならないでしょう。さもなくば、夜暗くなってからや雨の日には新鮮な野菜をあきらめなければいけないことになります。

　畑のなかでもパクチョイ、ホウレンソウ、ソレル、セロリ、不結球レタスなどの少しずつ摘みとって使う葉菜類は通路の近くに栽培し、奥まで手をのばさなくてもすむようにしたほうがよいでしょう。

　ジャガイモ、綿花、カボチャなどの植物はもっと遠くに配置できます。これらの作物の収穫は一度ですますこともできるのですから。このようなものは第2ゾーンに属します。これらは幅の広い畝で栽培することができます。

　子どもたちが大好きなベリー類の木は、通路沿いに植えましょう。

1年に数週間から数ヵ月の間しか実をつけない果樹は遠くてもいいし、年に1日しか収穫の必要のないナッツの木などはもっと遠くてもいいわけで、第3ゾーンに植えます。
　燃料、材木、支柱用の木は住居から離れた、その次の第4ゾーンに植えます。野生の動植物のための森やたまにしかおとずれないような場所は、もっと遠く第5ゾーンに配置します。
　さあ、これで畑の計画は終了。次は栽培の準備にとりかかりましょう。

第6章
特別な仲間—ウリ科植物

❦ 特性 ❦

　ウリ科植物の仲間は、つる性の特徴をもちます（つるなしのものもいくつかあります）。カボチャ、ズッキーニ、キュウリ、スイカ、マクワウリ、ヒョウタン、ハヤトウリ、その他多くの有名無名のつる植物がふくまれます。ほとんどは一年生で、雄花と雌花が1つの株に別々に咲きます（雌雄異花）。

　この仲間を特にあげたのは、交雑に関して誤解されていることが多いからです。さらに、多くの種類の野菜に応用できるさまざまな技術があり、この章でくわしく説明しています。なお、第Ⅲ部の作目ごとの紹介では、この章と重なる説明は省いています。

　ウリ科植物の交雑は、それぞれの種の中でしか起こりません。たとえば、キュウリはキュウリからの花粉しか受けつけません。マクワウリやスイカとは交雑しないのです。緑色のキュウリは、近くにあれば、白っぽいキュウリと交雑するかもしれません。この場合、どちらの種子も形質のいり混じった果実をつけることになるでしょう。たとえば、緑色のしまが入った白いキュウリであったり、あるいはその逆であったり。

　ウリ科植物はすべて、雄花と雌花を咲かせます。雄花は長い花軸の先に、雌花よりもかなり早くに咲きます。こうすることで形質のちがう花粉が別の雌しべにつく可能性が高まり、遺伝的多様性がよりよく保たれるのです。

　雌花は短い花軸につき、花のもとはふくらんでいて、ここが果実になります。受粉は昆虫に頼ることになりますが、たいていはハチで、早朝に大量の花粉と鮮やかな色に誘われてやって来ます。ハチが花から花へ、株から株へと移るとともに、ハチの体についた花粉が運ばれます。

　花の寿命は1日か2日です。夜明けに咲いて、翌日か翌々日にゆっくりとしぼみます。

　気温が高すぎると、雄花ばかりになってしまいます。湿気が多いと栄養生長に偏るため、実はほとんどつきません。ストレスや高温にさらされると、受粉した雌花でも落ちてしまうことがあります。

🎃 カボチャ類 🎃

　カボチャ類の名称は、国によって大きくちがい、またそれぞれがさまざまな地方名をもっています。ある家で「ハバード・スカッシュ」とよばれているものが、その近所では「ジョーのパンプキン」だったりします。

　この仲間は大きく4種類に分けられ、どれがどの区分に属するかがわかれば、採種ができます。生長のしかた、葉、種子、果軸の形によって区別することができます。

　マキシマ種（*Cucurbita maxima*たとえば、クイーンズランドブルー）：つるが非常に長く、丸くて毛のある葉をもち、幅が広く、切り口が丸く、木質化した果軸が果実についています。黄色い肉厚の種子は、羊皮紙やセロハンのような膜をかぶっています。

　モスカータ種（*Cucurbita moschata*たとえば、グラマやトロンボーン）：非常に長いつるをもち、毛のある斑入りのぎざぎざした大きな葉と、切り口が五角形の細い果軸をもちます。果軸が果実につく部分には縁があります。平らでざらざらした種子の縁には溝があり、セロハン状の膜はありません。

　ペポ種（*Cucurbita pepo*たとえば、ズッキーニ）：つるなしが多く、太い茎と葉をもち、側枝は細く、その切り口は五角形です。小さくて平らな白い種子で、縁に溝があり、セロハン状の膜はありません。

　ミキシタ種（*Cucurbita mixta*たとえば、ニホンカボチャ）：つるが非常に長く、毛のある大きな葉をもち、モスカータ種と同様の果軸をもちます。平らで長い種子で、縁には溝がついています。

　これらはそれぞれ1品種ずつ育てることができます。しかし、たとえばカウ・パンプキンとトライアンブルは交雑します。どちらもマキシマ種だからです。

　種子を少しばかり観察すれば、その共通性がわかります。2種類のカボチャ類を植えようとするとき、その種子が似通っていれば、交雑する可能性が高いでしょう。

　同じ畑で同じ仲間のカボチャを何種類も育て、採種してきた農家を何人か知っていますが、彼らは同じ系統を長年にわたって育てており、それぞれの性質を熟知していて、「このカボチャの花粉は、あのカボチャに対して優性だ」ということまで心得ているのです。

　かりに交雑が起こってしまった場合でも、翌年によく見て、「これはちがうぞ」というものを取り除いてしまうことができます。

こういった方法は、一般にひろく用いられている方法ではありません。同時期にそれぞれの仲間から1種類ずつつくること、もしくは品種ごとに少なくとも400mあけてつくることが賢明です。近くで交雑の可能性のあるものをつくる人がいるなら、人工受粉が系統を維持する種子を得るための確実な方法となります。

🌱 人工受粉 🌱

人工受粉の目的は、花粉の交換を管理すること、それによって親から伝わる形質を管理することです。これは、雌しべが受粉可能な間、昆虫や風から花を保護することでおこなわれます。

以下に順を追って、ウリ科植物の人工受粉法を説明します。

・夕方のうちに次の日に咲きそうな雄花と雌花を選んでおきます。まだ硬いかもしれませんが、つぼみの割れ目や先端から黄色いものがのぞいているものがそうです。

ねじった針金、輪ゴム、マスキングテープ、洗濯ばさみなどで花の先端を閉じてしまうか、ストッキングをかぶせて花軸のところで縛って、昆虫が入らないようにします。

このように早めに手をうっておけば、夜明けとともにやってくるハチが花に入るのを防げます。

さて、翌朝。まず、雄花を花軸のつけ根で切りとり、花びらを除いて雄しべを出します。そして、雌花を開いて、雄しべを雌しべにこすりつけます。人工受粉はたくさん咲いている雄花から雌花へ自由に花粉が行き来しないようにすることですので、自然のはたらきをまねて、同じ品種の別の株からいくつかの雄花を選んで、雌花へと人工受粉します。こうすることで広範な遺伝因子が維持されます。

・花粉がしっかりと雌しべについたら、花がしぼむまで雌花を閉じるか、覆いをかけます。人工受粉した花には、品種名を書いた札を花軸につけておきます。あるいは、もう少しあとになって果実が半分の大きさまで生長してから、耐水性のペンで直接果実に書き込んでもよいでしょう。

花軸をきつく縛りすぎないように注意してください。花軸も生長して太くなりますので、ゆるめにしておきましょう。

　つるがよく茂ってきたら、果実のある場所に棒を立てておきます。
　ものの数分でできますし、楽しい作業です。私たちの経験では、人工受粉は開花期の早いうちにおこなったほうが成功しやすいようです。1株のうち最初の4個までの果実がうまくいくようです。
　たくさん花がつくようにするには、その株にすでにつき始めている実を摘果します（食べてしまえばよいわけです）。
　果実を収穫する前に、種子が十分に太っていることを確認してください。完熟してから3週間待つのがベストです。キュウリやズッキーニは60cmにもなるでしょう。1〜3週間追熟させてから、果実を割って種子をとり出します。

❦種子まき❦

　ウリ科植物は、ふつう、地温が上がってからまきます。栽培者によっては、まず種子を水に浸してから、畑の温かく軽い土に直まきします。土の色が濃ければ濃いほどよいでしょう。
　冷涼地で早めに種子をまくには、鉢を使い、排熱の出る冷蔵庫の上のような温かいところにおきます。こうすれば早く根づかせることができます。同じ時期に種子を直まきしたとしたら、腐ったり遅霜にやられたりすることがあります。
　種子が発芽した鉢は、定植できる大きさに育つまで、日の当たる場所に出しておかねばなりません。
　直まきをする場合、よく腐熟した畜糞と完熟堆肥でていねいにつくった培土の層の下に生畜糞をおいて発酵させれば、培土を温めることができます。種子は必ず厚めにまき、強い苗のじゃまになりだしたら弱い苗を間引きます。
　カボチャ類の根は、長く浅くはります。水は、根に向かってかけます。葉にかけると病気をよぶので、気をつけましょう。
　キュウリは多くのウリ科植物と同じく、昔から手をかけるほどよく育つといわれています。イギリスではキュウリの種子をまく前にチョッキのポケットに入れておいたものです。おそらく種子を温めるためでしょうが、ひょっとしたら栽培者の精力を吸収させるためかもしれません。
　オーストラリアに住む古くからのカボチャ栽培家は、新しい種子より3年ものの種子のほうが雌花が多いといいます。

第Ⅲ部
品目別の種とり法62

- 原著であるオーストラリア版では、現地での栽培に適した117種の野菜が、アルファベット順に配列されています。しかし、日本でなじみのない野菜も多く、栽培・採種が困難なものもあるので、実用性を考慮して、日本向けの加筆・改訂をおこないました。
- 原著のうち日本での栽培が一般的な49種に、原著にはないが日本で重要な11種を加え、合計60種について、「起源」、「解説」、「栽培」、「採種」、「保存」、「利用」、「品種と系統」の各項目を記載しました。また、品目の一部を統廃合しました。
- 基本的な記述は原著によりましたが、日本での実用性を考慮して、「栽培」や「採種」などの事情がちがうところは原著によらず書き換え、「利用」や「品種と系統」などでは日本の情報を追加しました。学名は、原著によりながら、一部を日本で通用しているものに改めました。また、日本での実情にそぐわない原著の一部を割愛しました。
- 原著のうち、日本では重要視されていなかったり、あまり普及していない野菜、また、栽培・採種が困難なものなど、64種については、末尾に要約して訳出しました。
- 配列は類縁関係や栽培・採種の類似関係から工夫しました。
- 原著には、採種の難易度を表した表がつけられていますが、気候風土のちがう日本には必ずしもあてはまらないため、割愛しました。
- 栽培、採種については、本書を参考にして、その土地、収穫時期、天候、量などの条件を考慮して工夫してください。
- イネ、ムギ、ソバ、雑穀などまだまだ掲載したい内容がありますが、本書は野菜中心に掲載しております。巻末の参考図書にたくさんの採種情報がありますので、ぜひ挑戦してみてください。
- 各科の植物の分類については、まだ確立されていないものがあります。アブラナ科のアブラナ属ハクサイ、コマツナなどAゲノム（$n=10$）のものについては、現在育種学界では、rapa種とされていますが、本書は主に農文協の『野菜園芸大百科』の分類を参照しました。

キャベツ

アブラナ科アブラナ属

Brassica oleracea var. capitata —— brassicaは、ローマ人がケルト語の「キャベツ」を指す言葉を借りてきたもの、oleraceaは「野菜のような」、capitataは「頭をもつ」の意味です。カンランともいいます。

起源 ヨーロッパ南東部の白亜の海岸地方とチャネル諸島。ケルト人は、野生種のケールを作物化し、2500年前から栽培していました。後にローマ人が数種の結球キャベツを選抜、栽培しました。

キャベツは、古フランス語で頭を意味する「caboche」が英語化したものです。ヒンドゥー語の「Kopi」、スコットランド語の「Kale」、ノルウェー語の「Kaal」、スウェーデン語の「Kohl」、スペイン語の「Col」など、異なる言語でもよく似た名前をもつという事実は、キャベツが長い間広い地域で栽培されてきたことを示しています。

17世紀にフランス人探検家ジャック・カルティエが、カナダ経由でアメリカにキャベツを伝えました。

解説 キャベツは、ヨーロッパで古くから品種改良され、ケール、カリフラワー、ブロッコリー、サボイキャベツ、コールラビー、メキャベツなどが生まれました。結球キャベツは、外観から大型で扁平な寒玉系、春作用でやや丸い春系などに分けられます。この本では、カリフラワー、ブロッコリー、メキャベツを別の項で解説しています。

栽培 キャベツの栽培体系は、現在は1年を通してありますが、採種用には夏まき冬どりの作型から選抜するのがよいでしょう。

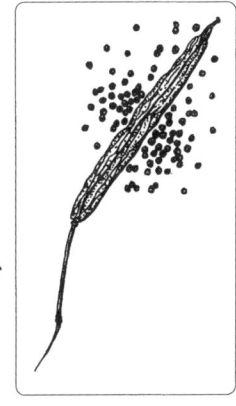

採種 キャベツは二年生の他家受粉植物で虫を媒介として受粉します。ブロッコリー、カリフラワー、メキャベツ、ケール、コールラビなどと交雑する可能性があります。

採種したい品種が花を咲かせる時期に、他のキャベツの品種や交雑の可能性のある上記のような作目が数百メートル以内に花を咲かせるようであれば、開花前にその花を切り取っておきましょう。

すべての種子を採取する場合は、第Ⅱ部第2章に記載した網で覆う方法を用います。とうが立ち、背丈ほどに高くなりますので、網は2m前後の高さが必要です。窮屈ですと、風通しが悪く、むれたり、病気をよびやすくなります。

自家不和合性のため、受粉させるには2株以上の花を咲かせる必要があります。1株だけでは結実したとしても、ごくわずかの種子しかとれません。小規模の場合、5～6株ほど残すとよいでしょう。たくさんの特徴、多様性を残すためには、さらに多くの株を残せるとよいでしょう。

最もよい株に目印をつけておき、春先に開花させます。寒地ではわらなどで覆って越冬させます。一定期間、低温にあわないと花芽形成をしないため、低温に

ならない地域で商業向けにつくる場合にはジベレリン酸（ブドウの種子なし化などに使われるホルモン剤）を散布しています。インドネシアの種子用キャベツは気温の低い高地で栽培されています。

硬く結球している株はとう立ちしにくいため、花茎を伸ばす目的で、キャベツの頭頂部に十字の深い切り込みを入れる必要があります。主軸の発育を促すため、花茎の根もとから伸びるわき芽は切ります。頭頂部の切り口に日が当たらないように、まわりから外葉を被せておきます。すると翌年、花茎を伸ばしサヤを形成します。

収穫したあとのわき芽から伸びた花に種子ができることがありますが、この種子は、品質が劣ることがあります。

サヤが褐色になり、サヤをふると種子が音をたてるようになったら収穫時期です。しっかり乾燥させてから貯蔵します。いくつか方法を紹介します。

株を根もとから刈り取り、水はけのよいところに広げて干します。採種は早すぎると未熟種子が多くなりますし、遅すぎると作業中にはじけ落ちてしまいます。

天候や干す場所にもよりますが、乾燥するまで、10日前後かかるでしょう。量の少ない時は風通しのよいところにつるしておいてもよいでしょう。しっかり風乾させます。

その後、天気のよい日に、大きなシートに株ごとのせ、棒でたたいたり、シートごと揉んだりしてサヤから脱粒させます。サヤからはじけにくい種子は実入りが十分でない場合があります。

ふるいか目の細かいざるを使うか、風選をして種子と葉や茎などよけいな部分をふるい分けます。この種子を風通しのよい日陰に2〜3日おくか、半日ほど日に当てて乾燥させます。

ある農家では、触れるとすぐはじけるくらいまで畑に残しておいて、種子とサヤのみ収穫しています。収穫は米袋で受けておいて、もんで種子をはじけさせながら、直接袋の中へ入れます。

雨天続きなど、軒下で乾燥する場合には、時間をかけてしっかりと乾燥させましょう。

日本で手に入るのはほとんどがF1品種で、F1品種でないものはごく限られています。F1品種から固定種を得るために自家採種を始めると、次の代では多様な形質に分かれます。この中から1株だけを選抜すると、早く固定ができますが、わずかしか種子ができず、弱いものができることがあります。数株を選抜すると、固定までに5〜6年以上の長い年月を要します。

保存 種子は球形、赤褐色から黒褐色。有効期間は温暖な地域で4年、1グラムあたり250粒。

利用 白キャベツでつくるザワークラウトは、乳酸が豊富で体によい発酵食品。つくり方は、たとえば、ワインやビールの樽などの発酵用の密閉容器に、千切りキャベツと岩塩（全重量の8〜10%）を層になるよう交互につめます。間にジュニパー・ベリーや半割りの調理用リンゴも入れます。容器いっぱいになったら良質の乳清（乳製品をつくったときの上澄み）を数カップと、ひたひたの水を注ぎます。しっかりと押さえて、落としぶたをします。毎日容器をころがしながら3日間、日なたに放置したあと、室内にとり込ん

でさらに3日おきます。貯蔵庫（12℃）に保管すれば数ヵ月は保存が可能です。

オランダ語で「キャベツ・サラダ」という意味のコールスローには、結球しないコラードやケールが最適です。紫キャベツはピクルスに。縮緬キャベツ（サボイ）など緑のキャベツは、軽く蒸してそのまま食べるのがよいでしょう。

葉のしぼり汁は、子どものギョウチュウ駆除に使われます。また、オペラ歌手は公演前に、塩を入れないキャベツ・スープに生卵を溶き入れたものを飲んでいました。今日でもヨーロッパでは酔いざましにキャベツを用いますが、古代ギリシャ人はキャベツが二日酔いを防ぐと信じていました。

現代の研究者たちはガンの予防に役立つと言っています。イタリアでは関節炎の痛みにキャベツ湿布をします。キャベツの葉1枚を洗ってよくすりつぶし、ホウ砂（ホウ酸ナトリウム）小さじ1、水少々を加えて丸め、痛む箇所に湿布します。

日本では、栽培がはじまったのは19世紀と、比較的新しい野菜ですが、改良技術の進歩とトンカツのつけあわせとして好まれたことで急速に普及し、現在生食だけでなく、煮もの、炒めもの、漬ものなどに利用されるようになりました。ビタミンCが豊富で、青汁が胃によいなど、栄養面でも高く評価されています。

品種と系統　キャベツには非常に多様な品種があり、良質のF1品種も多いのですが、F1品種は自家採種をしても同じ種子は得られません。定植時期、利用法によって品種を選びます。

日本では、導入の歴史が新しいため、古い固定種を入手しにくいのですが、コペンハーゲンマーケット群、中野早生群、サクセッション群、葉深群などがあり、これらが現在のF1品種の親となっています。

コペンハーゲンマーケット群：小型、球形の早生の春まき品種。

中野早生群：腰高の小球、中球、品質がよい、極早生の秋まき品種。

サクセッション群：だ円球で形が整っています。耐寒性、耐暑性に欠けますが、品質のよい早生秋まきの黄葉サクセッションと、葉色が濃く、耐寒性、耐暑性のある冬、春まきの黒葉サクセッションがあります。

葉深群：葉質が柔らかく、品質がよい、春、初夏まき品種。

家庭園芸では、四季穫、秋蒔極早生、秋蒔早生、富士早生が有望です。

ブロッコリー　　　　　　　　　　　アブラナ科

Brassica oleracea var. italica —— brassicaは「キャベツ」、oleraceaは「野菜のような」。

起源　ヨーロッパの西海岸に自生するケールから派生しました。

解説　ブロッコリーは、キプロスからイタリアへ伝わり、過去150年の間にイタリアで市場向け作物として開発されました。20世紀に入る前は、緑色のものよりも紫ブロッコリーのほうがふつうでした。当時は、「ブロッコリー」という名前は、いろいろな種類の越冬したキャベ

ツから生える柔らかい花芽のことも指しました。

　ブロッコリーには、頂花蕾専用種と側花蕾併用種の2種類があります。頂花蕾専用種は、オーストラリアやニュージーランドとその付近の島々では事実上消滅しましたが、日本では頂花蕾主体の品種が中心です。生長するまでには、長い時間がかかります。カリフラワーよりは耐寒性が強いものが多いです。

　オーストラリアでは、現在広く生産されているブロッコリーは、緑色側花蕾併用種のブロッコリーです。中央の花蕾と、茎の周囲に生える無数の小さな花蕾の両方を生長させる習性があります。

栽培　肥料を与え過ぎると、葉ばかり茂って花蕾が小さくなります。ただし、日本の品種はF1品種ばかりで、ほとんどが頂花蕾専用の多肥多収型です。日本では、採種用には、肥料を控えたほうが、採種時に病気が発生しにくいでしょう。食用にするためには、たえず収穫を続けます。そうすれば、わき芽が次々に出てきてすぐに花が開きます。種子をとるためには、すべてのわき芽に種子をつけさせます。その眺めは壮観です。

採種　ブロッコリーは二年生ですが、オーストラリアでは、温暖な気候の土地に植えた場合は低温にあわずに種子をつけます。ブロッコリーもキャベツと同じく他家受粉植物で、1株だけではふつう実をつけることができません。そのため、種子用には、2株以上、できれば、5～6株以上から採種しましょう。

　確実に種子をつけさせるには、隣接した2株以上を残すか、お好みの株を選び、1ヵ所にまとめて植えなおしてください。

どうしてもという場合、2株のうち、1株の頂花蕾を収穫して、食べた後、その株から、わき芽を出させ、収穫せずに、残したもう1株と交配させることもできます。

　花蕾は収穫期を過ぎ、やがて高く伸び、黄色い花が密集して咲きます。ブロッコリーは、キャベツ、カリフラワー、メキャベツ、ケール、コールラビーと交雑する可能性があります。交雑を完全に防ぐには、これらの作物とは2km離して栽培する必要があります。または自分が採種したい品種が花を咲かせている時期に、数百メートル以内に異なるブロッコリーの品種や交雑の可能性のある上記の作目が花を咲かせるようであれば、開花前にその花を切り取っておきましょう。

　すべての種子を採取する場合は、第Ⅱ部第2章に記載した株全体を覆う方法を用います。

　茎が生長しきったら、すぐに支柱が必要です。サヤができ、しだいに黄色くなり、そのあとは茶色になりますが、すべてが揃うわけではありません。

　ほとんどのサヤが乾燥して中で種子が音を立てるようになったら、株全体を刈りとります。キャベツと同じように、十分に乾燥させてから貯蔵します。

保存　種子は最長5年間保存できます。1グラムあたり300粒。

利用　ブロッコリーはゆでて調理しますが、美しい緑色やうまさを逃がさないように、塩を加えることと、ゆですぎないことに気をつけることです。

　サラダ、浸しもの、グラタン、煮込み、炒めものなどに使われています。硬い茎もよく湯がけば美味しくいただけますし、つぼみはコリコリとして生でも食べられ

ます。

品種と系統　イタリア系の人々は、サンマルチナリ（サンマリノ産）、ナタレシ（クリスマス用）、北半球の冬の収穫月の名前がついたジェナジョリ、フェブラジョリ、マルツオリなどのすぐれた品種のストックをもっています。

ナインスターペレニアルは、寒いところで冬の間に十分なマルチを施しておけば、最長5年間は初夏に小さなカリフラワーのような純白の花芽を出します。

19世紀末のイギリスでは、シベリアン、ダーニッシュパープル、コックスコムなど花蕾に色がついた品種が40種類あまり市場で売られていました。

日本では、カリフラワーの人気が衰えた反面、ブロッコリーの需要が伸び、最近多数の品種が発表されてきました。古い品種には、グリーンマウンテン、ドシコ、メデューム、中里早生（協和種苗）、中生、中晩生（以上タキイ種苗）などがあります。

カリフラワー　　　　　　　　　アブラナ科

Brassica oleracea var. *botrytis*——brassicaは「キャベツ」の、oleraceaは「野菜のような」というラテン語で、botrytisは「ブドウのような」というギリシャ語。

起源　古代から栽培されてきたケールから品種分化したもので、野生種が存在しない野菜のひとつです。古代ローマ時代にはすでに一般的でしたが、1000年以上も前から栽培されていたと推測されるシリアが起源とされます。チューダー王朝時代で、食用とする頂花蕾がテニスボールより大きくなかったころは、「cole-flower」（アブラナの花）ともよばれていました。カリフラワーはこの200〜300年の間に飛躍的に大きくなるよう選抜されてきました。

解説　カリフラワーは、大きな葉で包まれている頂花蕾を食べるために育てられます。

栽培　酸性が強すぎる土には敏感で、健全な採種用の株を得るにはpH5.5〜6.5が適当です。排水をよくして、有機質（堆肥、緑肥）をふんだんに施すこと。オーストラリアでは花芽の分化期に涼しく、湿気の多いところでよく育ちます。キャベツやブロッコリーほど極端な温度差には耐えられません。日本では、夏まきの秋冬どりが多く、頂花蕾が15cmぐらいになったら、葉を8枚ほどつけて茎を切り取ります。

採種　花芽ができて間もないうちに、株を選び、印をします。採種用としては、食用になる頂花蕾をはやくつけ、その後食用として収穫できる期間が長く、開花が遅いものが望ましいでしょう。

二年生なので、翌年初夏に種子ができます。花芽はすぐに登熟し、たくさん枝分かれしてから間もなく数え切れないほどの花茎を出します。より大きな種子をつける下のほうの花に力をつけるために、いちばん上の花は摘んでしまいます。

採種用のカリフラワーは、キャベツ、ブロッコリー、メキャベツ、ケール、コールラビーなどが開花しているところから、スウェーデンでは360m、アメリカでは900mといった長い距離をおくのが

基準になっています。種子の収穫・調整方法は、キャベツやブロッコリーに準じます。

保存 種子は球形で、ちょっと小さめで不揃いであること以外は、キャベツやメキャベツに似ています。貯蔵条件がよければ、温帯では4年もちます。1グラムあたり500粒。

利用 ビタミンCの多い野菜です。生で100グラム中に65ミリグラムあります。生のまますり下ろして、レモンジュースとカラシとオイルドレッシングでからめます。

ギリシャ料理を紹介しましょう。アンチョビーをオリーブ油に溶かし込み、ニンニクとオリーブの実や、6cmくらいに切って固めに蒸したカリフラワーを加え、最後にクリームを加えます。このソースを短いパスタにやんわりとからめて出します。大きなボウルいっぱいにしていても、にぎやかな食卓ではすぐになくなってしまうものです。

品種と系統 グリーングレイズはオーストラリアを代表する品種のひとつで、アブラムシに対して抵抗性があるといわれ、暖かい内陸性気候の地域に向いています。しかしながら、すでに1970年代の書物には、「今ではもうどこを探せばよいかわからなくなっている」と書かれています。たぶん、カリフラワーは自然条件でたやすく交雑してしまうので、この素晴らしい品種も家庭菜園から姿を消してしまったのでしょう。

ビルモリンというフランスの種苗店は、1946年のカタログに46種も掲載しています。ニュージーランドではスノーボールアーリーがよく育ちます。作物の多様性は、種苗会社の戦略によって失われる場合もあるのですが、カリフラワーやメキャベツに関しては、これは単に自然交雑や味覚の変化の結果のようです。

日本への導入の歴史はキャベツと同様に浅く、品種改良もあまり進んでいません。極早生種に名月、富士、早生種に房州早生、野崎早生、アーリースノーボール、ピュアリティ、中生種に増田早生、房州中生、晩生種に増田晩生などがあります。

メキャベツ

アブラナ科アブラナ属

Brassica oleracea var. gemmifera ── brassicaはラテン語の「キャベツ」、oleraceaは「野菜のような」、gemmiferaは「つぼみをつけた」という意味です。コモチカンランともいいます。

起源 西ヨーロッパ。キャベツの祖先ケールから開発されました。

解説 作物としては割合に新しく、200年あまり前にベルギーでつくり出されました。60〜80cmの主茎についた葉のわきに3cmくらいの小芽球をつけ、1株から数十個収穫できます。

栽培 霜にあたることで芽がしまるので、冷涼な気候が適します。熱帯では高地でなければ結球しません。粘質壌土を好みますが、水はけが悪いと育ちません。過肥を避け、種子の結実を促すために芽をつけ始めたら鶏糞を少し施します。

採種 メキャベツは、近隣で開花しているキャベツ、ブロッコリー、カリフラ

ワー、ケール、コールラビーなどと交雑します。これらは二年生で、花粉は昆虫によって運ばれます。自家不和合性なので、種子をとるには2株以上を残さなければなりません。開花は春。芽の収穫には、はじめのうちは下部を、後には上部を摘むようにし、種子用に適した中間部を残します。

花茎がよく伸びるように、一般に頭頂部の葉は切りとります。小さな球形の種子が入った長いサヤができます。下のほうのサヤが黄色くなったら乾ききる前に枝を刈りとります。

乾燥方法についてはキャベツに準じます。

保存 4～5年もちます。1グラムあたり270粒。

利用 メキャベツは冬期の貴重なビタミンC源。小さいほど柔らかです。蒸して、バター、コショウ、塩、レモン汁をかけて食べるほか、クルミ油をかけてもよいでしょう。

塩ゆでしてバター炒め、洋風煮込み、カラシじょう油和えも試してみてください。日本では「子持ち甘藍」という名前から縁起をかつぎ、結婚式の料理にも利用されます。

品種と系統 自然交雑によって特徴があいまいになっているため、食味のよい古い品種をみつけるのは難しくなっています。まるでキャベツのように大きくて香りに欠ける品種よりは、歯ざわりのよい、小さくて身がしまった品種がよいでしょう。

オーストラリアでは、ダーリントン、キングオブザマーケット(矮性種と大玉種)、ドワーフジェム、ラクストン、リアガード(晩生種)、イエーツチャンピオンなどがあります。芽も葉も赤いルビンレッドは、1987年現在、カナダの会社から入手可能とのこと。

アメリカで開発されたロングアイランドは、涼しい地域に向きます。フィルバスケットは、暖かくては育ちません。

日本では、輸入当初、優れた品種がなく、各地で馴化して栽培されました。大阪府に北川種という有名な系統がありました。岡、カツキルという古い品種名が残っていますが、現在は増田コモチカンランとタキイ種苗の早生子持が主な品種です。

ケール

アブラナ科

Brassica oleracea var. *acephala*——brassicaは「キャベツ」、oleraceaは「野菜のような」。acephalaはギリシャ語で「結球しない」という意味です。

起源 ケールはキャベツの祖先に最も近い植物であり、現在もヨーロッパ沿岸地方に自生しています。

解説 古代からある二年生作物です。カリフラワーまたはブロッコリーのように花を目的とした品種ではなく、またキャベツとはちがって結球せずに葉がよく広がります。コラードやボアコールと同様に結球しませんが、一般に葉は縮れています。

ケールはキャベツの中でも最も耐寒性が強く、最も霜に強い作物です。中には

高さが2m近くにも達する品種もありますが、ラブラドールケールのように縮れた芽が地表を覆うように生える品種もあります。

栽培 ケール栽培にはキャベツよりも多くのスペースが必要ですが、草姿がたいへんきれいで、生産性が高く、滋養分も豊富なので、小さな畑でも育てる価値があります。

採種 ケールは、同時に花を咲かせた場合、キャベツ、ブロッコリー、カリフラワー、メキャベツ、コールラビーのいずれとも交雑するでしょう。二年生植物なので、花を咲かせるのは2年目です。自家不和合性であるため、採種用には2株以上を残します。

種子の収穫、処理方法についてはキャベツに準じます。

保存 種子は4年間もちます。1グラムあたり250粒。

利用 ケールは20cmぐらいの葉を外葉から順に摘みとって利用します。主に青汁として利用され、ビタミン、ミネラルが豊富で、胃の働きを活発にします。ケールは厳寒地方でも利用できる数少ない耐寒性の冬野菜で、イギリスでは一般に普及しています。さらに、耐暑性にもすぐれ、栽培しやすい野菜です。

品種と系統 多くの種類のケールが育種されてきたわりに、存続しているものは多くありません。ドワーフブルー、コテージ、モスカールド、アスパラガスケール、ロシアケールは、市場ではもうみられなくなった優良品種です。中でも、少し縮れた葉をもつシベリア種が最も耐寒性が強いと考えられています。ニュージーランド南島のダニーディン周辺は、先祖伝来の品種が豊富なところです。コラード、ケールおよびボアコールは、すべてキャベツの祖先種です。

イギリス人が「ブダケール」とよび、ドイツ人が「シュニットケール」とよぶ品種は、飼料用キャベツとして小さな農家にとってたいへん有用です。鶏小屋のそばや牛舎のとなりで栽培すると、葉を1枚ずつ摘みとって囲いの中に投げることができて理想的です。フランス内のフランス植民地ともいわれるブルターニュ地方では、村人は今でもチャウマリア（背丈の高い飼料用キャベツ）の見事な区画をもっており、頻繁に動物用に葉を摘むので、それらの茎はいつも丸裸だといいます。

ある採種家は、自分の生まれた旧ユーゴスラビア連邦、ダルマチアのドゥブロヴニク近くのコルチュラ島由来の在来種であるゼヤとよばれる葉キャベツの種子を送ってきました。彼によると、この植物にはほとんど虫がつかず、乾燥、寒さにたいへん強いそうです。1.5mの高さにまで生長し、ジャガイモや塩漬けの豚肉といっしょに食べます。もうお腹が一杯になります！

彼の古い村では、全地区でわずか12株を採種用としています。数世紀にわたって栽培を続けてきたそうです。これからもつくり続けてほしいものです。

この品種は、現在、オーストラリアでも多くの自家採種家によって栽培されています。

ハクサイ

アブラナ科

Brassica campestris L. var. pekinensis ── brassicaは「キャベツ」、campestrisは「原野生の」を意味します。以前は*B. pekinensis*とされていましたが、現在は*B. campestris*や*B. rapa*の変種として扱われるようになりました。

起源　中国。原始型に近いツケナから不結球のハクサイが分化し、その改良種から結球ハクサイができたといわれています。紀元前2千年から栽培されていました。14世紀から中国系移民が世界各地に広がるときに持ち出されたものです。日本へは、奈良時代前後にツケナが入り、江戸時代に不結球ハクサイが、明治時代に結球ハクサイが渡来しました。

解説　ツケナとよばれるものには、かなり広い種類があります。一般的には、アブラナ属に属する野菜のうち、漬けものや煮ものに利用される不結球の葉菜類の総称とされます。主に*B. campestris*（アブラナ類）に属する葉菜類をツケナと呼びます。

*B. campestris*アブラナ類（Aゲノム、$n=10$）には以下の種類があげられます。

*pekinensis*グループに不結球または半結球ハクサイとして山東菜、広島菜、マナ、大阪シロナ、*chinensis*（タイサイ）グループにはタイサイやチンゲンサイなどが含まれます。*narinosa*のグループにはタアサイ、如月菜、ひさご菜、*rapa*グループにはカブナ類、*japonica*グループには京菜（水菜）、ミブナ、上記の雑種グループにコマツナがあります。

その他*B. juncea*種（ABゲノム、$n=18$）のカラシナ類、タカナ類、*B. napus*種（ACゲノム、$n=19$）の洋種ナタネの類、*B. oleracea*種（Cゲノム、$n=9$）のコラード、ケールをツケナとよぶこともあります。

アブラナ類*pekinensis*のハクサイは、結球するものとしないものがあり、結球ハクサイは、一般的にツケナとは別に扱われています。

栽培　秋に種まきをし、冬から翌春にかけて収穫します。二年生のため、翌年春に花を咲かせます。

採種　他家受粉（しかも自家不和合性）なので、2株以上で、1ヵ所にかためて集団をつくるように植えて、集団内でお互い交配するようにします。ハクサイどうしや解説にあげたアブラナ類の葉菜のほか、カブとも交雑します。

自家採種には、花芯白菜や山東菜のような、半結球性の品種が向いているでしょう。交雑を防ぐには400m以上離す必要がありますから、小さな畑では2品種以上の採種は難しいでしょう。

偶然たくさん種子をつけた株があったとしても、やはり選抜した優良株からとった種子を保存するのがよいでしょう。

残したい形質を維持するため、花をつける前に、形質の異なる株を慎重に探し、抜きとるとよいでしょう。または、早い時期に優良株を数株選んで採種用の場所に植え替える方法もあります。黄色い花からしだいにサヤができてきます。日本

では、この時期になると小鳥たちがサヤをついばんで種子を食害しますから、糸や網を張るなどの対策が必要です。種子の収穫方法は、キャベツとほぼ同じですが、ハクサイをはじめ、アブラナ類の種子のほうが乾燥するのが若干早く、脱粒するまでの乾燥期間は1週間ほどみればよいでしょう。

アブラナ科の種子は似通っているので、ラベルをつけて保存します。

保存 種子は3〜5年間もちます。1グラムあたり350粒。

利用 中国ではハクサイ（ツケナ）は200種類もあり、まさに野菜の王様です。淡泊な味はなんにしても調理しやすく、鍋もの、煮込み、炒めもの、漬けもの、サラダ、餃子の具など、あらゆる料理に使われています。

「ハクサイの重ね蒸し」は、一度に大量に食べることができます。ハクサイの葉を一枚一枚剝がして薄切りの豚肉（鶏肉）と交互に重ねて、そのまま（水分を入れないで）蒸し煮にします。あらかじめ肉に塩、しょう油、酒、みりんでしっかり味つけしておけば、なにも加える必要がありません。挽き肉の場合はロールハクサイのように糸でハクサイを縛って蒸せばよいでしょう。

ハクサイの塩漬けは、3％くらいの塩水に1日陰干ししたハクサイを3〜4cmに切って漬けていきます。昆布、陳皮などを入れハクサイの倍くらいの重しをかけます（徐々に減らします）。4〜5日で食べられますが、もっと長く保存したいときは、保存容器から一度取り出し、水気を切ってからもっと強い塩分で漬けなおします。キムチにするときは、最初にダイコンの刻んだものや、リンゴなども入れておきます。そして丸一日くらい水気を切ってから、合わせだれ、ヤンニョムやジャンと混ぜればよいでしょう。ツケナは主に漬けものに利用され、各地に個性のある漬けものがあります。その他、煮ものや和えものなどに利用される葉菜もあります。

品種と系統 山東菜、ワンボク、ペーツァイ、ボクチョイ、フラットキャベツ、白花、スープスプーンパークなど、名前だけでも興味をそそられます。

日本では、半結球の山東、花心、極早生の捲心（千両）、山東より育成した愛知群（愛地、吉良）、抱合型のチーフー群（松島交配系）、抱被型の包頭連群、中間型の加賀群（京都3号）、チーフーと包頭連の雑種次代による千歳群（下山千歳）などがあります。

ツケナ類は全国各地で個性のある葉菜へと分化しました。

チンゲンサイ　　　　　　　　アブラナ科

Brassica campestris L. var. chinensis

起源 地中海からパキスタンにかけての地域や中国西南部などの説があります。

解説 チンゲンサイという名は農林水産省が昭和58年に*B.campestris*の中で、*chinensis*グループに属する小白菜の種類に対して、葉柄の色が緑色の種類について名づけたものです。葉柄の色が白いものはパクチョイとして区別されましたが、種類としては同じものです。青ものの不

足する暑い時期にも栽培できて便利な野菜ですが、本来は涼しい気候に適する野菜です。

栽培　チンゲンサイは秋に種まきして、晩秋から冬にかけて収穫します。直まきして栽培したり、育苗して本葉がある程度大きくなってから定植する栽培方法も広がっています。

とう立ちの早い品種が多く、春、暖かくなると、次々に花を咲かせます。

採種　収穫する前か、収穫時に畑全体の中で気に入った株を選んで採種用の母本（優良な形質をもつ親として選ばれた株）とします。なるべく多くの株を集団で植えて生育させます。チンゲンサイは若い株で選抜するより、少し遅れて母本選抜したほうが、よい株かどうか判断しやすいものです。採種はアブラナ類との交雑さえ注意すれば、比較的楽です。

種子の収穫についてはハクサイと同様です。

サヤが薄茶色になったころに株ごと切りとって干しておきます。よく風乾してから、天気のよい日にシートの上で脱粒します。採種用の株は無肥料にして生育させますと、種子量は少なくなりますが、種子は安定してきます。

チンゲンサイはとう立ちが早い品種が多く、年明けでの早春栽培ではとう立ちの遅い株の選抜が必要です。乾燥が不十分な種子は梅雨時など、虫がつく場合がありますが、このときは日中に短時間（1時間くらい）干すと、虫が逃げてくれます。しかし、長時間干すのは問題です。種子が高温になって、発芽が悪くなります。

チンゲンサイやアブラナ科の野菜の種子は、見分けが難しく、採種時期も同じなので、サヤから脱粒したら、すぐに種子に印をつけておきます。あとでやるとわからなくなってしまって、たいへんです。チンゲンサイのように主に移植で栽培すると、種子は非常に少ない量ですみます。貯蔵さえきちんとすれば、毎年採種する必要もなくなってきます。

利用　ある中国の人が「中国にはハクサイだけで200種類もあるんですよ」と話していましたが、チンゲンサイもハクサイらしいのです。中華料理の広がりとともに今、日本ではごくポピュラーな野菜になっています。

白くて肉厚の部分のシャキッとした歯ざわりは独特のもので、八宝菜、野菜炒めには欠かせません。青い部分は柔らかいので少し遅らせて熱を加えるほうが、緑の色もとばないし、柔らかくなりすぎることもありません。

肉類を使った料理の皿のぐるりに湯がいたチンゲンサイを飾ると、その新鮮な白と緑がグッと料理をひきたてます。この場合、食べやすい大きさに揃えて切って、先に白い部分を塩と油を少々入れた湯にしばらくつけてから、青い部分も入れてしまい、すばやく冷水にとって冷やします。水気を絞り盛りつけますが、そのままマヨネーズやドレッシングをつけていただいてもよいでしょう。

品種と系統　名称が統一されるまでは、青軸パクチョイとか青茎パクチョイなどと、さまざまな系統名がありました。実際には中国の矮箕や二月慢などの系統が中心に導入されたようです。このためとう立ちが早く、春向きの品種として三月慢や四月慢など、とう立ちの遅い品種も

導入されました。現在はこれらの品種から育成されたF1品種が多くなっています。

中国にはさらにとう立ちの遅い五月慢や華南系の暑さに強い品種が分布していますが、従来はもっと雑ぱくな系統群だったようです。

ミズナ　　　　　　　　　　　アブラナ科

Brassica campestris L. var. japonica——「日本キャベツ」という意味。

起源　名前の通り、日本で品種改良されたキャベツの遠縁種です。

解説　とても繁殖力が強く、耐寒性があり、葉は開いてぎざぎざになっているツケナです。緑色のひらひらした海草のように見えます。わき芽がよく伸び、大株になります。

栽培　熱帯地方では涼しい時期に、また温帯地方では秋に種子をまきます。次々に葉を茂らせるためには、たっぷりと水やりをする必要がありますが、乾燥にも強く、また寒さにも強い植物です。

採種　アブラナ類のコマツナ、ハクサイ、アブラナ、カブと交雑します。まず、丈夫そうな株を選び、棒を立てて目印をつけておきます。後にその中からとう立ちの遅いものを選びます。黄色い花が細いサヤとなり、すぐに緑から茶色に変色します。収穫と刈りとりに関しては、他のアブラナ類と同様です。ハクサイの項をご参照ください。

保存　種子の保存は長くても2年間。1グラムあたり600粒。

利用　ゆでてカツオ節やゴマをかけて浸しもので食べることが多いようです。あつあつのご飯に刻んでカツオ節をまぶし、しょう油を少し落とした「菜めし」も一度食べてみてください。

鯨の肉でのハリハリ鍋は有名ですが、厚揚げを使っても結構です。

品種と系統　日本では、京都の伝統野菜として、京菜ともよばれています。葉身に欠刻のない壬生菜も*japonica*グループに属し、京都では両者を合わせて水菜とよんでいます。

タアサイ　　　　　　　　　　アブラナ科

Brassica campestris L. var. narinosa

起源　長江（揚子江）流域で、日本へは1934年ごろに伝わっているようです。

解説　チンゲンサイと同時期に中国野菜の仲間として紹介された野菜です。押しつぶしたように葉が広がります。高温時にも栽培可能で、この場合には葉は立性となります。本来は秋まきして冬霜が降りてから収穫するもので、甘みが強くなり、美味しくなります。

栽培　野菜の中では非常に耐寒性が強いほうで、初秋まき冬どりに向いています。直まきした場合は間引きを適当におこなって生育させますが、本葉5〜6枚ごろに定植したほうが雑草対策ができ、畑の利用も高まって便利です。花は早いほうで、3月にもなればとう立ちを始め、種子の収穫もいちばん早いほうです。

採種 タアサイは暑さの中では立性として生育しますが、寒さが厳しくなってくると今度は地面いっぱいに広がります。小さな葉が太陽の光を十分に受けるように生育している姿は、実に美しいものです。

タアサイはアブラナ類の仲間と交雑しやすく、生育初期に早めに形質の異なる交雑株をのぞいてやります。とう立ちが早く、2月中旬にもなれば暖かみの中で突然に花芽が出始めます。できれば年内に母本株を選んで、別のところへ定植しておきます。特に収穫時に気に入った株を選ぶと、よい株に出会えるものです。

春先になれば、アブラナ科の中ではいちばん早く花が咲きますから、5月にもなれば種子の収穫期を迎えます。花が早く咲く分、交雑がかなり避けられるので助かります。

サヤが茶色になれば株ごと切りとって1週間くらい干しておきます。天候がよい日にシートの上で棒でたたいたり、手でもみほぐしたりして脱粒します。脱粒は簡単です。種子は再び風乾して、十分に乾燥してから乾燥剤などを入れて保存します。

今は、タアサイのようなつくりやすい野菜でも、F1品種が出始めていますが、改良せずにそのままのほうが美しくて食味がよいように思います。選抜による採種には少々の多様性がありますが、その多様性こそ種の保存の中で大切なことです。あまりに純粋に厳しい選抜を続けていけば、生命力が衰えたり、種子が年々少なくなったりします。

利用 地面に広がった葉茎は、柔らかく、アクがないため、そのままで炒めものにしたり、和えもの、煮もの、汁ものに利用されます。比較的葉柄が短く火の通りが早いので、手早く調理しましょう。夏でも食べられますが、冬霜のあたったものが、柔らかく、甘くなります。

品種と系統 日本ではチンゲンサイほど一般的に広く普及するまでには至らなかったので、種苗会社による品種改良も進んでいません。導入された中国の品種の中にも、とう立ちの性質に差がみられ、葉の色にも若干のちがいがあります。葉が開くタイプとして塌姑菜、小八菜など、葉が立つタイプとして瓢児菜、鳥鶏白などがあります。

日華事変のとき導入され、北関東・南東北で冬野菜として栽培される如月菜、ちぢみ菜、ちぢみゆき菜は、タアサイの日本馴化種といわれています。また、ひさご菜の名でよばれるタアサイも、中国の瓢児菜からきたものです。

カブ　　　　　アブラナ科

Brassica campestris L. rapa —— rapaはラテン語で「カブのような」という意味です。

起源 カブはアブラナから分化し、各地で生まれたといわれています。現在ヨーロッパで、自生しているカブを見ることができます。

ローマ人、ガリア人およびゲルマン人は、シチューに入れていました。

今世紀初頭にカタログ販売で現代のカ

ブやルタバガやスウェーデンカブの系統が扱われるようになるまでは、ほとんどのヨーロッパアルプス地方の村々に固有の系統がありました。

ある農家が外国で改良された系統をとり入れて花を咲かせたため、その系統の花粉が昔ながらの系統と交雑してしまいました。こうして品種の多様性がしだいに侵食されてきました。このことは数年前に科学者の間で明らかになり、ヨーロッパの植物学者たちはカブの何百もの原種の生き残りの収集にやっきになっています。

解説 今日、市場ではカブは白や紫の形のよい小さい種類が圧倒的です。オーストラリアでは、かつてはもっと大きな、貯蔵性のよい品種に人気がありました。寒冷地では大きくて黄色いスウェーデンカブが適しています。

アメリカの料理の本には、スウェーデンカブはルタバガと書かれています。しかし、正しくはルタバガは*Brassica napus*のことを指し、カブとキャベツが交雑した珍しい形態と考えられます。重さは優に1キログラムを超え、大きなカブのようです。多くは馬の飼料として利用されています。ルタバガに関する最初の記録（ラップランドまたはスウェーデンカブともよばれていた）は、1500年スイスの植物学者バーヒンによります。スウェーデンカブは、カブよりも成熟するのが5週間遅くなります。

カブは、世界のさまざまな地域に固有種をつくり、広く分布しています。世界の二次的な多様性の中心とされる日本では、各地の食文化とも関係し、多くの品種が生まれました。

栽培 カブは寒冷気候に適しています。土質はあまり選びません。春と秋に種子をまけますが、採種するには、秋まきにします。

採種 カブは二年生です。1年目に根が育ち、2年目に花茎が伸びます。極端な寒冷地方でない限り、冬に掘り上げて貯蔵し、翌春畑に戻すようなことは必要ありません。

その品種の特徴すべてをもっている元気な株を採種用に選び、1ヵ所に定植してください。ただし、あまり厳密な母本選抜をしていくと、採種量は年々少なくなっていきますから、少しの多様性を残すことは重要です。花茎は1.5mほどの高さになり、たくさんの枝と黄色い花をつけます。

アブラナ類の仲間や飼料用カブとも交雑します。自家不和合性なので、昆虫による受粉が必要です。

サヤが形成され始めたら、生長点を摘みとって低い部分につくサヤを大きく育て、種子を充実させます。この段階になると鳥害が問題になります。種子の収穫については、ハクサイに準じます。

保存 種子は小さな丸形で、色は黒から赤褐色まで、大きさも色も品種によって異なっています。理想的な条件で貯蔵すれば5年は十分に発芽するでしょう。1グラムあたり平均300粒。

利用 ダイコンと並んで品種も多く、各地で独特のものが栽培されていて、特産の漬けものなどとして加工されています。栄養的にはダイコンと同じくジアスターゼやアミラーゼを含み、胸やけ、食べ過ぎなどを和らげてくれます。葉にはビタミンやミネラルが多く、100グラム

中のカルシウムは230ミリグラム、鉄2ミリグラムと、緑黄色野菜の中でもトップクラスです。

カブは漬けものにされることが多いようです。千枚漬けは、薄く切ったカブに1割ほどの塩をかけ、2時間ほどすると水が出てくるので、それを絞って昆布（10cm角のものをサイの目切りにしたもの）とユズの皮を少し入れて、酢、みりん、砂糖をカブ1キロに対して大さじ2ずつ加えて軽い重しをしますと、翌日から食べられます。

ダイコンと同じようになますやサラダにも使えます。日野菜カブや津田カブなどは漬けもののほか、細く切って生食すると、歯ざわりや色彩が楽しめます。すりおろしてカブ蒸しにするのもよいでしょう。

品種と系統　オーストラリアのカブの品種は、白、紅、紫、クリーム色と多彩で、形、早晩性もいろいろあります。

日本では、和種系と洋種系、および中間系が分化しています。中部地方西側付近に両者の境界があり、カブララインとよばれています（中尾佐助；1967）。和種系白カブでは近江、聖護院、天王寺など、紫カブでは大藪、日野菜など、紅カブでは万木、彦根などがあります。洋種系白カブでは山内、遠野など、紫赤カブでは舞鶴、鳴沢など、紅カブでは飛騨紅、南部赤などがあります。

コマツナ

アブラナ科

Brassica campestris L. rapa perviridis

起源　日本で改良されたものといわれます。

解説　東京都の下小松地方で古くから栽培されていた菜類で、ウグイスナともよばれます。在来のナタネとカブとの自然交雑から生まれた野菜と思われ、栽培期間が短く、暑さ寒さにも強いので、年中栽培可能な野菜です。以前は青臭さが関西地方では好まれませんでしたが、最近では違和感がなくなり、消費が伸びています。

栽培　ツケナの代表的なコマツナは、生育が早く、畑の回転も早くて年間に何回もの種まきとなりますが、採種用には秋まきして、翌年の5〜6月に採種します。

採種　コマツナは他家受粉を主としているので、交雑を防ぐため、アブラナ科の作目とはかなりの距離をおくことが必要です。母本選抜は収穫時にその種子の個性を備えた株を選んで採種地に定植します。そして、生育途中で早くとう立ちを始めた株、また異株などを再び抜きとり、花を咲かせます。採種地は多肥だと生育後半にアブラムシなどの害虫の発生が多くなります。少肥または無肥料で採種すると、種子量は少なくなりますが、安定して種子がとれます。

種子の収穫などについては、ハクサイに準じます。

原種的採種は、母本選抜採種が必要ですが、ときには栽培した列のいちばん隅を残しておいて、それに花を咲かせるなどすれば、採種が非常に簡単です。が、毎年これをくり返すと、姿が悪くなってくるようです。

利用 　生育期間が短いのと、ほとんど年中つくれるので、家庭菜園には最も適した菜っ葉です。青菜は年中欠かさず食べるように心がけたいものです。

　塩漬け、糠漬けなど、漬けもの用、煮もの用として主に使われてきました。

　小さい間引きなどは浸しものにして、ゴマやしらす干しを振りかけてもよいでしょう。もちろん油揚げと煮てもよいし、魚の煮付けなどのつけ合わせにも合います。肉類との炒めものに使う人も増えているようです。

品種と系統 　葉の形やとう立ちのしやすさから品種が分類されています。需要の伸びや周年化に伴って種苗会社からたくさんの品種が発表されるようになりました。古くは一般名でコマツナというのがひとつの品種名のようにとり扱われていました。この中から特徴のある形態を選抜したのが種苗会社の品種です。昭和50年代半ばから急に品種が増えています。比較的古くからある品種は卯月、新丸葉、やよいなどです。

アブラナ・在来ナタネ　　　アブラナ科

Brassica campestris. L. var. rapa

起源 　地中海地域、中央アジア。野生種が地中海地域、中央アジアから北ヨーロッパまでの広い範囲で自生しています。中国で野菜として発達しました。日本へは奈良時代以前に渡来したといわれています。

解説 　アブラナの仲間の中で原始型に近いものです。ナタネには日本で古くから栽培されている在来ナタネ（アブラナ）と西洋ナタネ(*Brassica napus*、西洋アブラナ)の2種類があります。最初は茎や葉を食べていましたが、江戸時代には油をしぼるようになり、行灯用に利用されました。明治時代に収穫量が多く、病気に強い西洋ナタネが渡来し、在来ナタネは油用としては栽培されなくなっていきました。

栽培 　暖地で、10〜11月ごろ種子をまき、3〜4月花茎を収穫し、初夏に採種します。ある農家では、勢いよく育ったものは花が咲く前に芯を摘み取り、わき芽を増やし、種子の収穫量を増やしています。種子の熟期に鳥がついばむようであれば、防鳥ネットを張る、早めに収穫して追熟をしっかりするなどの工夫をしましょう。

採種 　アブラナの仲間、コマツナ、カブと交雑します。種子の収穫方法などはアブラナの仲間と同じです。ハクサイに準じます。

利用 　若い葉や花茎を食用にしたり、食用油、灯火油の原料とします。

　在来ナタネにはエルシン酸が含まれ、海外では心臓に悪いとされていましたが、現在の油用品種は改良され、エルシン酸をほとんど含まないものになっています。

　春の旬のものとして、若い葉や開花前のつぼみとやわらかい花茎をいただきます。在来ナタネはほろ苦さと独特の香りがあり、さっとゆでてカラシ和えや浸しものにします。てんぷら、汁の実、炒めもの・菜の花飯などにも用います。菜の花漬けは京都、近江の名物です。

　種子からとれる油は古くから使われて

おり、ナタネ油、白絞油とよばれています。凍りにくく、熱に強く、コシが強くて日持ちすることからてんぷら油、サラダ油として用いられます。園芸店で販売されている油粕はその搾り滓からできています。

ナタネ油を燃やすと硫黄酸化物も出ず、黒煙もあまり出ません。また燃焼すると二酸化炭素を放出しますが、これは生育するときに吸収されるので、総合的にみると環境への負荷が少なくなるため、ディーゼルエンジンの燃料としても注目されています。

現在日本では原料のナタネの大部分がカナダなど外国からの輸入に頼っています。それとともに搾油所も姿を消していきました。近くのものを利用していたころは搾油所や製粉所などが各地にあり、とても身近な存在でしたが、現在では探すのが難しいくらいです。遺伝子組み換えナタネに反対し、自給をすすめる動きもでてきました。ぜひナタネ油の自給もすすめ、春にはあちらこちらで菜の花が咲き乱れている景観をとりもどしたいですね。

青森県の伝統工芸、津軽塗りのひとつ「ななこ塗り」は、ナタネの種子を使った独特の技法です。下地にナタネの種子をちりばめ、漆を塗り重ねると、ポツポツとした模様になります。ナタネの種子には表皮に油分があり、漆からはがれやすい特徴をいかしたものです。この模様づくりにはある程度の凹凸が必要なのですが、品種改良で小粒のものが増え、十分な大きさの種子が手に入りにくくなっているようです。

品種と系統　在来ナタネと西洋ナタネは別の種類ですが、油を搾ることができるため、ともにナタネやアブラナとよばれています。西洋ナタネは、日本に来る前に在来ナタネとキャベツの仲間が交雑してできた作物で、その葉は主に濃緑色で厚く、表面が白いろう質に覆われ、種子は黒色で、菜の花はあまり苦味がありません。在来ナタネは葉が淡い緑色でやわらかく、種子は黄色や赤色の粒が混じり、菜の花はほろ苦く、春そのものの味わいがあります。以前は日本各地で在来ナタネが栽培されていたようです。京都のハタケナや東北のクキタチナは、在来ナタネの仲間です。

西洋ナタネの品種として、青森ではキザキノナタネ、九州ではオオミナタネ、福島ではアサカノナタネなどが油用として栽培されています。福島県の農家ではどの家庭でもナタネをつくっていた時代があったそうで、たくさんの品種がありました。

タカナ・カラシナ　　　アブラナ科

Brassica juncea var. *integrifolia*・*cernua*——ラテン語でbrassicaは「キャベツ」、junceaは「イグサのような」という意味です。

起源　中国、日本。

解説　アブラナ属juncea種に属する野菜です。タカナ、カラシナは同じ種のグループでよく交雑しますが、ほかのアブラナ科とは交雑しません。ただし、キョウナ、チンゲンサイなどタイサイ群とは

交雑の可能性があります。一般的に、ツケナ類は低温条件で花芽分化しますが、タカナ類は長日で花芽分化する特徴があり、開花が遅い傾向があります。

栽培 秋にまき、冬から春にかけて青菜として食べます。晩春には根元から収穫するのがふつうです。

採種 隔離と採種の方法はハクサイと同様です。

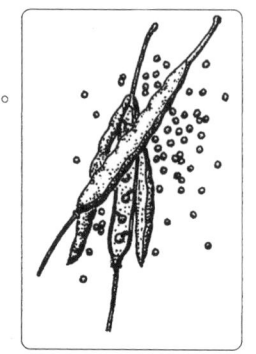

保存 種子は3～5年保存できます。1グラムあたり600粒。

利用 カラシナは葉や茎のほか、種子が香辛料として利用されています。冬の厳しい韓国では、玉になるタイプのカラシナを塩漬けにし、キムチにします。有名なキムチにはいろいろ種類がありますが、どれも、冬の間の緑色野菜の補給源になります。タカナ漬けは、長期保存ができるようにして、夏の暑い時期にいただくとよいものです。タカナ類の多くが漬けもの用として有名ですが、カツオナなどは柔らかく、食味もよく、アクが少ないため、鍋もの、雑煮の具に利用します。

品種と系統 $B.cernua$ に属するのは、黄ガラシナ、葉ガラシナ、ヤマシオナ、$B.napiformis$ に属するのは根ガラシ、雪裡紅類、$B.juncea$ に属するのは、大葉タカナ、長崎タカナ、カツオナ、山形セイサイ、三池タカナなどです。

ダイコン

アブラナ科

$Raphanus\ sativus$ ── raphanusはギリシャ語で「早く育つ」ことを意味し、ラテン語のsativusは「栽培」を意味します。

起源 ヨーロッパやアジアの温暖な地域。

解説 アブラナ科の根菜類で、日本の食文化とは切っても切れない関係にある野菜です。世界的にも広い地域で栽培され、早くから種内分化し、日本には約1250年前には伝来したといわれています。日本のダイコンは華南系の品種の影響を強く受け、また在来野生のハマダイコンの素質も導入され、独自の発達をしました。

栽培 地方色豊かなダイコンが実にたくさんあります。みの早生大根、青首大根、寒さに強い源助大根、三浦大根、大蔵大根など、そして3月にもなれば待ってましたとばかり出てくる二年子大根、時無大根。それぞれの種子にそれぞれの出番があり、時期によって品種が替わっていたものです。ところが今は一年中青首大根とは……！

採種 夏～秋まきして収穫期を迎えたダイコンを収穫して、まず並べてみます。平均的な特徴を持ち、見栄えがよいものを選抜して、なるべく年内に採種地に定植します。定植が遅いと、種子量がどうしても少なくなるからです。

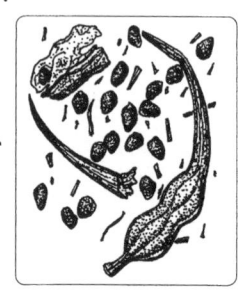

特に風に対しては注意を要します。母本はなるべく集団的に定植し、お互いが支え合って風で倒れないようにします。

ダイコンは同じダイコン類と交雑しますので、周囲にほかのダイコン類の花が咲かない場所を選んで定植します。

キャベツ、ハクサイなどとは花の色、サヤ、種子の形、大きさがまったく異なります。花の色は白または薄いピンク色です。種子はマッチ棒の頭ほどの大きさで、丸くて、少しへこんでいます。

サヤが大きくなってくると、鳥害が多いので、鳥よけが必要です。サヤが黄褐色になったら根もとから切り倒しておきます。遅くまで畑に置いたほうが脱粒しやすくなりますが、サヤが畑の中へ落ちてしまうことがあります。

1週間以上干して、十分に乾燥してから脱粒します。

脱粒機があれば簡単ですが、他のアブラナ科作目と比べると脱粒がしにくいほうです。

むしろやシートの上にのせて棒などでたたいて枝からサヤだけ落とし、そしてサヤだけを再び棒などで何回もたたいたり、もみほぐしてサヤの種子をとり出します。この段階で種子をつぶしてしまわないよう気をつけてください。途中、風やふるいを利用してサヤと種子を分けて、再びサヤを棒でたたきます。これを何回もくり返して、種子をとり出します。

この方法ではめんどうだと思われる人は、こんな方法もあります。

広いシートを敷いて、その上にサヤをのせて軽トラックでサヤの上を踏むようにして前後しますと、サヤもつぶれて種子が容易に出てきます。粉々につぶれる種子も出てきますが、軽トラックでゆっくり前後するのがコツです。

昔よく使用していたダイズたたきがあればよいですね。

品種名と日付を書いたラベルを貼って袋に保存してください。ダイコンの種子は長期間もつので、残り種子を大切に保存しておくと、年によって採種できないときにとり出して使うことができます。種子切らしをなくすためには大切なことです。

F1品種から採種をはじめると、ある程度安定してくるまで5～6年はかかります。この選抜の方法は、太さ、長さをそろえていくことが大事です。ズラリと並べて中間タイプを選んでいくようにします。しかしここから固定した姿になっても、もとのF1品種のように均一・均質なものにはなりません。ですから、採種は、やはり在来種、固定種のほうがやりやすく、またその性質が生かせるのです。

保存 4年間有効です。1グラムあたり100粒。

利用 野菜の王様といわれてきたダイコンは、生産量だけでなく品種の多さや、利用のしかたの多様性などすべてに長じています。品種改良などで現在はほぼ年中食べられることもあって、いちばんなじみの深い野菜といえます。調理法から料理を考えてみますと

- すりおろす……ダイコンおろしは消化酵素のジアスターゼを含み、消化を助けます。焼き魚に添えることでガン予防の効果があるといわれています。寒い夜の鍋ものの上にダイコンおろしをいっぱい乗せた「雪見鍋」は腹の底から暖まります。

- 千切り……刺身の脇役には欠かせないものです。ニンジンなどと合わせたナマス、またそのままマヨネーズやドレッシングをかけてサラダにしてもよいものです。
- 漬けもの……糠の栄養もとり入れたタクアン漬けが代表格ですが、米麹を使ったべったら漬け、もろみ漬け、甘酢漬けなどがあります。
- 煮もの……煮しめはもちろん、甘辛く煮込んでとろとろになった鯛ダイコンや豚ダイコンの旨さは格別です。ふろふきダイコンなどにするときは、煮る前に米のとぎ汁でゆでると白く柔らかくなり、甘味を出したいときは赤唐辛子、昆布、塩少々を入れます。面取りをしたほうがきれいに仕上がります。分厚く輪切りにしたおでんには、十文字に隠し包丁を入れると味がよくしみ込みます。
- 干しもの……切り干しダイコンは細く切ったダイコンを寒風にさらすことにより、保存できるようになるだけでなく甘味が増し、生に比べカルシウムは16倍、鉄は32倍の含有量になります。また「ダイコン食べたら葉っぱ干せ」といわれているのは、食べものを大切にすることとともに、栄養面において葉のほうが優れているからなのです。葉にはカルシウム、鉄、ビタミンA、カロチンなどがたくさん含まれています。葉は生のままで、浸しもの、漬けもの、油炒め（しょう油味がよく合う）などに利用できますが、陰干しにしてからからにして保存します。水で戻して湯がいてから味噌汁に入れると、体が暖まります。またそれをお風呂に入れても同様の効果があります。

またダイコンの葉は湯がいてしっかり苦味をぬいて、菜飯などに入れてもいいでしょう。

ダイコンおろしを杯3杯、ショウガおろしをその1割、しょう油または塩少々に熱い番茶または熱湯2合を注いで飲むと、風邪の熱さましや魚貝類、肉などの中毒に効き目があります。

オーストラリアでは、黒ダイコンが風邪に効き目があるとされています。ダイコンの片側をくり抜いて精製していない砂糖をつめ、一晩おいておくと汁が出てきます。この汁が風邪の症状を和らげるそうです。

品種と系統　全国で100種類以上の品種があったといわれています。ダイコンの品種は多岐にわたっていて、説明は容易ではありません。多くの品種群があり、その中にまた類似の品種群が位置づけられるのです。

日本でよく知られた品種群を紹介しておきましょう。詳細な説明は専門書を参照してください。

四十日群：大阪近郊に土着の夏ダイコンです。葉質が軟らかいので、葉ダイコンや貝割れダイコンにも用いられます。

亀戸群：肉質が緻密で、食味良好です。葉の切れ込みが少なく、葉とともに浅漬けされます。

みの早生群：関東でできた品種群で、根は棒状先細り型です。作型に応じた多数の品種が育成されています。

練馬群：関東で育成された日本で最も発達した品種群です。この品種群には秋づまり、大蔵、中ぶくら、三浦、理想など有名な品種があります。

方領群：愛知県の品種で、根の先が細長く尖る特徴があります。肉質は軟らかく、味が淡白で煮ものに適しています。

守口：細長い根部をもつ品種で、岐阜市島地域の長良川流域に産地が限られます。根長は1m以上で、直径は3cm程度のものが一般的です。粕漬け（守口漬け）や切り干しに使用されます。

白上り群：近畿地方の粘土質地域の品種群で、白上り京、天満、ももやま、田辺などがあります。

宮重群：愛知県春日井市の代表的なダイコンです。華北系の血統が入った品種で、幅広い適応性をもっています。青首系が多く、甘みがあり肉質も優れています。

阿波晩生群：関西以西の耕土の浅い地域に適し、白首で地下深くに根のもぐらないタイプです。漬けもの用に適しています。

聖護院群：京都市左京区聖護院の田中屋喜兵衛が宮重を試作したのが起源といわれています。早生の鞍馬口、晩生の淀、鷹ヶ峰などがあります。

春福群：寒さに強く、とう立ちも遅い品種群です。春福（愛知県清洲）、三月堀入（京都）などがあります。

二年子群：神奈川の波多野から分化したとされます。とう立ちがきわめて遅く、根は硬く、日本独特のダイコンで、自生種から生まれたという説があります。二年子（東京都千住）、時無（京都府九条）、夏（東京都）、春若（大阪府住吉）、博多春若（福岡県博多）などの品種があります。

華北大根群：日中国交回復時に中国から導入された品種があります。衛青、心里美などです。家庭菜園に最適です。

華北小大根群：とう立ちの遅い品種群で、春まき用です。韓国のアルタリ系というダイコンが有名で、日本の品種との交配により、短根系のダイコンが育成されています。京都の辛味大根は日本土着型の品種といわれています。

その他、日本の各地に地大根が数多く存在します。ここでは、主な品種名を記すにとどめます。

東北地大根：仁井田、四ッ小屋、川尻（以上秋田県）、赤筋（福島県）、赤頭（宮城県）唐風呂（栃木県）

信州地大根：親田辛味、牧、鼠、鼠の尾、中の條、坂城、戸隠、平柴、山口、松本、長入、中野、打木、赤口、三谷

南九州地大根：鏡水、上別府、国分、早生桜島、桜島、女山、下関、左波賀、庄内三月、箕原

アジアでは若ザヤを利用するサヤトリダイコンがあります。またヨーロッパ大陸では黒、黒紫のダイコンが一般に出回っています。パレスチナのダイコンは移民とともに1930年代にオーストラリアのアデレードに上陸しましたが、これは岩塩をつけて食べるがっちりした黒ダイコンで、すばらしい風味があります。

ラディッシュ　　アブラナ科

Raphanus sativus —— raphanusはギリシャ語で「早く育つ」ことを意味し、ラテン語のsativusは「栽培」を意味します。

起源　ラディッシュの栽培の歴史は長

く、その出どころは定かではありません。トルコのアララト山の近くやパレスチナ、アルメニアなどで野生種が見つかったという報告もあります。原産地としては、ヨーロッパやアジアの温暖な地域が有力な候補です。

解説 ラディッシュは、小さく赤いものから白くて大きいものまで多種多様です。

栽培 ラディッシュはかなり密に種子をまくことができ、間引いたものは葉もすべて食べることができます。パリッとした食感とマイルドな風味を出すには、完熟した堆肥を少しほどこすとよいでしょう。夏場は、冷涼なタスマニアでも日陰のほうがよく育つようです。

ラディッシュの種子は、タマネギやニンジンのように発芽しにくい作物と同時にまくと、その目印になります。そのまま混作してもかまいません。

採種 小さくて丸い一年生のラディッシュは、その年のうちに種子をつけます。ラディッシュの受粉は虫媒性です。また自家受粉しにくく、交雑しやすいものです。

野生のラディッシュ類と交雑しますが、ほかのアブラナ科の作目とは交雑しません。採種用に選抜した個体を残し、交雑しないように種子を守ってください。1mほどのとうが立ちますが、いくつかの種類は著しく高くなるので、支柱を立てるなどして風から守ってやる必要があります。

花は白、ピンク、紫があり、受粉には虫の助けが必要です。虫たちはクローバーのような甘い花蜜の香りにさそわれてやってきます。2番花が咲き始めたら、1番花は収穫してサラダに使えます。

種子の収穫などについては、ダイコンに準じます。

保存 種子は丸くて、少しへこんでいます。上手に貯蔵すれば4年間有効ですが、密封できる容器であっても、貯蔵前の乾燥が不十分だと1年ももちません。1グラムあたり100粒。

利用 フランス人は一年生の小さなラディッシュを前菜に使います。ラディッシュの上にバターをのせ、塩をつけ、堅パンとともに食べます。とてもさっぱりとした味わいで、バターに塩漬けのアンチョビーを混ぜればさらに美味しくなります。

冬ラディッシュはフスマの詰まった箱の中に保存し、濃厚なスープに使います。

品種と系統 ヨーロッパでは、カブラやオリーブのような形のもの、少し長めのものなど、いろいろおもしろい冬ラディッシュの品種が伝えられてきました。長いものには、ロングホワイトビエナ、マーシュ、ブラックスパニッシュなどがあります。

日本では主に赤丸二十日大根が家庭菜園用に栽培されます。

ルッコラ アブラナ科

Eruca sativa —— erucaは「ルッコラ」に対する古いラテン名で、sativaは「栽培された」を意味します。

起源 最近また、ルッコラの料理が注

目されるようになっていますが、決して歴史の浅い植物ではありません。ルッコラは、少なくとも二千年もの間、東西ヨーロッパ中で食べられてきました。

解説 背の低い一年生植物で、ロケットともよばれます。*Eruca*属のうち数種類は、クリミアやアゼルバイジャンのような地域でサラダ用として栽培されています。

栽培 ルッコラを上手に育てるには、早春か晩夏に種子をまきます。時期をずらしながら種まきすると、いつでも新鮮な葉が収穫できます。水不足になると、早くとう立ちしてしまいます。

採種 ルッコラは、ほかのアブラナ科作目とは交雑しません。受粉のためには虫の働きが必要です。生育期の終わりや、ルッコラにとっての最高気温になると、小さくて華奢なとうが立ち、その先にはかわいらしい、紫のスジのある薄黄色の花が咲きます。

キャベツなど他のアブラナ科と比べ、サヤは小さめです。この中には小さな赤っぽい種子が入っていて、振ると飛び散ってしまいます。脱粒しやすいため、種子を選別するのに、風選やふるいの必要はほとんどありません。

こぼれ種から発芽しやすく、土地の余裕さえあれば、自然に生えた苗から育てることができるので、採種さえ省くことができます。

保存 種子は非常に小さく、赤茶色で、室温でも2年もちます。1グラムあたり500粒。

利用 若くて柔らかい葉を摘みとります。ゴマのような香りがするのが特徴です。

以前アイスバーグ種のレタスばかりのサラダが氾濫しましたが、その後ミックスサラダ用のほかの葉菜を使ったものに戻ってきています。いろんな種類のレタス、チコリそのほかの葉菜、それにルッコラを少しずつ混ぜ合わせたサラダは、人気のフランス料理です。

生廐肥をほどこすと香りが悪くなります。

ルッコラは食欲増進によいとされています。種子からは油をとることもできます。

品種と系統 オーストラリアで栽培されるロケットインプルーブドは、ピリッと辛く、とう立ちしにくい品種です。

トマト

ナス科

Lycopersicon lycopersicum——これは一般的な「市場の」トマトであり、ミニトマトは*L. esculentum var. cerasiforme*です。

lycopersiconはギリシャ語で「狼」をさすlikos、「モモ」をさすpersicomから来ており、美しいけれども人を惑わせる果実の外観をいったものです。

起源 トマトはトウモロコシ畑に生える雑草として南アメリカに自生していたものですが、メキシコや中央アメリカで栽培されるようになりました。

トマトという名前は、古代メキシコで使われていたアナワク語のtomatlから来ています。スペイン人がこれをトマトとよびました。コロンブスがヨーロッパに

もち帰ったのですが、毒があるのではないかと思われていました。

1760年のビルモリン種苗店の種苗カタログでは観賞用とされ、19世紀に発行されたカタログでは同じ種苗店から野菜として売りに出されていました。

イタリアのよび名がpomodoro（金色のリンゴ）だというのは、当時は黄色の種類が多かったことのあらわれです。19世紀のイギリスでは、「ラブアップル」とよばれていました。

解説 トマトは、日本では観賞用としてとり扱われていましたが、昭和10年ごろから一般野菜の仲間入りをしました。比較的冷涼で昼夜の温度差のある気候を好み、高温多雨を嫌います。芯止まりタイプは加工用品種にみられ、枝先に果実がつくと、その先に枝が伸びていかないため、低くこんもりとした草姿になります。多産ですが、ほぼ同時期に収穫期を迎えます。一般の生食用トマトは非芯止まりタイプで、摘心をしない限りどんどん伸びて、長期どりが可能なタイプです。このタイプにはぜひ支柱をしてあげましょう。

栽培 トマトは極めて多様で、北極圏近くから熱帯まで広い気候帯に適応し、さまざまな品種が産み出されています。耐寒性品種は一般に大きな葉をもっていて、日光をめいっぱい吸収することができます。

熱帯乾燥地の南西アメリカ先住民は、トマトの茎を地面に挿し込むだけで、そこから発根させています。

接ぎ木をしてトマトの寿命を延ばすことができます。接ぎ穂には収穫期間の長い品種を選び、台木には耐病性の品種を使います。日本は、高温多湿なので、その対策が必要です。耐病性の品種を選ぶこと、畝を高くし、日射を確保すること、風通しに気を配ること、梅雨前の施肥を控えることなどが大切です。また、病気の対策として、ジャガイモから離して植える、5年は連作をさける、接ぎ木をするなどの方法がとられます。雨除け栽培も有効です。

採種 トマトは自家受粉します。採種が簡単であることは、「シードセイバーズ」に送られてきた自家採種品種が何百にものぼっていることからもわかるでしょう。

現在のトマトの育種家は、畝間を3mばかりあけて、収穫時に果実が混ざらないように気をつけているだけです。

最近の品種は雄しべ、雌しべの

長さが同じで、受粉が容易なのです。しかし、ミニトマトのように野生に近い品種では、花柱（花粉を受けとる器官）が葯（花粉をつくる器官）よりも長いので、品種間で一定の自然交雑が起きるはずです。このような品種の場合、何列かに分けて植えて、中央の列の株から種子をとるようにすればいいでしょう。

たくさん虫が飛んでくる畑で数品種の畝を近づけてつくると、わずかですが交雑するでしょう。これが品種改良に結びつく場合もありますが、品質が低下することもあります。間にインゲンマメやその他のつる性植物を植えておくと、交雑する可能性はほとんどありません。

また、望ましい株、たとえば、病虫害のないもの、生育の早いものなどには、目印をつけておきましょう。

時期が遅くなると果実が割れることがありますので、採種用の果実は早い時期のものがよいでしょう。もちろん、1株しか植えていない場合には、遅いものも含めて採種してもかまいません。

食べごろの完熟果を収穫し、しばらくおき、やわらかくなってきた果実から種子をとり出します。果実を切り開き、ゼリー質と種子をしぼり出し、品種が混ざらないようにボウルに入れておきます。ボウルにラベルを貼って2～3日間、温かい場所に静かに置いておきます。しばらくすると泡が出てきて、発酵が始まります。これは種子を包んでいるゼリー質に作用する細菌によるものです。ここから生まれる抗生物活性は、斑点細菌病、斑葉細菌病、カイヨウ病などの病気に対して効果があるといわれます。ただ、発酵期間が長すぎると発芽してしまうことがあるので注意してください。

泡が出てきたらすぐに種子をすくい出し、ふるいを通して水洗いをします。きれいになるまでこすり洗いをしてください。

ゼリー質が取れると、短い毛に覆われた種子が現れます。それをつるつるした紙や細かい目のざるの上に一層に広げ、数時間日干ししたあと、陰干しします。くっつきあっていれば、手のひらでこすってばらばらにします。

発酵させる時間がないときは、種子のまわりのゼリー質をよく洗い流してから乾燥させます。2品種以上を扱う場合は、途中で混ざらないよう、ラベルを貼るなどよく気をつけます。採種ビジネスでは、何トンという果汁に何リットルという塩酸を加え、種子を短時間できれいにします。しかしこの方法では細菌性のカイヨウ病を防げません。

保存 種子は温帯地方では4年まで保存できます。ただし、湿度の高いところは避けてください。1グラムあたり300～400粒。

利用 日本ではトマトはもっぱら生で食べるのが主流でしたが、最近、加工用のトマトの栽培もかなり増えてきました。

アメリカではトマトのマーケットだけで2兆円になるといわれています。ピューレ、ケチャップ、さまざまなソース類など欧米の料理には必需品なのです。

酸味のあるものは卵、チーズ、肉加工品の脂肪分の消化を助けるといわれていますが、昔からそれらにはトマトがつきものであったことを思えば納得がいきます。実はヨーロッパで肉の消費が急増したとき、トマトの利用も激増したそうです。

日照量の多いオーストラリアでは、ありがたいことに新鮮なトマトを乾燥させ、オリーブオイルの中に入れ、保存することができます。家庭菜園の醍醐味です。

品種と系統 今のトマトの風味ではもの足りないという人が増えています。しかし、幸いなことに熱心な菜園家の手元には味のよい品種が保存されています。

トマトの色は黄色から、オレンジ、ピンク、赤まであります。日本では昭和初期まで、ヨーロッパ、アメリカの品種が導入され、試作されました。ベストオブオール、アーリアーナ、ポンデローザなどで、赤色系は酸味が強く好まれませんでした。主に桃色系のフルーツ、デリシャス、マーグローブなどが主体となり、これらがもとになって極光、栗原などの固定種が育成されています。ミニトマトは野生種に近く、シュガーランプなどがあります。加工用としては赤色系のマスター2号がおすすめです。最近は料理用トマトとしてサンマルツァーノが復活しました。また、兵庫県伊丹市には、ファーストトマトの原形となったオランダが自家採種で残っています。

オーストラリアの「シードセイバーズ」に送られてきた人気のあるトマトを紹介します。

バーバンク： ルーサー・バーバンクにより育成された有名な品種です。実の大きさ・形ともによく揃っており、香りがよく、果汁が多く、口当たりがよいとされています。また、このトマトの株は降霜の直前まで生き残り、芯止まりタイプで、実は大きく、完熟するのが早いといわれています。

バーウッドプライズ： よく繁る茎葉（ポテト葉形）をもつ丈夫な早生種で、やや扁平で中粒の深紅の果実です。

ピンクポンデローザ： 支柱が必要な重量のある非芯止まりタイプで、250グラムにもなる多肉質のピンクの果実をつけます。ほかの調理用トマトと同様、軟らかいので貯蔵に向きません。

ルージュドゥマルマンド： 薄い緑の茎と葉をもつ極早生、矮性の品種です。ほかのほとんどの品種より冷涼な条件で果実をつけます。やや扁平で充実した中粒の果実です。

ホワイトビューティー： 緑から白、淡い黄色までさまざまな果実をつけます。栽培はあまり容易ではありませんが、珍しいものですから努力してみるだけの価値はあるでしょう。

今では市販されていないものですが、マナルシーは1930年代にはクイーンズラ

ンド州南東部では知られた冬向けのトマト品種でした。この品種は、非芯止まりタイプで、ゴルフボールくらいの大きさの黄色い果実をつけます。冷涼な気候で次々とたくさんの実をつけます。

長くトマトを栽培してきた「シードセイバーズ」のあるメンバーは、タティンタという品種をこう紹介しています。「戦後に栽培されていたタティンタは、大きな矮性種で、生産力が高く、皮の薄い扁平形の果実である。葉は折り重なりやすく、生育が悪いようにみえるかもしれない。タティンタは新しい土を好み、剪定や支柱立ても必要ない。皮の薄い丸いトマトのバーウッドワンダーとの交配から、インターメディエイトという品種ができている。家庭菜園で種子をとるには、完熟したら摘みとり、ナイフで種子をえぐり出し、紙のシートの上に重なり合わないように広げて乾かすだけ。植えつけ時が来たら、これを紙ごと切り分ければいい」。

アサートン高原由来のデス、そしてアダはスー人のトマトとして伝えられています。「デスとアダは今世紀のはじめクイーンズランド州南東部で栽培されていたものです。多くの病虫害に耐性があり、暑い気候でも果実をつけます。この種子を喜んでお分けしますよ」とお便りがありました。

ラットジャースは、暖地にもおすすめの品種です。生育特性としては芯止まりタイプです。丸い中玉の明るい赤色の果実です。

「シードセイバーズ」には、これを書いている時点で200を超える品種があります。

ナス　　　　　　　　　　　　ナス科

Solanum melongena, S. macrocarpon & S. integrifolium —— solanumはラテン語で「ナス属の各種（有毒）植物」、macrocarponは「大きな果実」です。melongenaはギリシャ語で「果樹から生まれた」を意味します。*macrocarpon*種は文字どおり大きなナスで、*melongena*種はアフリカ産の小さなものです。*integrifolium*種は鮮やかなオレンジ色または赤色のアジア産のもので、「トマトの実」ともよばれます。

起源　紫色のナスは今ではどこにでもあるふつうのものですが、インドやビルマで栽培植物となって、4世紀に中国に渡りました。ヨーロッパ人がナスを味わったのは、7世紀にアラブ人がもたらしてからです。

解説　高温多湿気候に適したため、日本では古くから栽培されています。このため、品種分化も進んでいますが、戦前までは自給野菜として取り扱われていました。宮崎安貞著『農業全書』にも詳しく紹介されており、江戸時代に品種交換が盛んにおこなわれていました。昭和初期には純系分離により固定種がたくさん育成されました。日本では、アクの強い白ナスや緑ナスはあまり好まれていません。

ナスには、よくある大きくて紫色をしたものからタイ産の豆粒大の黄色いもの

まで多数の品種があります。イギリスで栽培された最初のナスが小さな卵形のものだったことから、エッグプラントという英語の名がつけられました。フランスではオーベルジン、インドではブリンジャルとよばれています。

栽培 ナスは果菜類の中では高温を好みます。露地栽培では十分気温が上がってから種子をまきます。生産農家では、ハウスでまき、育苗し、遅霜の心配がなくなってから定植する露地早熟栽培と、8〜10月に秋ナスとして収穫する抑制栽培が一般的です。受粉に適した温度は20〜25℃です。霜には弱く、枯れてしまいます。ナスは在来種がたくさん残っている品目のひとつです。

採種 ナスは多年生ですが、温帯では一年生として栽培されます。自家受粉しますが、品種間の交雑も昆虫の活動によって少し起こるようです。これを防ぐため、第4章に記載してあるように、品種ごとに隔離してつくります。また、近くで栽培している数種のナスから採種する別の方法として、採種をしようと思う花のいくつかに袋をかけて昆虫が入らないようにし、小さい実がついたら袋をはずす方法もあります。

どれくらい離せば隔離できるかは、決して単純に決まるものではありません。たとえばアメリカでは、交雑していない種子をとるためには400m離せばよいとされていますが、品種間に背の高い密集した障害物があれば、45mも離せば大丈夫です。日本では300m以上という説もあります。

本来隔離に必要な距離はこのように長いようですが、あまり距離にこだわっていると採種できません。農家が自家採種をする場合には、この距離をかなり縮めてもかまいません。複数品種を採種するときは、少なくとも10m隔てて栽培すれば、ほぼ交雑のない種子をとることができます。

最もよく生育し、病虫害もなく、充実した果実を選び、皮の色が褐色になるまで枝につけておき、それから収穫します。一品種について数株からの実をとれば、多様性を確保できます。収穫した果実はさらに軟らかくなるまで日陰において追熟させます。

軟らかくなった果実を水の中に入れ、つぶして皮やわたを取り除き、種子をきれいに水洗いしてざるやゴザの上で乾燥させます。よく乾燥させた種子を容器に入れて保存しましょう。

アメリカのナス採種家はナスの種子をとり出すとき、下部に種子

がぎっしり詰まっているので、その部分をおろすか、または水を少し加えて低速のミキサーにかける方法をすすめています。

保存 理想的な条件で保存すれば、半分は5年後でもなお正常に発芽します。長期保存するために種子を冷凍してもかまいません。1グラムあたり200粒。

利用 ニース風ラタトウユは、ナス、タマネギ、ピーマン、ズッキーニ、トマトをオリーブ油で炒め煮し、地中海地方のハーブをたっぷりあしらったものです。

丸形のベイナスは、特に油と相性がよいようで、味は淡白、舌触りは柔らかで、てんぷら、バター焼き、揚げ出しに向いています。揚げ出しは、分厚く切って、細かな包丁を入れ、じっくり揚げたナスに天つゆをかけ、ネギとカツオ節を乗せます。味噌をかけると田楽になります。

ふつうの長ナスは秋になると再び生気をとり戻し美味しくなります。これも油とは相性がよいので同じように調理できますが、漬けものにするならやはりこちらのほうです。漬け床に古釘や焼きミョウバンを入れると、色落ちなく鮮やかな紫色に仕上がります。

民田ナスのカラシ漬けをはじめ粕漬け、こうじ漬けなど各地に美味しい漬けものがありますが、大阪泉南の水ナスは浅漬けで有名です。水分たっぷりの水ナスは昔農家が生でかじって水分補給をしたというほどジューシーなナスです。「現在の水ナスは品種改良を重ね本物の水ナスではない」というある漬けもの屋さんは、昔ながらの味をとり戻したいと奮闘中です。

出会いもののサトイモとエビだしなどで、とろりとなるまで煮込んだナスは、ご飯によく合います。また煮ものでも、一度揚げてから煮ると、色落ちせず紫色のままに仕上がります。

ナスを縦半分に切り、一度揚げておきます。挽き肉とタマネギのみじん切りを炒め、鶏がらなどのスープを入れ、しょう油、みりんで味つけして、カタクリ粉でとじても美味しくいただけます。

一度にたくさん食べるときは、焼きナスにすればよいでしょう。網の上でまんべんなく焼きあげて、冷水にとり、皮をむきます。ざるなどで水気をよくきって冷蔵庫で冷やしておき、一口大に切り、おろしショウガ、カツオ節、ネギなどを盛り、しょう油をかけていただきます。

もちろん、ほかの料理もいろいろ考えられます。

ナスの葉は痔や火傷痕、患部を和らげる湿布として利用されます。ナスのヘタを黒焼きにして粉にしたものは歯磨き粉として使えます。

品種と系統 世界には、緑、白、紫、黒など、色も大きさもさまざまな品種があります。

ナスは、日本各地で嗜好性が異なっているため、地方品種が約150種類ほどあります。その主なものは、千成りナスとして真黒、橘田、古河、長ナスとして博多長、大阪長、ヘビナスとして支那大長、丸ナスとして巾着、加茂などがあります。

中東では、丸々として長い、紫色や白色の品種が栽培されています。アジアからオーストラリアでは、ブドウの房のように小さなものからけた外れに大きな果実まで大きさも多様で、緑色や黄色の品種が見られます。

ピーマン・トウガラシ

ナス科トウガラシ属

ピーマン：*Capsicum annuum* —— capsicumはラテン語の「箱」から、annuumはラテン語で「一年生の」。

トウガラシ：*C. frutescens, C. pubescens, C. baccatum, C. annuum* —— frutescens「低木状の」、pubescens「軟毛の生えた」

起源 原産地には諸説があり、植物分類学上の矛盾もあります。いくつかの品種がメキシコ原産であるとする研究者もいますが、一般的にはボリビア付近が原産地で、早くから中央アメリカ・南アメリカ各地に広まったと考えられています。

香辛料がとれるマレー諸島への航路を開拓しようとしていたコロンブスは、カリブ諸島でトウガラシに出会いました。目的地に着いたと考えたコロンブスが、住民を「インディアン（インド人）」、トウガラシを「ペッパー（コショウ）」と命名したことが、今日まで尾を引いています。

トウガラシは、16世紀にポルトガル人によってフィリピン諸島に伝えられ、ほどなく香辛料の集散地、中国の長沙や成都へも広まりました。そこでは「舶来のコショウ」とよばれました。

解説 もともと辛味種が中心で、香辛料として利用されていました。インドのカレーや朝鮮半島のキムチに大量に用いられていますが、もともとは中央アメリカ・南アメリカから伝わったもので、これらの地は二次的な多様性の中心といえます。輸入野菜が食文化まで変えてしまうというよい例です。日本ではナス同様、高温多湿に向き、辛味種から分離されたピーマンが普及しています。ピーマンという名前は、フランス語の「ピメント」からきました。

*C. annuum*種の花は白色で、各節に一つ果実をつけます。暖地に適します。

*C. frutescens*種は最も一般的なトウガラシで、タバスコソースに使われる辛味の強いバードセイタイプなどがあります。果実は一つの節に2〜3個つきます。

*C. pubescens*種の種子は黒くてしわがあります。花は紫色、葉はその名が示すように綿毛で覆われています。

*C. baccatum*種は、花も葉も大型で、果実は強烈な辛さです。

栽培 発芽適温は20〜30℃です。高温を好むため、十分気温が上がってから種子をまくか、ハウスなど温かいところで育苗し、遅霜の心配がなくなってから定植します。植えつけと同時に支柱を立てます。

ピーマンもトウガラシも、熱帯、亜熱帯では多年生、温帯では一年生になります。辛いトウガラシはピーマンより寒さに強いですが、いずれも、霜にあうと枯れます。

採種 ピーマンもトウガラシも自家受粉作物ですが、昆虫による交雑も起こります。翌年には辛くなっていて驚かされることがありますが、これはピーマンよりもトウガラシの花粉のほうが優性だからです。複数の品種を同時に栽培するときは、寒冷紗で個々の株を覆うか、防虫ネットを利用します。第Ⅱ部第2章をご参照ください。

また、トンネル栽培で虫を防げば、一

度にさまざまな品種を栽培できます。確実に交雑を防ごうとするなら、品種ごとに200m、実用的には最低でも50m離す必要があります。隔離のための距離がとれないときは、種子用の一枝を選んで袋をかけるか、畑の端と端で栽培し、間に背丈の高い作物を植えて虫の飛行を妨げます。

　最も丈夫で病気がなく、特によい果実をつける株を選びます。

　食べごろを過ぎ、青いピーマンなら赤く十分熟すまで株につけたままおきます。それから収穫し、果実を割って、種子を取り出します。目の細かいざるや紙の上でからからになるまでさらに乾燥させます。種子を洗う必要はありません。

　ある農家では、よりよい種子を選ぶために、種子を一度水にとり、沈んだ種子だけを来年の種子用に乾燥させ保存しています。

　辛味の強いトウガラシは種子量が少なくてもよい場合、完熟した株を枝ごと抜いて、軒下につるしておき、翌春そのまま種子として使います。

　大量にトウガラシがあるときは、ミキサーを使うと便利です。少量の水を加えてトウガラシを低速で攪拌します。種子は底に沈み、果肉や繊維質などのくずは上に浮きますので、浮いたものを流します。この作業をおこなうときは細かい粒子が飛び散るので、よく換気しておこなってください。激辛のトウガラシを扱うときは必ず手袋を着用し、使った道具は十分に洗ってください。

保存　種子はクリーム色、黄色、黒色。平らでほぼ円形。乾燥した冷暗所で保管すれば5年もちます。1グラムあたり150粒。

利用　アルジェリアサラダを紹介しましょう。ピーマン、トウガラシ、トマトを直火であぶって皮をむきます。うす切りにして、酢、油、ニンニクのドレッシングをかけます。トウガラシにはタンパク質が多く含まれ（3％）、ビタミンCとKも豊富です。

　熱帯地方では最も普及している野菜（スパイスではない）で、たくさんの貧しい人々が、米やキャッサバにトウガラシを加えたものを常食としています。最近の研究で、有効成分カプサイシンが新陳代謝を促し、肥満を防ぐことが発見されており、体重を気にする向きにはおすすめです。

　粉末にしたカイエンヌ（仏領ギアナの都市名に由来）は、患部の血行をよくす

ピーマン・トウガラシ

るとして、リウマチの塗布薬に加えられます。ただし、やりすぎると水ぶくれになるので要注意です。

品種と系統 トウガラシやピーマンの果実は、赤、黒、橙、黄、茶、紫など色とりどりに熟して美しいものです。イタリア、アジア、東ヨーロッパ、なかでもハンガリーやルーマニアでは、辛味の強いものから弱いものまでさまざまに利用されています。日本でも、インドのケイエン群から生まれた獅子が古くから栽培され、伏見甘などの伏見群、八房群、鷹の爪群などがあります。日本の辛味のないピーマンは、アメリカの大型種カリフォルニアワンダーが主でしたが、しだいに獅子や伏見甘から育成された昌介、三重みどり、石井みどりなど小型種が普及しました。

本格的キムチの材料として韓国の辛味のないトウガラシは欠かせませんが、気候のちがいから日本での栽培は難しいようです。土地がちがうとずいぶん異なる形質となる一例です。

紫色の花をつける種類（*C. pubescens*）のうち、オーストラリアでよく育つのはマンザノ。インカ帝国で高く評価されていた品種で、トウガラシの栽培種の中では最も耐寒性が強いものです。また他品種と交雑しません。

*C. baccatum*の果実には独特の香りがあり、はじめは圧倒されます。この仲間にはメキシコ料理に使われる中央アメリカのエスカベチェや、4000年前から栽培されているアンディンアジがあります。

キュウリ　ウリ科

Cucumis sativus —— cucumisはキュウリのローマ名で、sativusは「栽培された」を意味します。

起源 キュウリはインド北部を中心として多様化し、紀元前2世紀には中国にわたり、初期に中東にも広まりました。聖書には「イスラエルの子孫たちはモーゼに対して、荒野にはキュウリがないことを嘆きました。彼らはエジプトにいた間にキュウリに慣れ親しんだのです」と記されています。

ローマ皇帝ティベリウスは、季節はずれの温室キュウリを自慢したといわれます。ローマ人はキュウリの生育に肥沃な土と暖かさ、そして水分が欠かせないことをよく知っていました。実際には厩肥と肥沃な土を入れた大きなバスケットで育てるのが一般的でした。薄いシートにした雲母をバスケットの上に置くと、これはガラスと同じくらい光を通すので、十分に生育します。古代の作家プリニウスは、夜間には屋内に入れて保温できる移動式ボックスでキュウリを育てたことを書き残しています。

9世紀にシャルルマーニュは自分の庭園にキュウリを育てていましたが、イギリス人は遅れて、14世紀に初めてキュウリを味わいました。

アメリカ大陸にキュウリを伝えたのはコロンブスでしたが、新大陸の豊富な植物との交換にふさわしいものだったといえるでしょう。

日本へは華南型が8世紀に、華北型は江戸〜明治時代にかけて渡来、東北地方

のピクルス型は江戸時代にロシアから渡来したといわれています。

解説 キュウリは夏に実を結ぶつる性植物で、日本では重要な野菜です。古くから栽培され、さまざまな品種が分化しています。以前は華南型の黒いぼキュウリが一般的でしたが、現在は華北型の白いぼキュウリが主流になっています。日本のキュウリはほかの国々よりもかなり小さい状態で収穫されます。戦前は漬けものに利用されることが多かったので、果肉の硬い品種が中心に栽培されましたが、現在ではサラダ需要が多く、果肉の柔らかいものが好まれます。

栽培 ハウスなどでポット育苗して定植する移植栽培と、直まき栽培があります。露地に直まきをする場合、遅霜の心配がなくなったころに種まきをしましょう。キュウリは多肥を好みます。長期間、多量に収穫しようとする場合は、植え穴や溝に堆肥やボカシをたっぷり入れ、その上に定植や直まきをすると有効です。これが大変だという場合には、堆肥やボカシは全面散布してもよいでしょう。根が地表近くを浅く伸びるので乾燥に弱く、水分を好みます。

収穫が簡単なように、パイプ支柱にネットを張ったり、竹やパイプの合掌づくりに誘引します。支柱を立てられない場合や、風の強いところでは地這いにします。整枝は品種によって異なります。節成性品種は側枝に1～2果つけて摘心し、飛び成性品種は側枝に着果させ、親づるを摘心します。下側の側枝をかく以外は放任してもよいでしょう。

採種 キュウリは2株以上を用意します。キュウリどうしで交雑する以外は、他の作物と交雑しません。もし異なる複数の品種を栽培するのであれば、それぞれの品種を人工受粉してやる必要があります（第Ⅱ部第6章参照）。

十分に成熟するまで果実をつるにつけたままにしておきます。白いぼ品種は淡緑色に、黒いぼ品種は緑から褐色に変化します。未熟なうちに収穫しているキュウリからすると、かなり大きくなります。成熟したキュウリはしばらく追熟させたあと、縦割りにして、スプーンで種子とわたをいっしょにとり出します。ボウルや桶に入れ、種子のまわりについているゼリー質がなくなるまで、数日間醗酵させます。わたやしいな（未熟種子）は浮き、種子は下に沈みます。このやり方で、種子が原因となる病気を防ぐことができます。

発酵させたら種子だけをとり出し、水洗いします。ざるやゴザに広げ、1週間～10日間乾燥させます。乾燥の際に種子どうしがくっつかないように初日に手でばらばらにしておきます。

保存 種子は乾燥した気候ならば放置しておいても4年、理想的な密閉保存条件なら10年保存できます。1グラムあたり40粒。

利用 家庭で野菜を栽培している人は、新鮮な若いキュウリのパリパリとしたすばらしい歯触りと風味を知っています。バターやヨーグルトなどの乳製品はキュウリとよく合い、インドではキュウリとヨーグルトのサラダに利用されます。古くなったキュウリは即席のカレー料理または炒めものに入れて調理することができます。

優れた天然の利尿薬で、尿の流れをよ

くして調節するため、腎臓にもよいものです。また、キュウリを浸した牛乳は、しみ抜きに用いることができます。よく熟れたキュウリを火傷や炎症にすり込むと、症状が和らぎます。そのほか、スペインのジプシーはキュウリのスライスを打撲傷にはりつけます。また、緊張したり疲れたときに、冷たいキュウリのスライスを目の上に置くと、楽になります。

品種と系統　オーストラリアで人気があるのはアップルとレーバンスです。アーリーフォーチュンは、熟したあとにも果実に硬さが残るもので、主としてスライス用に使われる古くからある品種です。

　ある地方では、地元の農場や有機市場向け生産者の多くがリッチモンドリバー、イースター、グレートアメリカンなどといろんな別名のついたキュウリを栽培しています。このキュウリは白っぽい黄色をしており、長さは30cmまで生育します。とてもパリパリ感があり、苦みはありません。この段階で、断面は5つに分かれ、中央部に空洞ができます。スーパーマーケットでときどき売られているような柔らかくて白いキュウリと混同してはいけません。この種子はあるメンバーが1945年にアメリカ兵から譲り受けたものです。

　このキュウリは夏の終わりの雨の多い季節にも実をつけるので、特に高く評価されています。

　ニュージーランドではストレートエイトが種まきから収穫まで55日と生育が早いので、よく利用されています。テレグラフはニュージーランド南島に適した古くからある優良な温室用品種です。

　南オーストラリア州のあるおじいさんが、3代受け継がれたジャーマンピックリングの種子を「シードセイバーズ」のメンバーに託しました。このキュウリのシードセイバーズ登録番号は1番です。このキュウリは生育が遅いのですが、ピクルスには最適です。

　*Cucumis metuliferus*は、オーストラリアではアフリカンホーンド・キュウリとして知られていますが、アフリカではビターとかジェリー・キュウリとよばれています。ニュージーランドではキワノとよばれ、一般に果実として食べるときには、十分に熟れるまでそのままにしておきます。南アフリカの自生種はたいてい苦みがあり、野生種では毒性すらあります。オーストラリア種には甘味があります。シードセイバーズ・ネットワークからボツワナ共和国に種子を送った際には、その土地の苦みのあるキュウリをよりよく改良した品種として認められ、地元の人々に広く受け入れられました。鋭い針をもつという珍しい特徴があるため、裸足では収穫には行けません。またこのキュウリはチクチクするトゲだらけの葉ももっています。口にするまでは、決して「やさしい」植物ではありません。

　日本では、主な品種として華南型と華北型があり、その交配した中間型やピクルス型も栽培されてきました。

華南型：低緯度温帯の冬から春の栽培に適しています。茎が太く、移植、乾燥にも強い。果実は円筒形で太く、主に緑色で、白、黄色もあります。肉質は粘質で、果実の皮が硬い。

華北型：高緯度温帯の夏秋に適します。茎が細く、乾燥、低温に弱い。果実は長く、濃緑、緑、黄色があり、イボは白く、小さめです。果実の皮は薄く、

肉質はパリパリとしていて食味にすぐれています。

ピクルス型：ピクルス加工用の品種で、冷涼な気候を好み、早生種が多い。果実は小さく、肉質は緻密で、パリパリとした食感。

戦前から華南型の青系として青節成、落合、半白系として淀節成、馬込半白などがあり、華北型の流れをくむ毛馬、刈羽や三尺などがあります。四葉は戦後台湾から導入されたものです。ピクルス用としてはロシアピックルの流れをくむ酒田、最上が有名です。

カボチャ　　　　　　　　　　　　　　　ウリ科

Cucurbita maxima, moschata, ficifolia —— cucurbitaはラテン語で「ウリ類」を意味し、maximaはラテン語で「最大の」を意味します。moschataは「麝香の香りのする」の意味、ficifoliaは「イチジクに似た葉」という意味です。

起源　南アメリカ、中央アメリカ。

解説　カボチャとよばれる仲間は、マキシマ種、モスカータ種、ペポ種、ミキシタ種に分けられますが、利用上、サマースカッシュ、ウィンタースカッシュ、パンプキン、カショウ、マローなどに分けられることもあります。

マキシマ種：このグループは、セイヨウカボチャの仲間で、すべてのウリ科のなかで最も強壮です。たいへん長いつると、多毛の茎、大きな丸い葉をもっています。果実につく果梗はかどがなく、丸く、厚くてコルク質です。種子は厚みがあり、セロハンのような皮をかぶっています。

モスカータ種：バターナッツ、ニホンカボチャ、トロンボーンがこの群に属し、互いに交雑します。しばしば葉に白い斑点があること、果柄がなめらかで果実に向かって五角に広がっていること、種子は小さく細長くて、マキシマ種の種子ほど丸々と太っていないことなどから、ほかの三つのグループと区別できます。マキシマ種やペポ種よりも高温に耐える種です。

ペポ種：つる性種およびつるのない叢性種があり、どちらも葉形はブドウの葉に似ています。果梗はとげがあり五角形です。種子は白く小さい扁平形で縁に沿って筋があります。ズッキーニ類、ポンキン、あこだ瓜、金冬瓜、ソウメンカボチャ、観賞用の小型のペポカボチャなども含まれます。

ミキシタ種：以前はモスカータ種に分類されていましたが、現在は独自の種となっています。灰色でざらざらした種子は、縁に溝があります。日本には、このグループに属するカボチャが何種類かあります。

フィシフォリア種（クロダネカボチャ）：世界のカボチャの中で唯一多年生で、また種子が黒いのもこれだけです。主に接ぎ木苗の台木として使われますが、丈夫な種類なので、果実を収穫するために育ててもよいでしょう。

ここでは、日本でカボチャとして扱われるセイヨウカボチャ（マキシマ種）とニホンカボチャ（モスカータ種）を扱い、

ズッキーニ（ペポ種）は別項目とします。

栽培 日本では春、温床に種子をまいて育苗し、遅霜の心配がなくなるころに畑に移植するのが一般的です。寒地で採種する場合は移植栽培で生育期間を十分とることが必要です。そのほか、7月に直まきし、秋に収穫する栽培もあります。根は地表近くに浅く伸びます。

採種 隔離に必要な距離は400mで、近くで複数の品種を栽培する場合は、人工受粉が必要です（第Ⅱ部第6章参照）。

近所でほかにだれもカボチャ類（セイヨウカボチャとニホンカボチャ）をつくっていないなら、実の中のすべての種子が交雑しなかったと考えてよいでしょう。それでもやはり、花が咲く前に、典型的な姿をしていないつるを間引くと、よいつるの花粉だけが受粉するので、品種がより完全に維持されます。

食用にする場合と同じように、果梗が乾ききったら収穫します。ニホンカボチャの場合、食用には青いうちに収穫するため、種用にはそれからしばらく置き、果実がオレンジ色になってから収穫します。果実の中で種子が丸々と太るまで、日の当たらないところで2、3週間追熟させましょう。果実を包丁で割って種子をスプーンでかき出し、水洗いします。中身のない種子は浮いてくるので、捨てます。ざるやゴザの上で乾燥させ、品種名、採種年月日を書いて缶にしまっておきます。

保存 種子は、乾燥した温度変化の少ない環境で保存すれば、3～10年はもちます。1グラムあたり4粒ほど。

利用 カボチャはビタミンA、Cに富みます。のどや鼻、目、胃の粘膜を丈夫にするほか、抗ガン作用があるといわれています。日本では、冬至にカボチャを食べると風邪知らずといわれています。

ニホンカボチャ、セイヨウカボチャは煮もの、詰めものをして蒸しもの、コロッケ、サラダなどのおかずとして利用するほか、パイ、茶巾など洋和菓子にも利用されています。

種子は炒って、食べられます。

そのほか海外では、こんなふうに利用されています。

セイヨウカボチャの若くて小さな葉は、ココナッツミルクで調理すると美味しいものです。パプアニューギニアではその料理を「パンプキントップス」とよんでいます。

セイヨウカボチャは、サナダムシの治療に使われるという話があります。実際には、虫下しをするには、2、3日断食をしてから、カボチャの種子で断食あけをします。

小さいバターナッツは丸焼きに向いています。

品種と系統 オーストラリアのベテラン園芸家や農家はたいてい、お気に入りのカボチャをもっています。名はなくとも、長年採種を続けていて、これが最高だといえるものをもっているのです。

ブラックプリンスは、70歳の農夫が分けてくれたカボチャです。彼の父が亡くなったとき、もうこのカボチャを味わうことはできないとあきらめたらしいのですが、10年後、納屋で「ブラックプリンス」と書いたメモと種子の入った古い缶を見つけたといいます。その種子のいくつかが発芽して、子どものころからの記憶にあるとおりすばらしい風味の、深い

オレンジ色のカボチャが復活したのです。
　さて、日本ではモスカータ種がスイカより100年ほど早く入り、ニホンカボチャとして品種分化し、当時の農林省の調査では143品種にのぼっていました。主なものに三毛門型、縮緬型、鹿谷型、黒皮型、白菊座型などがあります。マキシマ種のセイヨウカボチャには、栗カボチャ、中村早生、土平などがあります。三毛門カボチャは戦中救荒作物として活躍し、すばらしい菊座のものが天皇に献上されたこともある、誇り高きカボチャです。このところ栗カボチャにおされ、市場では見られなくなりましたが、ある篤農家によって、今も種子が守られています。三毛門小学校でも栽培されていて、秋の天狗祭りにはそのカボチャでつくるだんご汁がふるまわれます。

ズッキーニ　　　　　　　　　ウリ科

　Cucurbita pepo —— cucurbitaは「ウリ類」、pepoは「パンプキン」を意味するラテン語です。

起源　中央アメリカ、南アメリカ。

解説　生長が早く、実が若いうちに食べます。種子がとれるくらいの大きさまで成熟させてしまうと、見た目もズッキーニらしくなくなり、堅くて食べられなくなってしまいます。

栽培　春まきおよび夏まき。直まき、またはポットに育苗して遅霜の心配がなくなってから定植します。まく位置には少し高めに土を盛り、3〜6粒を輪状にまきます。

採種　第Ⅱ部第6章に袋掛けおよび人工受粉の説明があるので、参照してください。ウドンコ病のないきれいな株を1本選びます。採種用に選んだ実が大きく硬くなるまで育てます。開花期から約2ヵ月かかります。種子の充実にエネルギーを使うため、この株からの収穫は期待しないほうがよいでしょう。

　実をとり、貯蔵し、種子を追熟させます。それから種子をかき出し、洗って2週間ほど乾燥させ、ラベルを貼ります。

保存　種子の寿命は3〜10年です。1グラムにつき6〜8粒。

利用　10〜15cmくらいのごく若く柔らかいうちにとって食べます（これも家庭菜園ならではの楽しみです）。

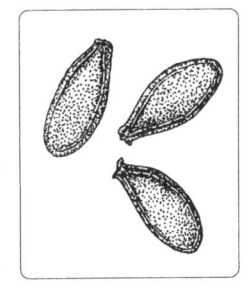

　花をつけたまま収穫する品種もあります。花は生のまま食べたり、詰めものをして調理します。

品種と系統　ズッキーニの中でも、縞の入るココゼラは丈が15cmくらいで収穫し、球形のロンドデニース（南フランスのニース近辺という意味）は野球のボールくらいの大きさで収穫し、ラタトウユ（フランス風野菜の炒め煮）にして食べます。

　日本では、キュウリのように細長いズッキーニが一般的ですが、緑種と黄種があります。その他ペポ種で説明した以外にもさまざまな種類があります。円盤形のパティパン、イエローブッシュ、イエローカスタード、テンダーアンドトゥル

ーは、上下が平らで、丸いイギリスの古い品種です。イエロークルックネックは胴体部が曲がっていて、多収性で、飾りとしても利用されます。

トウガン　　　　　　　　　　ウリ科

Benincasa hispida ——「ベニンカサ」伯爵はイタリアの植物学者で、hispidaは、ラテン語の「けむくじゃらの」という語です。

起源　アジア。ジャワで自生しているものが発見されています。「灰カボチャ」、「冬カボチャ（冬瓜）」、「中国の保存メロン」ともよばれています。日本では平安時代にすでに栽培されていたようです。

解説　つる性の一年生。粗毛をもつ茎は子づるまでで、孫づるは出ません。つるは熱帯地方ではかなりの高さになります。葉は触るとざらざらしていて、花は黄色で、直径10cmぐらいの大きさで美しいものです。果実を結実させるためには人工受粉が必要な場合もあります。

メロンのような果実には、厚く歯触りのよい白い果肉があります。スイカと同じような形や重さをしており、はじめは白いふわふわした毛に覆われていて、熟れてくると果実の表面がつやつやしてきます。30キログラムほどになるものも、珍しくありません。

栽培　中国では、畑だけでなく、屋根に這わせたり、池の上に棚をつくって栽培されているようです（ビル・モリソン著『パーマカルチャー』）。土地が有効利用されますし、日陰をつくることもできます。ただ、果実が重くなってぶらさがるため、丈夫な支柱が必要です。日本では一般に地面に這わせます。

冬までもつため、冬瓜と呼ばれますが、収穫最盛期は7月〜9月です。

採種　トウガンは、ほかのウリ科の作物と交雑しません。果実が完熟するまでほうっておいてください。包丁で割って、長さ1cmぐらいの小さな白い種子をとり出し、水洗いし、ざるやゴザの上で乾かしておきます。

保存　種子は3年ぐらいもちます。1グラムあたり10粒。

利用　つやつやした表面には、微生物が入ってくるのを防ぐ働きがあります。このため、収穫後涼しい場所で保存すれば、翌春までもちます。

食用のほか、薬用としても用いられていました。利尿、解熱、毒消しの効果もあるといわれ、種子は虫下しの薬とされていました。

中をくりぬいた果実の果皮を装飾的に彫り込んだものは、有名な中華料理のトウガンのスープに利用されます。ジャワでは、つるや若い葉が料理に使われます。果実はデンプン質をあまり含まず、味はズッキーニとキュウリの中間ぐらいです。

味がなく食感だけの野菜だともいわれますが、さいころに切って、シイタケ、レンコン、タケノコ、菱の実といっしょに鶏だしで煮てみてください。驚くほど美味しいスープができます。

中国ではトウガンは消化しやすく、弱った胃腸によく、ダイエットに最適の食材とされています。

品種と系統　クイーンズランド州には10キログラム以上にもなる長い円筒形のものや大型の丸いトウガンを育てているすばらしい採種家がいます。

日本では、愛知県の早生トウガンや小トウガン、広島県の長トウガン、沖縄県の黒皮種などがあり、品種はあまり分化していません。

ニガウリ

ウリ科

Momordica charantia ── mordesつまり「噛む」という言葉から来ています。これは、種子が何かに噛まれたような外見をもっているためです。ツルレイシともいいます。

起源　アフリカとアジアの熱帯地方。

解説　すらりとした一年生の植物で、高さ2mまでつるを巻きつけて伸びます。実は淡い緑から濃い緑色で、鍾乳石のような形をしており、未熟果を摘みとって食用にします。

マレーシアではペリア、沖縄ではゴーヤ、セイロン島ではカラウィラ、中国人はフクァとよびます。日本では沖縄で常用され、最近一般に認知されるようになりました。

栽培　直まきまたは、移植栽培もできます。支柱を立てるかネットを張ります。

採種　ニガウリは他のウリ科の植物とは交雑しません。種子をとるには、実が黄色からオレンジ色になって柔らかく熟すまで待ちます。果肉は血のように赤くなり、種子が列をなしているようすが見えます。果肉を取り除き、種子だけとり出します。水洗いし、乾燥させます。

種子はベージュ色で、硬い殻に覆われています。しっかり乾燥させてから保存します。

ニガウリは、こぼれ種から発芽します。店で買った実でも、紙袋に入れて温かい場所に2～3日放置しておくと熟しますから、そこから種子をとることもできます。

保存　種子は、好条件では5年間保存できます。1グラムあたり12粒。

利用　ニガウリの苦さはオリーブの苦みと同じように慣れるとクセになるようですが、嫌いな人は、水でさらすと少し和らぎます。

インドではピクルスとカレーに大量に使われます。カレーには葉っぱも使います。

中国系の人は、実を半分に切ってさっと蒸すか茹で、薄切にしてしょう油をかけて薬味として食卓に出したりします。

ニガウリは、その苦みのもとであるキニーネ成分を含んでいるため、東洋医学にも利用され、糖尿病によいと考えられています。種子は下剤になりますが、強力な成分が含まれているので慎重にとり扱ってください。また中国では砕いた種子を炎症に塗るということです。

ニガウリは、収穫したらすぐに両端を切り、縦半分にして中の種子を取って冷蔵庫で保存してください。そのままでは追熟が進み、すぐに果肉が黄色く柔らかくなって使えなくなります。

沖縄料理を代表するゴーヤチャンプルーは、ニガウリの炒めものです。豚肉などを入れますが、鶏肉でも魚でもよいでしょう。味噌としょう油、トウバンジャンなどで仕上げてもよいし、塩・こしょうだけで卵をからませてもさっぱりいただけます。

苦みの好きな人は、生のまま浸しものやサラダ風に食べると苦みが逃げず、鮮烈です。嫌な人はてんぷらにしてください。ほとんど苦みは感じなくなります。

ニガウリは100グラム中130ミリグラムのビタミンCを含みますが、柿の葉茶と同じく熱によってはほとんど破壊されません。ブロッコリーやホウレンソウなどに含まれるビタミンCはゆでると半分以上減少しますが、ニガウリは10％も減りません。夏の暑いときの疲労回復に最適な野菜です。夏に弱い人はぜひ試してください。

品種と系統　アジアの全域にニガウリの独自の系統があります。あなたが住んでいる町にも、珍しい品種を育てている人がいるかもしれません。

沖縄では、青中長、青長、白中長、白長などさまざまな品種が自家採種されています。

スイカ　　　　　　　　　　　ウリ科

Citrullus lanatus ―― ラテン語のcitrullusは「柑橘類」から派生し、lanaは「羊毛」を意味します。これは、若い果実の内部に繊維質のもやもやしたものがあるところから来ています。

起源　アフリカ。19世紀、探検家のリビングストン博士が中央アフリカで、広大なスイカの野生地を発見しました。ナミビアやボツワナでは半野生の状態で栽培されています。

ロシア南部や中東では、スイカは長年にわたり栽培されていて、種子は焙煎されます。およそ1000年前には中国に渡り、現在でも、ある辺境地域では唯一の脂肪源です。

解説　つる性の茎をもち、雄花と雌花があり、その雌花がフットボール大の果実となります。日本では、古い野菜のひとつですが、江戸時代は品質のよい品種がなく、人気はありませんでした。盛んに栽培されるようになったのは、アメリカからの品種が入った明治時代からです。

栽培　スイカの原産地は高温乾燥地帯で、日本の多湿には適さず、栽培は難しいものです。十分とはいえませんが、品種によっては耐病性をもつものもあります。水はけのよい畑につくるのが大切です。

採種　スイカは、ほかのウリ科の作物とは交雑しません。例外として、同じスイカでも異なる品種やパイメロンやシトロンメロンとは交雑します。

通常はミツバチによって受粉します。アメリカ合衆国農務省によると、200mの範囲で交雑が起こらなかったある品種が、800mの範囲で交雑した実験例があります。したがって、販売用の種子を採種する場合は400m、原種を採種する場合は900m隔離するのが望ましいとされています。

人工受粉は交雑を防ぐには向いていますが、成功率は75％です。一つの雌花に対して複数の雄花を使用します（第Ⅱ部第6章参照）。開花してから40日前後で収穫できます。小玉スイカはもっと短い期間になります。

　スイカは、果実のつけ根にあるヒゲつるが枯れ、指で玉をはじくとにぶい音がすれば収穫の時期です。完熟するまで2〜3日ほど追熟させます。

　種子をすくい出すか、または、食べながら種子をとって、ざるに入れて洗い、乾燥させます。スイカの種子は発酵させる必要もなく、むしろ発酵させてはいけません。

保存　種子は5年保存できます。1グラムあたり6粒。

利用　腎臓の機能低下やお肌のお手入れに一役かってくれます。

　シトロンの品種にはたいてい厚い外皮があり、生食には向きませんが、それを砂糖漬けにしたり、ジャムに加工したりします。たとえばアメリカ人はスイカの外皮を漬けものにして食べます。

　原産地であるアフリカの砂漠地方では、乾期には、料理のための貴重な水資源です。カラハリ砂漠のブッシュマンは、唯一の水分補給源として何ヵ月もスイカからの水分に頼っています。

　ボツワナではスイカを無駄なく丸ごと使っています。果実を薄く切って屋根の上で干し、乾燥させます。そして種子は焙煎して殻を取らずにすりつぶして食用にし、果肉はトウモロコシの粉といっしょにおかゆにします。

　中国や、アルメニア、トルコ、イランなどでは、種子を炒って食べます。手軽なスナックとして、街角のあちこちで再生紙で作った三角錐の入れ物に入れて売っているのです。

品種と系統　スイカの果肉の色は、赤、桃色、オレンジ色、黄色、白があります。たとえば、バターメロンやシャンパーニュメロンは、果肉の黄色い品種です。

　ムーンアンドスターは、果実の表面が深緑で、黄色の大小の点があり、葉にも黄色の斑点があります。その果皮はまるで夜空に浮かぶ月や星を思わせます。この品種は昔、アメリカ先住民が育てていたのを、合衆国の「シードセイバーズ・エクスチェンジ」が再発見して、今ではオーストラリアでもたくさんの人が自家採種しています。ある種苗店では、「アメリカの遺産」のひとつとして販売されています。

　クレックリースイート種は白色の種子で、たいへんなめらかでとても甘く、繊維質のない果肉があります。

　白い種子のアイスクリームメロンは、オーストラリアで最も初期から栽培されているもののひとつです。

　デザートキングは、黄色い果肉の種類で、乾燥によく耐え、熟してから1ヵ月ほどはつるにつけたままにしても、品質を保持できます。

　キングアンドクイーンは、ウインターキーパー、ウインタークイーンともよばれますが、ワックスに浸しておけば冬のさなかまで保存できます。

　日本では、アメリカから導入されたア

イスクリームと江戸時代の権次などの在来種から育成された大和が基本となって、品種改良されています。固定種には、大和系と、アメリカから導入されたと思われる甘露などがあります。スイカの育種は奈良農業試験場を中心におこなわれ、F1品種の新大和が育成されています。また、大和系や甘露系から旭大和、都3号などが育成されています。その他、固定種として、三笠、田端、こだま系などがあります。

マクワウリ・メロン　　ウリ科

Cucumis melo —— cucumisはラテン語で「キュウリ」、meloはギリシャ語で「リンゴ」です。

起源　マクワウリとメロンは、同じ仲間です。温帯の西アフリカから2000年前にヨーロッパに紹介されました。メロンは古くから人気の果物です。

メロンの中でも特に有名なキャンタロープの系統は、皇帝ティベリウスでおなじみのローマの近くのカンタロウピとよばれるところで開発されました。紀元前、ローマの将軍ルクルスはメロンをアルメニアにもたらし、そこからさらにイランに伝わって、そこが二次的な多様性の中心になりました。

コロンブスは、2回目の航海でメロンをアメリカに紹介しました。イギリス人は16世紀になってようやく、そのおいしい果物を知りました。

解説　マクワウリやメロンには多くの種類があり、出荷されているものはごく一部なのです。

それらの形と大きさは、キュウリのようなものからカボチャのようなものまでさまざまです。表面は網目が刻まれているものから大きなぼのあるものまであり、明るい緑色や黄色、白から黒までの皮があります。果肉は緑色、黄色、オレンジ色や赤みがかったオレンジ色になります。種子は通常ベージュ色です。アジアには、漬けもの用のシロウリなど、甘くない種類もあります。

その他のメロンとしては、

チト・グループ：バインピーチやマンゴーメロン。小さな葉っぱをもち、オレンジ色の果実がなります。

フレクオカス・グループ：スネークメロン。

レティクラタス・グループ：温室メロン（アールスフェボリット・パール、キャンタロープ）

イノドラス・グループ：キャッサバ、ハネデューメロン、チャイニーズメロン。表面がなめらかで大きく、分厚い皮に覆われ、3ヵ月の保存が可能です。

栽培　マクワウリは、メロンの中では湿度に対して最も強く、つくりやすいものです。発芽適温は高めで25～28℃です。昼夜の温度差があったほうが甘くなります。早めに摘心し、側枝を伸ばすと、多収になりますが、手間がかかるので放任でもよいでしょう。

採種　マクワウリは、ほかのメロンやシロウリと交雑しますが、スイカとは交雑しません。交雑を避けるには、マクワウリとメロンの間の距離が400m必要で

す。原種にはさらに長い800mが必要です。

マクワウリの人工受粉は特にやっかいな作業です。花はとても小さく、もともとの雌花は4分の3も実りません。最初に咲いた雌花は、実る確率が高いようです。マクワウリのつぼみが次の日に開花するかどうかを予想するのは、カボチャのときよりも難しいでしょう。

生長の活発な株を選抜します。最初の選抜は、発芽の直後です。1穴に6粒の種子をまき、弱く悪い苗を間引いてよい苗を2本だけ残します。こうして、不良株の花粉が品種の形質を受け継いだ典型的な株の花粉に混じらないようにするのです。その後も、よくないつるは、どんどん除いていきます。第二の選抜は、収穫期におこないます。香りのよいもの、濃い色の果肉、果肉の厚いメロンを選びます。

果実をもいだら、さらに2日、追熟させます。種子をすくい出し、流水で洗い、水気を切り、1週間ほど乾かします。

保存 ラベルを貼った気密性のある入れ物に貯蔵します。種子は一定の低温で貯蔵すれば5年は問題ないでしょう。1グラムあたり30粒。

利用 一般的には、収穫して2～3日冷たいところに置いて冷やして食べると美味しくなるようです。

中世のグルメ作家であるラベライスは、マクワウリにコイン大の穴をあけ、スプーンで種子をとり出し、その穴に野イチゴと砂糖と4分の1リットルのマデイラワインを満たし、ふたをして、涼しい地下室に2～3時間置いてから食べたといいます。

品種と系統 オーストラリアでは、多くの年配の園芸家は、グリーンクライムメロンやパイナップルメロン、キャベイロン、ウィンターマルタ、ハッケンサック、アーリーアイアンデクオイト、グリーリーワンダー、テーブルクイーンを懐かしく思い出すでしょう。

そのほかに珍しいものとして、ポケトメロンの一種クイーンアンが体の臭い消しとして上流階級の人々に好まれ、ポケットから香りを放ちました。また、冬の間はゴールデンビューティーが好まれました。それから、サカタスウィートやタキイハニーのように小さく、黄色い皮で卵形のとてもよい香りのものもあります。

マクワウリは、日本ではマクワウリグループに属する野菜としてとり扱われ、甘露、黄マクワ系、ニューメロンなどの在来種があります。果肉が硬く、メロンという範疇には入れられません。

メロンでは、大正時代に導入されたアールスフェボリットを中心としてネット系メロンが育成されています。また、ノーネット系メロンとしてはハネデューが重要です。

海外の在来種は、元大阪府立大学の藤下典之氏が収集したコレクションがあります。また日本でも古来の雑草メロンが利用されていました。最近では元福島県農業試験場の小川光氏が、トルクメニスタンのメロンを集めています。

シロウリ　　　ウリ科

Cucumis melo var. conomon —— cucumisはラテン語で「キュウリ」、meloはギリシャ語で「リンゴ」を意味します。

起源　東南アジア。

解説　ウリ科のメロン類に属する一年生の野菜です。果実はマクワウリに似ていますが、甘くはありません。漬けもの用途が主で、栽培は簡単です。小さいものは300グラム程度、大きいものでは2.5キログラムにもなります。

栽培　ほかのメロンと同じように、よく肥えた畝に植えるのがよいでしょう。

採種　メロンの仲間なので、温室メロンやハネデュー、マクワウリと交雑しますが、スイカをはじめとするメロン以外のウリ科とは交雑しません。果実はたいていは未熟な状態で食べますが、種子をとるためには、果梗が硬化するまで待たなければなりません。

種子はマクワウリより小さいのですが、たくさんできます。ざるに入れて、流水で洗い、重ならないように広げて1日か2日間乾燥させます。湿度の多い地域なら、日付と名前を書いた封筒に入れて日陰につるし、さらに約1週間干します。

保存　種子は、長い場合5年もちます。1グラムあたり70粒。

利用　果実を炒めものにします。魚介類に特に合う漬けものは、ラッキョウ漬と同様につくります。日本酒の粕に漬けたものは、日本では最高級品の一つです。

中国では、シロウリを丸ごと炭になるまでゆっくり焼き、油脂と混ぜ、炎症部分を冷やすために使います。

品種と系統　栽培の歴史は古く、弥生時代には近畿・九州で利用されていました。品種はシロウリ群、カタウリ群、シマウリ群に分けられます。ほとんどの品種はシロウリ群に入ります。東京都東北部の在来系統である東京早生、旧多摩郡野方地方の在来種である東京大越瓜、旧京都府葛野郡桂町（現・京都市西京区）地方の在来種である桂、東北、北陸地方の沼目などがシロウリ群です。カタウリ群には、かりもりという名古屋の在来系統があります。シマウリ群は大阪府の黒門、兵庫県の青しまうりなどがあります。その他、マクワウリとの交雑系統としてはぐらうり（青系、白系）、徳島在来系から分離されたあわみどり、東京早生の系統間交雑による東みどりなどがあります。

ハヤトウリ　　　ウリ科

Sechium edule —— eduleは、ラテン語で「食べられる」を意味します。

起源　メキシコ。ハヤトウリはスペイン人が現れるまではアステカ人に広く利用されていましたが、今では世界中に広がっています。オーストラリアでも、どの地域にも見られます。メキシコでは、チャヨテともよばれています。

解説　ハヤトウリは熱帯地方と亜熱帯地方では多年生ですが、寒冷な気候では一年生となります。パーマカルチャーに適した作物であり、小屋を隔てたり古い

フェンスを隠したりするのに利用できます。生産性もよく、あまり管理しなくてよい作物で、若いときに収穫して、ちょっと手をかけて下ごしらえをすれば、とても美味しいものです。

ハヤトウリには、とげのないものやとげのあるもの、淡緑色や、より熱帯性の白色のものなど多くの種類があります。メキシコでは、特にナッツの香りがする種子をとるために、小さなハヤトウリが栽培されています。

日本では1917年、アメリカから鹿児島に導入され、隼人瓜と命名されました。九州南部、沖縄を中心に散在し、家庭菜園で栽培されています。

栽培 ふつうの土地であればどこでも生長します。霜が降りなくなってから、中の種子をとり出さず、果実のまま、くびれている小さいほうを上にして、3分の2くらい土をかけます。つるが伸びるので、棚に這わせるのがよいのですが、なければ、ハウスのパイプ、木立や竹を立てて利用してもよいでしょう。寒冷地でなければ、霜で枯れたあと、株もとに落ち葉やわらをかけて霜除けしておくと、翌春、芽が出るので種子はまく必要がありません。

繁殖 ハヤトウリは雌雄同株で、同一のつるに雄花と雌花の両方がつきます。もみ殻を入れた箱に収穫した果実を入れます。雨のあたらない、風通しのよいところに貯蔵し、発芽させます。

利用 新芽を食べても美味しいものです。何個かのハヤトウリを堆肥の箱などに半分ほど埋めておくと、柔らかい新芽と巻きひげが出てきます。それを強火で手早く炒めます。

成熟果の半分くらいの大きさまでは、生でも食べられます。

マイケル・ボディは著書で、そのくらいのものを中火でやんわり蒸すと、よい香りがすると書いています。また大きなものでも洋梨のように調理してデザートにするようです。そしてラファイア（ヤシの一種）のかわりにつるを使って帽子もつくると書いています。

メキシコ人は、茎を利用してかごをつくり、香りと風合いがサツマイモと似ているといって根を食べます。インドネシアでは、2〜3年ものの塊茎状の根が最も美味しいとされているようです。

日本では奈良漬けに最もよく利用されています。ジャガイモサラダに入れるキュウリのない冬場に、少し塩もみして使うこともできます。

品種と系統 ハヤトウリには、個性で勝負といったところがあり、オーストラリアの小規模の生産者や家庭菜園家は、珍しい種類をもっています。たとえば、非常に大きな緑色のものなどは、二つ割りにして豚、牛、鶏に与えます。

シードセンター近くの市場でも、6種類のハヤトウリが売られています。それらの中には、小さなとげがあってよい香りのする黄色種、ジャガイモのような質感をもつとげのない中型の白色種などがあります。

日本では、やや小さい白色種と緑色種があります。白色種は果肉も白く、青臭みが少なく、緑色種は丈夫で、多収性で青臭みが強い特性があります。

オクラ　　　　　　　　　　　　　　　　　　　アオイ科

Abelmoschus esculentus (*Hibiscus esculentus*) —— abelmoschusはアラビア語で「麝香の種子」。esculentusは「食用」という意味。

起源　エチオピアのエリトレア、スーダン、マリ、ブルキナファソの一部が原産地。その後、アフリカ北部、そしてインドへと、かなり前に広がりました。

解説　オクラはアオイ科の一年生の低木で、最高2mまで生長します。葉はまばらな互生で、淡い黄色のハイビスカスに似た花をたくさんつけ、緑のサヤがなります。花が終わると小さい果実ができ、1週間以内に食べることができます。

ムスリム系のスペイン人は、12世紀にはオクラのことをバニヤスとよんでいました。アフリカ人は奴隷としてアメリカへ連れて行かれたとき、わずかな持ちものといっしょにオクラの種子を運びました。オクラはアメリカの南部の州でガンボという名で重宝がられ、スープの増粘料として缶詰産業で広く使われています。

ギリシャ人と中近東の人々が、バニヤスとレイディースフィンガーズ種をオーストラリアへ持ち込みました。

日本には幕末から明治初期に伝来しましたが、一般栽培はごく最近です。

栽培　オクラはアフリカ原産で高温、乾燥を好みます。ポットで育苗するか、直まきにします。小さいとき、アブラムシがつくことがあります。大きくなってくるとハマキムシがつきます。気温が高いと生長が早く、毎日収穫しないと果実が大きく硬くなってしまいます。

採種　ほんの少し食卓に上るのは遅くなりますが、早生のものを選抜するために、いちばん発育の早いオクラを2株選び、最初に咲いた花に種子をつけさせるようにします。あるいは、生育のよい株を選び、その株からは食用に収穫せずに、すべての実を結実させます。虫による他家受粉をする場合もありますが、ほとんどが自家受粉です。採種は複数品種の場合、最低30m離すか、花が咲く前に、花を袋で包んでおき、実が着いたら袋を取り、採種用として目印をつけておきます。

実は完熟してくると、褐色になり、さらにおくと、カラカラ音がするようになり、さけて縦線が入ってきます。そのサヤを収穫して干し、乾燥したら手でサヤを割って種子をとり出します。

保存　乾燥地帯だと種子は室温で3年間もちます。暑いモンスーン地帯なら、それなりに短くなります。

冷暗所で貯蔵した場合、5年後でも50%の種子は発芽するでしょう。オクラの種子はエンドウの約3分の1の大きさで、1グラムあたり15粒です。

利用　オクラは、炒めものなら短時間で手早く、スープやシチューに入れるなら、ゆっくり弱火で調理します。

西アフリカのギニアでは、葉を青菜として食べます。

アメリカ合衆国の開拓時代には、その種子を炒り、コーヒーの代用品に使っていました。

日本では納豆、山芋とで「三ねり」といわれ、この3品を混ぜ合わせて食べたりします。ヌルヌルの嫌なときはさっと湯通ししてから調理すればよいでしょう。

てんぷら、煮もの、炒めもの、刻んで生食と、いろんな料理に使える野菜です。

花オクラはふつうのオクラより花が大きく、見ごたえがあり、生食もできます。刻んで、しょう油をかけたり、味噌汁の碗にふわっと入れると美しく美味です。

オクラの粘質物は繊維と糖タンパク質で、胃腸が弱り、食欲不振になりやすい夏にはうってつけの野菜です。またカルシウムは100グラム中96ミリグラムもあります。

品種と系統　オクラは品種によって、見た目にかなりの多様性があります。小形のもの、背の高いもの、サヤも短いものと長いものがあります。古い種類のもには、茎がトゲトゲして実がずんぐりしているもの、またアンテロープのつののような形をした長い実をつけるものもあります。

ギリシャ系オーストラリア人によって、赤から緑まで幅広い品種がもち込まれました。それらはオーストラリアの民族的遺産のひとつです。

日本では、パーキンススパインレスポッド、クリムソンスパインレス、パーキンスマンモスロングポッドが適し、在来種もこれらの定着種または自然交雑種とみられています。現在ではグリーンスター、ベターファイブ、埼玉五角、赤オクラ、八丈オクラなどがあります。

トウモロコシ　　　イネ科

Zea mays ── zeaはラテン語の「生きるため」という単語からきており、リンネによってつけられました。maysは「トウモロコシ」のメキシコ語名です。

起源　メキシコ、アンデス山系とされています。すべてのトウモロコシは、共通の祖先、テオシントから分かれたとされています。これは細長い穂をつける背の高い草で、硬い粒をもち、その一粒一粒が簡単にこぼれ落ちる性質をもっています。

テオシントは1977年になってメキシコで科学者たちに発見されました。栽培品種としては紀元前3000年ごろまでにすでに成立していたようです。トウモロコシはアメリカ先住民の民族間でやりとりされながらアンデス山脈から北アメリカにまでゆっくりと広がりましたが、記録によれば何千年もの間、インカ人、アステカ人およびアメリカ先住民によって用いられたことが示されています。

フランス人の探検家ジャック・カルティエが1540年にカナダのハドソン湾に到着したときには、トウモロコシはすでにそこにあり、その中でインゲンマメが育っていました。多くの北アメリカ先住民の言葉では、トウモロコシと命は同一の単語です。私たちはトウモロコシを栽培することで動物から人に変わったとする伝承もあります。ほとんどの集団は伝統的な種子をもっており、それを神からの贈りものと考えていました。

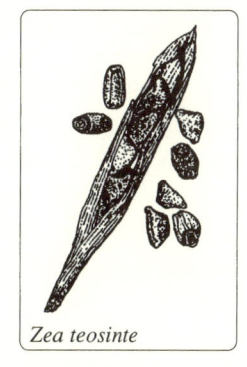

Zea teosinte

コロンブスがトウモロコシをヨーロッパに紹介し、ジャガイモやトマトとはちがって、1600年までには非常に広範囲に受け入れられました。アメリカが新大陸として再発見されて1世紀もしないうちに、トウモロコシはロンバルディアやベニスのすべての市場で手に入れられるようになったと伝えられています。

トウモロコシはコロンブス以前の時代にアラビア人かアフリカ人によってアフリカに紹介されたという証拠があります。

日本へは16世紀ごろポルトガル人によって渡来したといわれています。古くは甘味の少ない、色とりどりのトウモロコシが渡来したようで、史書には紫、黄色のモチ種、ウルチ種、ポップ種の記述が残っています。戦後までは各地に甘味のおだやかな白、黄、赤、紫のさまざまな食用のトウモロコシや飼料用のフリントコーンが栽培されていたようです。

現在日本のトウモロコシの子実の年間自給率は1％以下で、種子の自給率も低く、ほとんどアメリカからの輸入に頼っています。海外からくる種子は必ずしも日本の土地に合うとは限りません。遺伝子汚染も心配されています。ぜひ日本に合った種類、種子の自給について考えていきたいものです。

解説 トウモロコシは、幅広い条件の地域に適応しました。白人の開拓者が来る前に、アメリカでは300種以上のトウモロコシが栽培されていました。

現在、世界三大穀物のひとつとして中央アメリカ、南アメリカ、アフリカなどで広く主食とされています。

デント種（馬歯種）：大粒で頂部がくぼみ、馬の歯に似ています。食用としては粉にして保存食に用います。収量が多く、飼料用、コーンスターチ、コーン油の原料としても利用されます。

フリント種（硬粒種）：粒は扁平で丸みがあり、全体的に硬い大粒種です。すべてのトウモロコシの中で最も硬く、ローラーにかけてコーンフレークや粥状の料理などにして用います。デンプン製造用や飼料用にも用いられます。

ポップ種（爆裂種）：最も原始的なもので、6本までわき芽ができ、16個もの小さな穂軸をつけることができます。硬い粒の内部に水分を含む軟質部があり、加熱するとはじけます。中国系の人々は、未熟な小さな穂をベビーコーンとして用います。粒は小さめで丸いものと先のとがったものがあります。

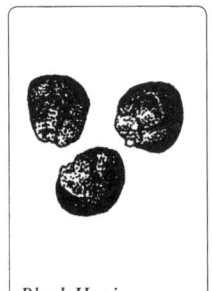

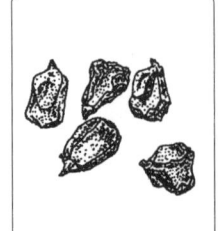

| Black Hopi | Sweetcorn | Silver Qween | Popped corn |

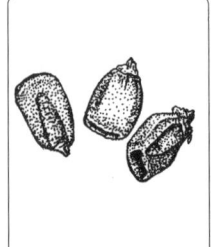

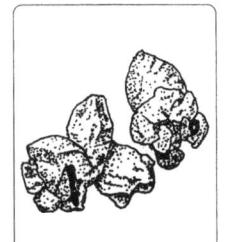

Early Leaming

Multicoloured Popcorn

Ontro Oval Popcorn

スイートコーン種（甘味種）：マンダン人、イロクォイ人およびその他のアメリカ先住民の中で知られるものでしたが、白人にも広く利用されるようになりました。どの種類のトウモロコシでも若いうち、すなわち乳液を分泌する段階に食べることができますが、これに最適なのはやはりスイートコーンです。甘くて柔らかく、水分含量の高いものを求めて交配されてきたのは、ほんのここ150年のことです。スイートコーンの種子は、糖分が多く、乾燥すると著しく縮みます。

　1940年代、アメリカ合衆国が商業目的でトウモロコシのF1品種をつくるようになってから、自然受粉種子を手に入れることが難しくなってきました。

　若く柔かいときに収穫し、加熱して食べます。ビールの原料にもなりますし、茎葉は飼料用にもなります。

ワキシー種（糯質種）：粒の表面につやがあり、胚乳のデンプンが透明なろう状です。加熱するともちもちした食感になります。菓子や餅、接着剤などの原料としても利用されます。

　その他、粒が鱗片状の包葉に包まれているポット種、糖分の少ないスターチスイート種、ソフト種の品種群に分けられています。

栽培　トウモロコシは、雌雄同株で、雌雄別々の単性花をもつ一年生の他家受粉植物です。文化によって異なる栽培方法があります。アメリカのホピ人は、在来種を熱い砂の中に30cmの深さにまいて、雲の精霊に向かって踊ります。大規模農家は3cmの深さにまいて、化学肥料や農薬を使います。生育期間が60日のものもあれば、その2倍のものもあります。地域に適した品種やその植えつけ時期については、地域に伝わる方法に従うのがよいでしょう。

　生育期は適度な湿り気が必要ですが、成熟期は乾燥していたほうがよいでしょう。根の吸収力が強く、少肥でも育ちますが、多肥による増収率も高いようです。発芽適温は16℃です。

　採種のためには、トウモロコシを一列に植えずに、短い列でも何列にもなるように集団で植えてください。そうすれば受粉が効率よくおこなわれます。

採種　雄花の穂が稈の先端にでき、花粉をつくり、葯が小さなベルのようにぶら下がると、花粉が落ちます。数日後、株の中ほどで、穂の先から絹糸が抽出している穂軸が雌部です。それぞれの絹糸は穂軸についている一つひとつの粒につながっており、それぞれが受粉しなければ粒は太りません。一般に、雄花は絹糸

が抽出する前に花粉を落とし始め、たくさんの雄花穂から花粉を受け取ることができます。

　トウモロコシの種子を毎年うまくとり続けるのは、初心者にはかなり難しいことです。まず、交雑を避けて品種を維持するための隔離、第2に品種を長期にわたって存続させるための十分な遺伝的多様性をどのように確保するか、第3に強い種子をどのように選抜するか、最後に収穫した種子をどのように処理するかに目を向けてみましょう。

●品種間の隔離

　トウモロコシは風媒受粉しますが、ミツバチも落ちた多量の花粉に引き寄せられてやってきます。交雑しないように、種子用の穂軸を隔離しなくてはなりません。スイートコーンはその他の種類のトウモロコシと交雑しやすいことを忘れないでください。

　漂っている花粉から穂軸を隔離するのには三つの方法があります。

1. 距離……異なる品種が風上にある場合、その距離が最も重要です。交雑を防ぐには最低500ｍは必要でしょう。しかしながら、次のように、区画の大きさ、風向き、速度にも左右されます。2つの例を考えてください。

①　トウモロコシをつくっている人が近所には少なく、つくっていても開花時期が重ならないで、なおかつ間に高い建物や木がある郊外の場所で

は、100m離れているのと同じくらいの効果があるでしょう。
　②　大きなトウモロコシ畑に囲まれた町のはずれにある菜園。開花すると花粉でいっぱいになるので、交雑を防ぐのに必要な距離はといえば、2kmあっても難しいかもしれません。
2.　時間……重要なのは、付近で2種以上の品種が同時期に花粉を落とさないようにすることです。栽培適期が長い温暖な地域では、異なる品種をそれぞれ1、2ヵ月ずらして植えて、花粉が混じらないようにしてください。
3.　人工的に……雄花穂の頂部が開く前に茶色の紙袋をかけて、袋を閉じてください。
・頂部の雌花穂から絹糸が抽出する前に、穂軸の先端を切り落とさないように注意しながら、穂を包んでいる葉の先から1cmほど切り落とします（図①）。こうすればすべての絹糸の端がそろいます。雌花穂のつけ根から出ている葉を切り落とし、雌花の穂軸に茶色の紙袋をかけ、つけ根まで十分に覆ってください。絹糸は3、4日後には十分抽出します（図②）。
・雄花の穂にかけた袋を正午あたりに軽くたたいて数本の穂から花粉を回収し（図③）、1つの袋にまとめてください。トウモロコシの花粉は温暖な天候では1日以上生存できません。
・雌花穂から抽出している絹糸に細かい金色の花粉を吹きつけるか、ふりかけて（図④）、完了したら再び雌花穂を覆います（図⑤）。それぞれの絹糸は一つひとつの粒につながっているので、受粉を完全におこなうにはこの処置を

2、3回くり返せばよいでしょう。
・絹糸は何週間も花粉を受け入れられるので、絹糸が茶色になるまで穂軸は覆ったままにしてください。

●遺伝的多様性
　さて、遺伝的多様性を保つにはどれだけの穂軸をとっておけばよいのでしょう。トウモロコシは他家受粉作物なので、できるだけ多くの穂軸をとっておき、またできるだけ多くの雄花から花粉を受け取ることが大切です。そうすれば、種子はその系統の存続に必要なあらゆる遺伝的特徴を失わずにすむこととなります。
　採種用の稈が少なすぎると、数年で同系交配が進み、遺伝的に弱いものとなります。霜で全部がやられたり、病気になって死に絶えてしまうこともあります。
　とっておく穂軸の数は品種の均一性とその野生度によります。テーブルランドレッドのような品種を維持する農家は、畑の何千、何万もの中から200〜300本の穂軸を、畑の中央から選抜します。それも、穂軸の粒の最もよい中央列のみをとっておきます。
　家庭菜園家には、短期的には5〜15本の穂軸で十分でしょうが、遠からず、同一の品種からの新しい血を入れなければならないでしょう。古い種子と混合し、若返らせるのです。メキシコ人の農家はテオシントを栽培してトウモロコシと交配させることがあります。これは、そうすることでトウモロコシが元気になるとわかっているからなのです。場所とやる気のある人には、品種の維持のために50〜100本の（それ以上がより好ましいですが）穂軸からの採種をすすめます。
　弱勢になるのを防ぐため、味が似た複

数の品種をいっしょに植えて多様性をもたせておくという方法をとっている人もいます。

種子をとる穂軸は、同じ株の雄花によって受粉されないほうがよいでしょう。トウモロコシの自家受粉を避けるには、葯がぶら下がり花粉が落ち始めることがないように、あらかじめ雄花を切り落としてください。畑では、中央の株の雄花を取り除き、外側をとり囲むものには花粉をつくらせます。ある程度まではこれが外からの花粉に対する防壁にもなります。

● 強い種子の選抜

多くのほかの野菜と同様に稈全体の生育状況を考えなければなりません。たとえば、大きな穂軸でも、生育の遅れた小さな株についたものは選ばないでください。スイートコーンに関しては、最も早く実った穂軸は食べないで、目立つ印をつけておいてください。これでほかの人も種子用だとわかります。15個の穂軸をとっておけば、最後には約4000粒の種子になります。家庭菜園には多すぎますが、どんどん交換したり、売ったり、分けてあげるとよいでしょう。選抜する場合には、乾燥に強いもの、病虫害への耐性、または早生種など、あなたの地域に合った特性を探してください。

● 種子の処理

穂軸は収穫適期よりも約1ヵ月以上（できるなら皮が乾燥して白っぽくなるまで）は株につけたままにしてください。このとき、カラスや野ネズミやアブラムシから守らなければなりません。収穫後、皮をむいて後ろ側で結び、さらに乾燥させるために1、2週間穂軸をつるしておきます。

そのほうが長く保存できるからと、穂軸に種子をつけたままにする人もいますが、保存場所がせまければ、穂軸どうしをこすり合わせて脱粒します。粒が完全に乾燥していれば、それを密閉容器に入れて2日間冷凍して種子の皮の下に隠れているゾウムシやその卵を殺します。

保存 スイートコーンの種子はその他のトウモロコシほどには長くもたず、通常2年ですが、よく乾燥した状態と一定の低温（5℃が最適）を保てば、より長く保存できます。フリントコーン、デントコーンおよびポップコーンの種子は、品種と保管場所にもよりますが、乾燥した環境では3〜4年発芽可能です。ラベルをつけた気密びんで貯蔵してください。

利用 ゆでて食べるなら、なんといってももぎたてがいちばんです。

その他、トウモロコシの種類によって、利用の方法はさまざまです。食用には全粒のまま、あるいは碾（ひ）き割ったり、粉にして利用します。飼料その他さまざまな原料としても用います。菓子や練り製品、オイル、ビールに加工したり、デンプンはコーンミール、コーンスターチとして、糖分はシロップとして、さらに接着剤にも利用できます。

中央アメリカで主食にされてきたトルティヤをつくるときには、石灰石でアルカリ処理することが古くからおこなわれてきました。アステカ人は焼いたカタツムリの殻を鍋に入れて水をアルカリ性にし、粒の皮を柔らかくしました。さらに「メターデ」とよばれる柔らかい火山岩の上で水を加えて粒をすりつぶし、焼いてトルティヤにしました。円形にひきの

ばしたトルティヤはタコスなどの料理に利用されます。北イタリア伝統料理ポレンタは、トウモロコシ粉を煮込み、平らにのして餅のようにして食べます。

日本でも昔はトウモロコシ粉を練ったものを焼いたり、粥のようにした「おやき」、「おねり」というものを食べていた地方があるようです。

ニュージーランドのマオリ人は川の流れに数週間浸すことで、皮つきの白いトウモロコシを発酵させ、栄養価を高めてから「カンガーワイ」として食べます。

仏領ギアナでは、穂軸の絹糸の浸出液を、尿管の疾患の治療に使います。

品種と系био ゴールデンクロスバンタムは数本の側枝が出るスイートコーンです。かつて早生、中生、晩生に適したとても人気のある品種でした。90日で成熟します。カントリージェントルマンは、ごく最近の品種で、粒の列が深く細く整列していない、白色のスイートコーンです。ヒッコリーキングは白色デントコーンで、若いときに摘んでスイートコーンとしても用います。レッドマンダンは60日で成熟し、生長適期が短い地方に適しています。

同じ仲間にオントスポップコーンがあり、これはオーストラリア南部の雪の降る山脈で生長します。おそらくアメリカ合衆国からもち込まれた白色のトウモロコシです。とてもよくはじけ、ポップコーン一般にいえることですが、ニワトリの餌に適しています。西オーストラリア州で栽培されていた小さな赤いポップコーンは側枝が数本あるので、1株から小さな未熟穂を15個も収穫できました。

日本では、トウモロコシは飼料としての位置づけが高く、栽培上重要な野菜ではありませんでした。しかしながら、食用として1500年ごろに導入された種子が山間部で在来化し、甲州、板妻など静岡県の在来種や、大デッチという九州の在来種や大玉蜀黍という愛知県の在来種もありました。

大正時代にスイートコーンが導入されました。ゴールデンバンタムが入り、さらに甘味の強いスーパースイート系の品種群が入ってきました。それに伴い、在来種は影をひそめていきました。現在はほとんどがF1の種子でそのほとんどがアメリカ中西部から日本に入っています。日本の種苗会社から販売されていたとしても、生産国がほとんどアメリカとなっている状態です。

東京の「みんなの種宣言」では、在来種の大切さを訴えていますが、2001年にはトウモロコシの在来種4種の配布をおこない、800件もの問い合わせがありました。昔なつかしいからと求める人のほか、遺伝子組み換えトウモロコシの安全性を危惧する人が多かったそうです。

レタス

キク科

Lactuca sativa —— ラテン語でlacは白い樹液を表す「ミルク」を意味し、sativaは「栽培」という意味です。チシャともいいます。

起源 栽培の起源は、コーカサス(アゼルバイジャンおよびグルジア)の温暖な

地方、クルド、カシミールおよびシベリアで、太古の昔に始まりました。古代ローマ人は、先のとがった細い葉をもつコス・レタスを栽培しました。結球するレタスが最初に記録されたのは、つい最近の16世紀のことでした。グレートレークスの系統は1940年代初期にアメリカ、オーストラリアおよびニュージーランドで初めて開発されたものです。エジプトの伝統的な品種の最近のコレクションは、モザイクウイルス耐性遺伝子をレタスの品種改良プログラムにもたらしました。

日本へは中国から茎レタスが伝来し、古く平安時代に普及しました。さらに明治時代にさまざまな種類のレタスが導入されたようです。戦後に球レタスが普及するまでは、各地で多種類のレタスがつくられていました。

解説 レタスは一年生または二年生の作物で、多数の品種があります。多くの国では生食用に用いられ、球レタス（クリスプヘッド型とバターヘッド型）、葉レタス、立ちレタス、茎レタス（掻きレタスなど）に分類されます。

高温、長日条件で花芽分化し、とう立ちする性質があります。

栽培 レタスは、発芽適温が15〜18℃で、冷涼な気候条件で、よく育ちます。結球性レタスを確実に結球させるには、間隔を広くとって栽培するのがよいでしょう。また、オーストラリアでは、葉の半分から上を縛って、中心部分を柔らかくすることがあります。

生育適期が短い寒冷地で種子をとるためには、十分に成熟するよう、結球性品種のレタスの苗は温室で育苗するのがよいでしょう。

採種 日本では熟期に梅雨入りすることが多く、そうなると、採種がうまくいきません。その場合は、雨除けをする必要があるでしょう。

レタスは自家受粉しますが、非常にまれながら自然交雑も起こります。2種類の品種をとなり合わせに栽培した場合、1〜6％の割合で交雑します。同時に花をつけている異なる品種の間に、2〜3mの距離または丈の高い作物があれば、交雑率は確実にゼロになります。とう立ちの早い株からは、採種しないようにしましょう。ふつう食用にできるようになってから、種子が成熟するまで2ヵ月かかります。花茎は高くなるので支柱が必要でしょう。黄色い花が咲きます。種子は脱粒しやすいので、しだいに成熟が進み、3分の2の花がアザミのように白くふわふ

わした綿毛に変化したときを目安に刈り、大きな紙のシートに置いて乾燥させます。

雨期には、雨の合間に種子を収穫しなければならないでしょう。その場合、早めに株をまるごと抜きとり、逆さにつるしておくとよいようです。太い茎が必要な栄養を供給し続けてくれるので、種子が成熟するのです。

しっかり結球した株から採種するには、垂直に半分に切り込みを入れるか、葉をむくか、あるいは割って花茎を露出させます。そうしないと、とうは結球した内側で丸く縮まってうまくとう立ちしません。

完全に乾燥させたあと、手のひらでもみ続けると、何千という小さなサヤがポンとはじけます。かたまりのうちの3分の1はもみ殻と白い「羽毛」です。これらが混ざったものを大きなボウルに入れて揺すります。軽いものが上になりますので手で選り分けるか、吹き飛ばすかします。細かい目のふるいにかけると、ある程度きれいな種子が得られます。種子は平たく長い楕円形で、先はとがっています。色は黒、茶色または白色です。優良な株からは6万粒の種子がとれます。

保存 最良の条件（乾燥した冷暗所）で貯蔵した場合、レタスの種子は5年もちます。条件がよくなければ、特に熱帯地方などでは、たった2年のうちに50％が、3年たつと90％までが発芽できなくなります。1グラムあたり約1000粒。

利用 ミックスレタスサラダは、食べる直前によく水気を切った葉をちぎってヴィネグレットソースで和えると、美味しくできあがります。

南フランス地方のサラダには、混植しておいた数種類のレタス、ルッコラ、ソレル、フェンネル、パセリ、チコリ、エンダイブなどの間引きをあしらったものがあります。

セルロースの含有量が高いので、オリーブ油をかけたレタスは慢性の便秘症に効きます。またラクツカリウムという成分は神経をリラックスさせ、催眠作用もあるようです。

品種と系統 先に四つの分類をあげましたが、色は緑、濃緑、えんじ色、葉は広いものや細く切れ込みのあるもの、縮れたものなど、歯触りもさまざまです。

オーストラリアのレタスを紹介しましょう。

1. クリスプヘッド型球レタス（キャベツレタス）は、「レークス」の系統です。グレートレークス（いろいろな環境に馴化能力が高い）、ペンレークス（球が大きく半結球）、インペリアル種およびアイスバーグ種（この原種は葉が赤みを帯びています）があります。葉球（結球した球）は硬く、中心の葉脈が粗く、葉がパリパリしています。葉の先端が内側に巻き重なる、球形または扁平球形のレタスです。暑い気候でも、とう立ちは遅いほうです。

独特の風味をもつウエブズワンダフルはとても大きく、とう立ちが遅いものです。これらはイギリスを起源とする夏に育つ品種です。
2. バターヘッド型球レタスは、クリスプヘッド型よりも小さく、葉が柔らかく、葉の先端の重なりがゆるいものです。テニスボールおよびトムサムもバターヘッドの系統です。内側の葉は白から黄金色で、温暖な気候に適する小さなモクセイソウも仲間です。メイキングは種子が白く、黄緑色の葉の先が赤いものです。ほかに、マッチレスやオールイヤーラウンドといった品種があります。

オールイヤーラウンドの葉は縁の縮れがなくて丸く、セロリのような歯ごたえのある幅の広い葉脈があり、水気が多くて甘いものです。この時期の内側の葉は白くはなく、魅力的な黄色をしています。
3. ロメインレタス、コスレタス（立ちレタス）は、直立して生長し、やや硬い「耳の形」の葉をつけます（ラビッツイヤー、ディアイヤー、ピッグイヤー）。結球するものと結球しないものがあります。先端が茶色いロメインレタスはこの赤い色素が太陽の光を多少反射することから、熱に対して強いという性質をもっています。
4. ルーズリーフレタス（葉レタス）は、パーペチュアルやコンティニュアスともよばれ、オークリーフ系統のように柏の木の葉のような葉や、縮れた葉をもっています。一般に結球せず、ドーム形に大きく広がる習性があります。レタスは人気があって広く分布しているので、多くの文化とともに、オーストラリアに入ってきました。

日本では、昭和初期までは、掻きレタスが全国各地で栽培されていました。戦後になってサラダの普及とともに最も一般化した球レタスがクリスプヘッド型のグレートレークス366でした。この品種は、気温に対する適応性が広く、現在でも主要品種のひとつですが、夏どりの場合、とう立ちのおそれがあるため、マックタイプかカルマータイプが普及しています。バターヘッド型のサラダ菜の主要品種としてワヤーヘッドから江戸川黒種などの品種がつくられました。

結球しないレタスとして、葉の縮れて軟らかく歯切れのよいリーフレタス（縮緬レタス）は結球性のレタスよりも栽培がやさしく、耐暑、耐寒性があります。葉レタスには緑色とえんじ色があり、レッドファイアなどが用いられ、サニーレタスの名で販売されています。最近では焼肉の一般化で、チマサンチェなど掻きレタスに人気がでてきました。

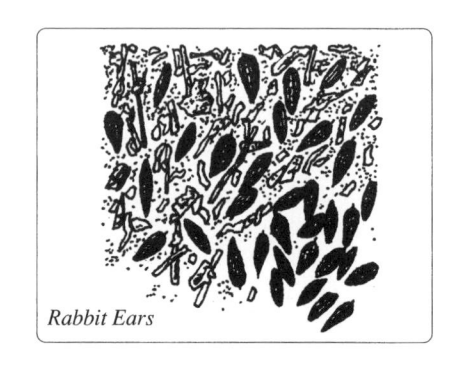

Rabbit Ears

シュンギク

キク科

Chrysanthemum coronarium —— ギリシャ語で「金」を表すchrysos、「花」を表すanthos、そしてラテン語で「花輪」を表すcoronariumからきています。

起源　西アジアから地中海沿岸にかけての地域です。

解説　シュンギクは観賞用のキクよりも小さな葉と花をもっています。もともとこじんまりした株ですが、定期的に摘めばそう大きくなるものではありません。それでも、盛花のときには60cmにまで生長します。中国名はトンホーです。

栽培　春、寒いうち、そして秋、あまり寒くならないうちに種子をまきます。柔らかい茎葉をたくさんとるには十分に水を与えて早く育てて、それらを摘みとり、とうが立たないようにします。数ヵ月たつと維持できなくなり、1週間もすると株はいっせいに開花へ向かいます。デイジーに似たかわいらしい花をたくさんつけ、この花も食べることができます。

採種　シュンギクは、昆虫がさかんに活動すると、ことにたくさんの種子をつけます。花から黄色い花弁が落ち、中心部が茶色になって乾燥したら摘みとってよいでしょう。乾燥した花を少し砕いてやると、頭花から種子がはずれます。

茶色く乾燥した花弁、花梗、苞などはみんな同じような大きさなので、種子を選別するのは困難です。苞が多少残って種子とともに保存しても問題はありません。

保存　種子は3年間もちます。1グラムあたり300粒。

利用　英語での別名のひとつ「チョップ・スエイ・グリーン」というのは、炒めものに入れるのによい青ものという意味があります。

シュンギクはビートの葉、エンサイなどのほかの鉢植えハーブと混ぜても使われます。

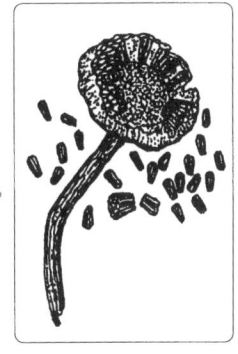

黄色い花は生でも食べられますので、サラダやスープや炒めもののよい彩りになります。

花を乾燥させて保存するには、塩を加えて沸騰させた湯の中に10分間浸し、大きめの包み紙の上に広げ、天日で乾燥させます。スープやてんぷらにも利用します。

日本では鍋ものの仕上げにさっと煮て香りを楽しみます。また湯がいて浸しものとして食べることが一般的です。

品種と系統　アジア系の店では、さまざまなシュンギクの種子の小袋が出回っているのを見かけます。葉の丸い種類など、葉や株のさまざまな大きさのもの、さまざまな花の色・形のものを探してみてください。そして買い求め、次の年からは外国から買わなくてもいいように、栽培して種子をとりましょう。

日本では大葉種と中葉種とその中間の中大葉種が栽培されます。大葉種は香りが少なくて西日本で栽培されます。中葉種は株立ちタイプと株張りタイプに分けられ、関東は株立ちタイプ、関西は株張

りタイプが中心です。小葉種は暑さに強いのですが、現在ではほとんど見られなくなりました。

ゴボウ　　　　　　　　　　　　　　　　キク科

Arctium lappa —— ゴボウ属の植物は、ヨーロッパからアジアにかけて6種が認められています。葉柄や根部を食用にするのは、*Arctium lappa*の1種類です。キタキス、ウマフブキ、アクジツ、ソネン、ギウサイなど別名が多数あります。

起源　地中海沿岸から西アジア。野生種がヨーロッパ、シベリア、中国東北部に分布しています。中国で薬草として栽培されていたものが日本に伝わり野菜として普及したものと考えられています。日本以外ではあまり一般になじみのない野菜で、日本で分化して土着の品種が多数生まれています。関東を中心に栽培や品種、作型などが発達し、調理法も工夫されたもので、わが国はゴボウの二次的な多様性の中心とされています。

解説　キク科の根菜類です。春まきは一般に二年生ですが、ごくまれに多年生のものがあります。秋まきは一般に多年生ですが、種まきの時期が早いか、またはとう立ちしやすい株は二年生になります。

栽培　ゴボウの種子は、好光性種子です。水選後に種まきをし、覆土は浅めにしましょう。種まきのあと、軽く踏んで、わら灰をかける方もいます。発芽適温は20～25℃です。発芽が揃うのは種まきから8日ごろ。休眠する性質があって、2年またはそれ以上たたないと発芽しないものもあります。雨や灌水によって休眠から覚ますが、発芽揃いの必要な場合や8月に収穫した新種子を秋まきに使用したい場合は、あらかじめ水に浸すか、果皮の一部を剝ぐのが効果的なようです。ただし、長く水に浸しすぎると、発芽後の生育が悪くなることがあります。葉柄用種は、葉柄を軟らかくするため、日陰地がよいようです。比較的耐寒性、耐暑性があります。春から秋にまいたものの地上部は冬の寒さで枯死しますが、直根は耐寒性が強いので、春に芽を出します。

採種　開花期は、一般の品種は種子まきの時期に関係なく、翌年の7月ごろで、このころには背丈2mほどにも生長し、茎はしっかり直立、アザミに似た花をつけます。花は赤紫か白です。開花後30日ほどで種子は充実します。8月中旬～下旬に、しっかり乾燥させてから、採種します。

主に自家受粉ですが、風や虫による他家受粉もおこなわれ、自然交雑率は3％ぐらいのようです。

母本採種をする場合、ふつうは春まきで、初冬に母本を選抜して植えつけ、翌年とう立ちしたものから採種します。品種の遺伝特性を守ることや自分の好む形質を選ぶために、種子用の株を選び、収穫せずに残します。場所の制限がある場合は、翌年の夏までゴボウをとう立ちさせて残しておく場所を決め、一度畑から抜きとり、植え替えます。この場合とう立ちしない株があれば、これはさらに一冬越してとう立ちするので、この株か

ら採種すればとう立ちしにくい系統を選抜できます。ただし、十分な太さがないためにとうが立たないものもあるため、太くて、とう立ちしないものを選ぶ必要があります。斜め植えでは風で倒れやすいため、直立植えにします。

保存 種子は黒褐色。貯蔵のよいものは5年もちますが、新しい種子が発芽の勢い、生育ともに優れています。1グラムあたり70～100粒。

利用 栄養的な特長は繊維質を3.6％も含んでいて、腸の動きを促し、便秘を防ぎ、不要なコレステロールを排泄する働きがあることです。根は煮もの、和えもの、キンピラ、揚げもの、サラダなど幅広く活用されています。アミノ酸などの旨味は外皮に含まれていますので、皮を剥いてしまわないで、軽くタワシなどでこすって洗っただけでよいのです。また酸化して変色しやすいので、切ったらすぐに水か酢水に漬けてください。

葉ゴボウは3～4月に出回り、根、葉、葉柄を利用します。炒め煮、煮もの、ゴマ和えなど。大浦など短根種のものは中の空洞に鶏肉のそぼろや魚のすり身など詰めものをして調理されています。薬効として、便秘、利尿、解毒、発汗、むくみとり、貧血防止、強壮、強精など。しぼり汁（皮ごと）が腹痛、盲腸に、また風邪の妙薬としても効果を発揮するそうです。根を食用にするものも、若いときは葉柄も食べられます。

種子には脂肪油が25～30％含まれ、その中にパルミチン、ステアリン、オレインを含んでいます。このほかにグリコシドなどを含有し、緩下剤および利尿、化膿を散らす効力があるといわれています。

品種と系統 ゴボウは日本での歴史が古く、品種分化の過程は複雑です。918年の『本草和名』にその名がみられ、現在、栽培されている品種も1700年ごろに系統分化していたと考えられています。主な品種群として滝野川群と大浦群などがあり、主に関東で育成されてきたものです。滝野川群は現在栽培されているゴボウの原型で、滝野川を中心に作型分化が進んで、渡辺早生系、中の宮系、砂川系など土着の品種が生まれています。滝野川群には白茎系と赤茎系があり、1821年に白茎系品種がフォン・シーボルトによってオランダに伝えられています。

関東以外では山口県の萩市に大浦群の原種とみられる萩ゴボウがあります。これは、山形県の最上川沿いで栽培されていた短根、胴太の百日尺と同一といわれています。福井から京都にかけては越前白茎という品種群が成立していました。また、明治時代までは、147年前ロシアから導入されたオロシャゴボウという品種が栽培されていました。これは1948年に長野県での栽培が確認されています。

フキ　　　　　　　　　　　　　キク科

Petasites japonicus —— petasitesはラテン語で「日除け帽子」の意味があります。日本の特産で、japonicusとつけられています。

起源 朝鮮半島、中国、日本。

解説 日本では北海道から沖縄まで野

原や山林に広く自生していて、日本の料理には欠かせない素材となっています。キク科に属する多年生の草本で、地下茎の先端にフキのとうができます。雌雄異株の野菜で、野生種では雌雄の比が1：1ですが、栽培種は雌株の率が高いのがふつうです。葉も食べられますが、葉柄を食用にするのが一般的です。

栽培　耐寒性があり、2～3月にとうが出ます。若いフキのとうは食用に収穫します。耐暑性もありますが、日陰で保水力のよいところによく育ちます。冬には寒さで地上部は枯れてしまいます。

繁殖　一般的には、根茎で繁殖させます。冬に根茎を掘り上げ、地面に伏せると、芽が出てきます。春先に根茎、葉柄ごと掘り、植えてもよいでしょう。夏に植えてもよいのですが、毎日のように水をかけないと活着しづらいものです。

利用　フキは栄養価はあまりありませんが、そのほろ苦い風味と風情が春野菜として人気があります。日本の春野菜は香りから始まるといってもよいでしょう。

フキはアクがあるため、それを抜いてから調理します。塩を振ってまな板の上でころがし、たっぷりの熱湯でゆで、冷水にとり、それから皮をむきます。鯛の子との煮付け、白あえ、フキ飯などに調理します。しらす干しなどと炒めてゴマをふってもよい一品です。

春一番のフキのとうは、鮮烈な香りが春を知らせてくれます。出会いものの貝類との酢味噌和えはこたえられない一品ですし、吸いものにも申し分ありません。

また茎の細い山フキの佃煮は保存も効き、ご飯との相性もよいものです。

品種と系統　フキは野生種の中から葉柄の長いもの、萌芽の早いものが選抜されてきました。栽培化された系統が三倍体で雌雄異株であったため種子ができず、よい形質を残すためには株分けに頼っていました。現在栽培されている品種も古くから維持増殖されてきた系統です。

古い記録によると八ツ頭、赤フキ、秋田赤フキ、秋田白フキ、大阪早生フキなどの名がみられます。現在では、愛知県の知多郡須賀町で発見され、尾張早生ともよばれている品種、愛知早生が有名です。肉質はやや硬く、苦みもやや強い品種です。

水フキは愛知早生より約1ヵ月ほど萌芽が早く、草丈も低い品種です。肉質は良好で、苦みも少ない品種です。

秋田フキは大型の品種で、秋田市の仁井田地区の屋敷畑で周囲をこも囲いして栽培されます。野生のものと栽培されているものがあり、野生種は二倍体です。栽培種には秋田大フキ（二倍体）、秋田青フキ（三倍体）があります。

シソ

シソ科

Perilla frutescens var. crispa

起源　ヒマラヤからビルマ・中国。

解説　シソは縄文時代から利用されていた古い野菜で、山野に自生していたものを採取していたと思われます。栽培がはじまったのは奈良時代以降で、もともとは薬用だったようですが、室町時代には食用となっています。利用する部分は

葉、花穂、束穂、実、子葉（芽ばえ）などさまざまで、日本料理の香りや色彩に欠かせない食材となっています。

栽培 極めて生命力の強い野菜です。種子は、遅霜の心配がない4月末にまけばよいでしょう。赤ジソにせよ青ジソにせよ、10cmくらいに伸びたら30cm間隔に間引くとよいのです。大きく育ちますから。

生命力の強い野菜ですが、やせた土地では葉が硬くなり、食味もよくありません。やはり柔らかくて大きな葉が茂るほうが、香りも味もよいのです。ですから堆肥たっぷりで育てましょう。そうすれば、摘んでも摘んでも新しい芽が伸びてきます。また、種子をまかなくても、こぼれ種からでも十分に栽培が可能です。

採種 夏の終わりになれば、穂を出し始めます。畑で穂の3分の2が熟せば、刈りとり、箕かシートの上で干します。順次、種子は脱粒していきます。1株でも、十分すぎるほどの採種ができます。

近ごろ健康食品として話題となったエゴマ（ジュウネン）は、同じシソ科の植物で、シソと交雑する可能性があります。エゴマ栽培は、なくなりつつあったのですが、ここ数年エゴマの普及をめざして福島の村上さんが奮闘されています。栽培、利用については、参考図書をご覧ください。

保存 生命力の強い種子なので、少々のことでは発芽能力は低下しません。密閉容器に入れておけば、常温でも数年はまったく問題ないといえます。毎年採種する必要はなく、数年に1回の採種で十分です。

利用 この名の由来は食あたりなどで倒れたときもこの紫の草で蘇るからだといわれています。東南アジアでは夏の腐敗による食あたりは、昔悩みのたねだったということから、そのくらい防腐作用があるシソは貴重品だったのです。青シソにもその防腐作用があって、夏の刺身や生ものに添えられているのは、単に飾りものではなく、ちゃんと防腐の働きがあるからです。パセリ、ナンテン、サンショウなどみんなそうです。

シソの塩漬けは、収穫したシソの葉をよく洗い、30枚くらいずつ重ねて葉柄を糸でしばり、5％の塩水に一昼夜つけておくと、アクがぬけます。その葉を再びよく洗って、底の平らな容器に入れ、葉の重さの20％の塩をまぶして重しを乗せ、漬け液が上がるようにして貯蔵します。特有の香りは、ほかの漬けものに少し入れても風味がよくなります。

赤ジソをよく洗って2、3回塩もみにして、すり鉢などですりつぶして液をしぼりだし、梅酢を入れてさらにもむと真っ赤な色になります。これを入れることによって梅干しやショウガがきれいに色づけされ、さらに保存性を高めます。

赤ジソのジュースをつくっておくと便利です。300グラムの赤ジソの葉を1リットルの熱湯に入れ、青く変色すると引き上げて、酢1カップ、砂糖500グラムを入れて15分ほど弱火で煮てでき上がりです。2～3倍にうすめて飲みます。

品種と系統 利用方法がさまざまであるため、多くの品種系統に分化しています。大きくは赤ジソと青ジソに分けられます。最も需要が多いのは梅干しなどに利用される赤ジソで、葉が厚く歩留まりのよい大葉赤ジソ、赤チリメンが代表品

種です。

穂ジソでは花芽分化の難易が重要です。赤花種と白花種があり、この中にも開花期のちがう系統が選抜されています。

葉シソ（オオバ）では、青ジソ、青チリメンが主流で、これらの自然交雑種の自家採種系統として青大葉ジソが育成さ れています。

芽ジソにはムラメ（アカメ）とアオメがあり、それぞれ赤ジソ、青ジソが使われます。ムラメには赤チリメンやウラアカ（青チリメンとエゴマとの自然交雑種）、アオメには青チリメンも用いられます。

ネギ　　　　　　　　　　　　　　ユリ科

Allium fistulosum —— alliumはラテン語の「ニンニク」にあたり、fistulosumは「茎が空洞になっている」ことを意味します。

【起源】　中央アジア。

【解説】　ユリ科に属する野菜で、日本の食生活に欠かせないものです。古くから多くの文献にその名がみられ、栽培法の研究も中国の影響を受けつつ発達しました。ヨーロッパやアメリカでは脇役的な野菜で、1953年にドデンスが図示したのが最初の記録ではないかといわれています。アメリカへは19世紀になってから初めて紹介されており、一般野菜としては用いられない不思議な存在です。日本でも関東と関西では一本ネギと葉ネギという利用形態の異なる独自の発達がみられる地域性の強い野菜です。

【栽培】　ここでは、冬場に収穫する太ネギについて述べます。3月下旬から4月上旬に苗床に種子をまきます。育苗畑に移植し、指太に太った苗を8月に、畑に定植します。株もとに日光が当たると肥大が著しいので、浅植えにします。そして、秋に土寄せをして、軟白部分も多くできるようにします。11月後半から、3月初めまで収穫できます。

【採種】　太くて立派なものを選抜して、となりの異品種のネギと交雑しないよう、300m以上離れた畑へ、冬の間に移しておきます。冬越しして春先にとう立ち、開花、そして6月初旬に穂が熟します。茎が褐色に変化し、サヤが開き、中から黒い種子が顔を出し始めます。

振ると簡単に種子がはじけ出るようになります。ネギぼうずごと切りとり、ゴザなどに広げて乾燥させます。熟期がそろわない場合、種子がこぼれてしまわないように、順次採取しましょう。

少量なら通気性のある紙袋などに入れ、風通しのよい日陰でつるして干すこともできます。

完全に乾いたら、ネギぼうずをゆすったり、もんだりして脱粒します。種子、サヤ、細かいカスがとれます。ふるいにかけたり、風選をしたり、またはふっと息をふきかけ、最終的に種子だけをとり出します。

【保存】　ネギの種子は、高温多湿に極めて弱く、約1年しかもちません。翌年まで保存をする場合は、冷蔵庫などで貯蔵するとよいでしょう。

【利用】　「田舎者の関東人は白根まで食う、ケチな関西人は葉っぱまで食う」な

どといわれ、愛知県を境にして軟白した茎を食べる東日本と青い葉ネギを食べる西日本との食文化のちがいがありましたが、最近はそんなに明確でもなくなっているようです。

栄養的には陽光を受ける葉ネギのほうがカルシウム、カロチン、ビタミンCなどすべて優れていて、糖質だけは根深ネギのほうがわずかに多くなっています。

ネギは年中、日本人の食生活から切り離すことはできません。特に冬場の鍋料理にはたいてい使われています。すき焼き、ちり鍋、すき鍋、そのほか各地方の独特な鍋料理にもその地独特のネギが使われています。太い白ネギは焼き鳥やネギマ、てんぷらなどによく合い、細い刻みネギはうどん、そうめん、そばなどの薬味として必需品です。また、お好み焼きのネギ焼きにも最近はよく使われています。料理の脇役としては一級品です。

香辛野菜として活躍するネギには広範な薬効があります。胃腸、冷え、のどの痛みなどにも効果があります。細かく刻んだネギに味噌と熱湯を加えるネギ味噌は発汗を促し、風邪にききます。

品種と系統 中国で品種分化し、そのまま日本に伝来してきました。このため、中国の南部で発達した品種群は西日本で、北部で発達した寒さに強い品種群は主に東日本で広がりました。

東日本では主に東北地方を中心とした加賀群の系統と、関東を中心とした千住群の系統が発達しました。加賀群は一本ネギの系統で、下仁田、加賀、岩槻、坊主不知などの品種群に分かれます。下仁田系は白根の部分が太く短いどっしり型で、柔らかく、甘味があり、鍋ものや煮ものに最適です。加賀系は耐寒性があり、白根部分が中程度で太い。岩槻系は白根の部分が短く、葉はやや細く、全体に柔らかい。坊主不知はねぎぼうずのあまりつかない、とう立ちしないネギです。そのため、株分けで繁殖させます。関東地方の代表的な根深ネギである千住群はもともと分けつ性であったものが、明治以降一本ネギとして改良を加えられたものです。関東地方はもともと火山灰土地帯であり、耕土が深く根深ネギの栽培には適していました。多様な形態をもつ千住系も分けつの多いものは赤柄、分けつしないものは黒柄という名でよばれるようになりました。この中間的性質の系統を合柄とよんでいます。千住ネギは白根が長く柔らかい。根深ネギの多くがこの群に属しています。根深ネギには白根の部分が赤い赤ネギがあります。赤い薄皮をむくと中は白く、食べ方は一般の根深ネギと同じように利用され、柔らかくて味もよいものです。一本ネギの系統は休眠が深く、寒さに強く、冬には葉は枯れますが、根は地下部で残ります。

一方、関西地域は耕土が浅く、根深ネギの栽培には適していません。このため、葉ネギが中心となり、寒さには弱いですが、休眠が浅く、冬でも葉が生長する葉ネギの品種が発達しました。その典型が九条ネギで、栽培の歴史は千年を超えると考えられます。もともとの発祥は現在の京都府下京区で、いろいろな系統があったと推察されています。九条ネギは青葉が甘く、柔らかく育ち、白根もともに食べられます。大阪府の堺では明治末期に葉が細長く、暑さに強い夏ネギ系統の奴（俗に堺やっこ）が系統分離されてい

ます。九条ネギは昭和以降、分けつ性の強い系統を九条細（浅黄系九条）、分けつしにくい系統を九条太として育成されています。関東地方にも空輸され、万能ネギとして人気のある博多ネギは九条系のネギを若いうちに収穫したものです。その他、九条系では三州や、千住系との交雑種として愛知県の越津が有名です。

ネギは各地で独自の系統があり、兵庫県には幕府直轄の生野銀山労働者のために生産された九条系の根深の岩津ネギがあり、現在も自家採種の系統が維持されています。岩津ネギは根深ネギのよいところと葉ネギのよいところを備え、葉、白根ともに食べられます。

タマネギ　　　　　　　　　　　　　ユリ科

Allium cepa —— allium は「ニンニク」、cepa はラテン語で「タマネギ」という意味です。

起源　タマネギはロシアの南部とイランが原産の、耐寒性の二年生植物です。インド・ヨーロッパ語族の遊牧民により、たび重なる移住生活の中で、その種子が広められていきました。

中近東の市場では、今でもかなり古来からのままのタマネギが売られています。エジプト人はタマネギを神聖な食物と考え、かなりの量を食べていました。いくつかの遺跡にもタマネギが登場しています。

近年では国連がイラン産の古い品種にスリップス耐性があることを報告し、これが育種に多大な功績をもたらしました。スリップスは、細長い虫で、丈夫な円錐形の口でタマネギの茎をえぐり、液汁を吸い、葉を黄変させてしまいます。

日本に本格的に導入されたのは明治時代です。

解説　タマネギには、多くの品種・近縁種があります。

次の二つは、分球するタマネギの品種です。

・*A. cepa* var. *aggregatum*（フレンチエシャロット、ポテトオニオン、分球オニオンともよばれています）

球は数個に分かれ、球の大きさはやや小さめ、分球するふつうのタマネギと同じように利用します。ロシアなどで栽培されています。

・*A. fistulosum*（バンチング、ウェルシュオニオン、スカリオン、シャロット、多年生オニオンともよばれています）

球がラッキョウほどの大きさで、ニンニクのように香辛料としてフランス料理に用いられます。またピクルスやつけ合わせとしても利用されます。

・*A. cepa* var. *proliferum*（トップセット、エジプシャン、ウォーキングオニオンともよばれています）

日本ではほとんど栽培されていません。これは花茎上に小さな球がつき、これを植えて繁殖できます。小球をピクルスなどに利用します（200ページのツリーオニオン参照）。

栽培　日本では北海道の春まきタマネギと一般地域の秋まきタマネギがあります。タマネギの球の肥大は長日条件で起こるため、春まきでは14～14.5時間の日

長反応をもつ晩生種が適しています。

　秋まきは5〜6月ごろ収穫期となります。天気のよい日に掘り上げ、2〜3日干してから風通しのよいところにつるして貯蔵します。

　葉を生長期後半に折り曲げてやると、球が小さいうちのとう立ちを防ぎ、球が大きくなります。タマネギは気候の合わないところで栽培すると、球も大きくならず、種子もまったく結ばないことがあります。

採種　いくつかの品種を同じ畑で栽培してもかまいませんが、交雑を避けるため、春には植え替えたり、ほかの品種を収穫したりして、半径400m以内で1品種だけに花を咲かせます。

　長い目でみれば、多様性を守るため、最低1種につき20株は残さなければなりません。しかしこれは理想的な数であり、少ししか栽培をしていない人は、それなりに採種すればいいのです。

　タマネギは、昆虫の働きで受粉します。研究者や収集家などは、タマネギの花頭（ネギぼうず）に袋をかけることもあります。この場合、人工交配のために手作業で1品種につき最低20個の花の花粉を毎朝約1ヵ月、ラクダの毛などのブラシで、花から花へつけてまわらなければいけません。もっと簡単な方法として、タマネギの採種家は、網のかごで覆って隔離した中に、受粉用の昆虫を入れるという方法をとります（第Ⅱ部第2章参照）。

　採種用には、形のよく、硬いタマネギを選ぶことです。大きいものほど、種子は多くとれますが、収穫時に最大の球を選ぶよりは、その生長過程で全体の姿を観察して選び、印をつけておくほうがよいでしょう。春になって花をつけた茎は、葉はなく、硬く、中空で、2m近くまで伸びます。タマネギはあっという間に種ができ始めるので、花をつけ始めたころに支柱をしたほうがよいかもしれません。

　種子の収穫についてはネギに準じます。

保存　種子は1、2年しかもちません。完全に乾燥させたあと、乾燥した冷えた場所に貯蔵するのがいちばんよいでしょう。タマネギの種子は、温かく湿気の多いところでは、すぐにその活力を失ってしまいます。1グラムあたり250粒。

利用　タマネギは、暖かい気候で育てたほうが甘くなります。だから、スペインやイタリアの人は、タマネギを生でかじるのです。

　タマネギは、神経質な人や皮膚病の傾向がある人には、好ましくないといわれています。一方で、タマネギにはタンを静め、鼻づまりを治し、殺菌する作用があるといわれます。また、血圧や血糖値を下げるのに役立ちます。生のタマネギを、あかぎれなどでひび割れた足の裏に

当ててこすると、応急処置になります。

　タマネギは中華から洋食まで世界の各地で利用され、貯蔵性にも優れているので、とても重宝な野菜です。

　新タマネギをさっと炒めて卵でとじただけで、そのときしか味わえない甘さがあります。

　貯蔵中に芽を出したタマネギは、そのまま土に埋めてやると、球の部分は分けつしても、そのままタマネギとして食べられます。芽の部分はどんどん生長し、春には肉厚のとても美味しい葉ネギになります。

品種と系統　古代のギリシャ人たちは、エーゲ海のさまざまな諸島の名にちなんだ品種をもっていました。

　八百屋で特によいタマネギを見つけたら、その球を、2、3ヵ月間育てて採種することも可能です。

　「シードセイバーズ」のあるメンバーによると、「約20年前、この島で地元の人々に『ノーフォーク島タマネギ』とよばれたタマネギがありました。当地では絶滅したようです。小〜中くらいの大きさの底が平たい特色のある球で、濃い茶系の外皮があり、むくと中身は紫色です。茎は紫で、葉に近づくとふつうの緑色に変わります。毎年自家採種した種子から栽培されていました。見た目はインドネシア産のものと似ていましたが、分球して株をつくっていくタイプではありませんでした。このタマネギは、ふつうのタマネギより風味が強く、3〜4倍長い期間保存がきき、ピクルスをつくるにも最適でした。もともと1850年から1900年にかけてアメリカの捕鯨船が訪れたときに種子を置いていったようです。イエーツ社が『ロード・ホウ島タマネギ』と名前をつけていたものは、ノーフォーク島タマネギとは似ても似つかぬものです」。いつの日か、この品種が、再発見されてほしいものです。

　西オーストラリア州のメンバーから、30年間とり続けてきたタマネギの種子が送られてきました。ホテルの庭師から種子をもらい、育てて自家採種したものだとのことです。それは、熱帯でもよく育ち、保存がきく白タマネギの種子でした。

　通常、バーレッタ、ハンターリバー、アーリーフラットホワイト、ホワイトパールなどの白タマネギ品種は、収穫後早いうちに使わなければなりません。これらは、長持ちしません。

　プケコへロングキーパーは、今でもニュージーランドで最も人気のある品種で、風通しのよい倉庫だと9ヵ月はもちます。アリサクレッグは大きく、わらのような黄色のタマネギで、1キロ近くになりますが、プケコへほど長期の保存はききません。

　タマネギはふつう、日中の長さに球の育ち具合が反応するため、地元品種が最もよいのです。近くの農家や家庭菜園のベテランの方にきいてみるとよいでしょう。

　タマネギは辛タマネギと甘タマネギに大きく分類されます。日本ではほとんどが辛タマネギです。一般に辛タマネギのほうは貯蔵性があります。生食用として用いられる赤タマネギは辛味が少なく、色もきれいですが、辛タマネギほどもちません。

　早生種はふつう扁平で、晩生種は球形です。球形のほうが扁平形のものよりも

貯蔵性があるといわれています。現在は球形で早生のF1品種が多く出回っています。日本では主として明治以降に導入されたイエローダンバース系の泉州黄、ブランアチーフドパリから選抜された愛知白、イエローグローブダンバース系の札幌黄、スウィートスパニッシュイエロー系の奥州などが基幹品種です。

ラッキョウ　　　　　　　　　　ユリ科

Allium chinense

起源　おそらく中国東北部が原産。

解説　ネギ属の多年生草本で、葉は盛んに分けつし、初夏に葉鞘の基部が肥大し、休眠に入ります。この小鱗茎を収穫して食用とします。中国で広く栽培され、品種が分化しました。

栽培　土質は選ばず、どんなところでもつくれます。日陰でもよいでしょう。9月ごろ分球したものを植えます。冬の間、寒さには割合強く、枯れることはありませんが、肥大はしません。春、暖かくなってから急に生長します。暑さには弱いため、6月ごろになると、葉がしおれて、収穫期を迎えます。1球が7、8球になります。日本では、ラッキョウの未熟なものをエシャロットとして売っています。

繁殖　葉がしおれたら、掘り上げます。小さいものは種球にはしません。葉をつけたままにしておくと、葉の水分で球が腐るので、はさみや包丁で切り落として網袋に入れて、軒下の風通しのよいところにつるしておきます。球を1ずつ分けて植えます。

利用　保存食品として利用されます。

ラッキョウは収穫すると洗って土を落とし、上下を切り落とします。そして10％の塩水をひたひたに注いで、ふたをして2週間ほど塩漬けしてから本漬けにします。ざるにあげて水を切り、日陰なら半日くらい干してから甘酢に漬け込みます。甘酢は酢1カップ半と砂糖100グラムを火にかけて溶かし、冷ましてから赤唐辛子の輪切りを2、3本分加えます。びんなどにラッキョウがかぶるほどの甘酢を入れてふたをして保存すると、1ヵ月くらいから食べられます。塩漬けのまま少し塩を抜いて食べてもよいし、しょう油漬けする人もあります。食卓に置いているといつのまにかなくなっているものです。

ラッキョウは疲労回復に効果があるといわれます。硫化アリル特有の臭いが胃液の分泌を促進し、消化を助け、さらにビタミンB1の吸収を高めるからです。

品種と系統　日本では用途の大部分が酢漬けに限られるため、品種の分化は進んでいないようです。全国各地に在来種がありますが、おおむね大球種です。らくだという名が一般的ですが、福井県、鳥取県、新潟県、福島県などに在来種が存在します。分球が少なく、長卵形で球が大きいのが特徴です。玉ラッキョウは台湾から導入した系統で、分球が多く、首がよく締まり、球の色も白いので花ラッキョウに適します。八つ房はらくだよりも分球が優れ、首も締まっています。加工時の歩留まりはよいのですが、収量が低いのが欠点です。

ワケギ

ユリ科

Allium fistulosum ── alliumはラテン語の「ニンニク」にあたり、fistulosumは「茎が空洞になっている」ことを意味します。

起源 ギリシャ、シベリア、エチオピア、モンゴルの西アルタイ山脈、東南アジアの諸説があります。ヨーロッパにはロシアから、日本へは1500年以上前に中国から伝来したようで、古くから利用されてきました。

解説 現在のワケギはネギと分球性のタマネギ（シャロット）の雑種であることが確認されています。

ワケギは多年生です。英語の料理の本などでは、ワケギがいろいろな名前で出ていることでしょう。エシャロット、ウェールズオニオン、スカリオン（特にアメリカで）、そして日本のワケギなどがそれにあたります。エシャロットは、タマネギの一種と考えられるので、名称が混乱しています。

1本の茎が幾年かかけて生長するに従い、もとの姿のような小さい束の株になります。1本のワケギから分けつしてどんどん増えます。

ワケギは、未熟なうちに白い球根ごと収穫して食べることもできます。

日本のワケギは、ネギの代用品として栽培されていたものと思われますが、独特の芳香が好まれ、用途が拡大されました。関東には東京ワケギと称する分けつ性のネギがありますが、これはワケネギで、いわゆるワケギとは異なる種類です。

栽培 30cmほどに生長したものを株ごと引き抜き収穫します。または株もとを5～6cmほど残して切り取ると、再び葉が伸びてきます。必要なときに欲しい分だけ収穫できるため、無駄なく、便利です。

繁殖 初夏に葉が黄色くなり始めたら、球根を掘り上げます。そして、9月下旬に2～3株ずつ植えつけます。発芽時に分球し、増えます。次の年の初夏には、1株で数十の球根がとれます。

採種 花器が不完全で種子をつけにくいため、採種ではなく、株分けをおすすめします。このほうが交雑もなく、合理的です。

保存 初夏に掘り上げた球根は、涼しく、風通しのよい場所で秋まで保存してください。休眠期間も数ヵ月で、すぐ発芽を始めます。秋には必ず植えつけてください。

利用 丸のままでも刻んでも、つけ合わせによいでしょう。

冬に一度枯れていたワケギが蘇り、山菜とともに春の到来を知らせてくれます。さっと湯がいて出会いものの貝類と酢味噌であえた「ぬた」は、日本の味のひとつでもあるでしょう。

品種と系統 オーストラリアのレッドウェールズは寒さに最も強く、フランスではシボレコミューンルージュといわれます。ブリゾンネは紫色の茎で寒冷地に適します。ベルスヴィルバンチングは、

暑さと乾燥に最も耐える種類です。

日本では各地に在来種がありますが、選抜されて早生〜晩生の系統がみられます。木原早生、木原晩生1号、長崎大玉などが有名です。

ニラ　　　　　　　　　　　　　ユリ科

Allium tuberosum ── 文字通りラテン語で「塊茎性のニンニク」です。

起源　東アジアとされ、中国では約3000年前から利用されていたようです。中国から日本へ渡来し、古くから重要な野菜とされてきました。

解説　葉は扁平で、独特の香りがあり、朝鮮料理ではよく用いられます。軟白ものには黄ニラ、とう立ちさせて利用する花ニラなどがあります。

栽培　寒さ、暑さに強く、日本各地で自生していますが、霜にあたると、茎葉を枯らし、休眠に入ります。

ほかの中国野菜と同じように、ニラもとても栽培しやすく、ちょっとした空間でつくることができます。ニラは多年生なので一度植えるだけでよいのですが、2〜3年に一度株分けします。

繁殖　ニラを増やすには根の株分けが早道です。冬の間に掘り上げ、根を刈り、包丁で根茎を分けます。その根茎をそれぞれまた植えます。

採種　ニラはネギ、タマネギとちがい、高温、長日に感応して花を分化します。ネギぼうずはタマネギのものよりも小さく、これが褐変して黒い種子が見え始めたら、切りとっていっしょに紙袋に入れて振ればよいでしょう。数日間、毎日見るようにすれば大部分が採種できます。ニラはチャイブやほかのネギ属（タマネギの仲間）とは交雑しません。

保存　ほかのネギ属と同じように、種子は1年しかもちません。1グラムあたり250粒。

利用　株もとで切って収穫し、何度もそれをくり返すことができますが、出てくる葉の幅が細くなってきたら根頭を株分けして再度植えつけます。栄養価が高く、古くから、スタミナがつき、疲労回復、風邪、痛風の予防などの効果があるとされてきました。

ニラは煮込むと、よい香りが飛んでしまいます。

オーストラリアでは、ニラを鶏の羽といっしょに煮た汁は皮膚炎に効き、新鮮な葉を刻んでホウ砂と混ぜたものを塗ればタムシに効くとされています。

黄ニラというのは、ニラを日光に当てず軟白させたものです。

花ニラはとうの立った花茎とつぼみを食べます。葉ニラより香りが弱く、かすかに甘味があり、歯ざわりがよく、葉ニラ同様に炒めもの、浸しもの、和えものなどに利用されます。

ニラは炒めものに使われますが、レバーとの相性は特によく、レバニラは日本人にもごくふつうに食べられる料理になっています。餃子の具にも定番の食材です。

昔から体を暖め、風邪や下痢止めにはニラ粥、雑炊が食べられてきました。味噌汁の具や和えものも美味しいです。

品種と系統 白い花をつける一般的なニラのほか、青い花をつけ、香りの強い葉をもつものがあります。

葉の幅が大きい大葉ニラは柔らかく良質です。小さくて細葉の小葉ニラは耐暑性が強く、ほとんどが在来種です。花ニラは一年中とうの立つ系統と、とう立ちの時期が限られますが、花茎の大きい系統があります。

ニニンク　　　　　　　　　　　ユリ科

Allium sativum ── alliumはラテン語の「ニンニク」で、sativumはラテン語で「栽培される」という意味です。

起源 ニンニクは中央アジア（カザフスタン、ウズベキスタンおよびトルクメニスタン）の山地に起源をもつとされています。ニンニクの野生種は、シベリアのアルタイ山脈で見つかっているほか、壮大なウラル山脈南部、ボルガ川がカスピ海に注ぐ地方など、ヨーロッパに近い場所でも見つかっています。

ニンニクは漢字一文字「蒜」で表記され、サンと発音しますが、これはおそらく古い時代にモンゴル系の遊牧民族によって中国に持ち込まれたことを示しています。十字軍の初期には、ニンニクがエジプトのピラミッドに描かれていたことから、地中海原産であると考えられました。古代エジプトの権力者は、労働者の力と健康を維持するために、ニンニクを配給食料として与えたのです。

解説 小鱗茎から扁平な葉が出ます。その後、茎が現れて60cmにもなります。花をつける品種とつけない品種があります。いずれも花器が不完全なため、種子をつけたとしても、発芽しませんが、花茎の先にできる珠芽には繁殖力があります。

鱗茎はアリシンを含むため、刺激性が強く、香辛料として用いられます。

長い冬を経て、日長が長くなって初めて球が肥大する冷涼地向きの品種と、低温・日長にあまり左右されない暖地向きの品種があります。

栽培 9月ごろ植えつけたあと、30cmくらいまで葉がのび、冬の寒さでいったん生育が止まりますが、翌春、再び生育を始め、春から鱗茎を形成し、晩夏から初夏に収穫します。食用に保存する場合、暗いところに貯蔵すると早く芽が出るので注意しましょう。

繁殖 地上部が褐色になれば抜きとり、乾燥した天候であれば数日間土の上に放置したあと、風通しのよい日陰で保存します。網袋に入れたり、茎のついたままからげてつるしておきます。カビや腐敗に気をつけましょう。

ニンニクは収穫した小鱗茎または珠芽を種球とし、休眠からあける9月に植え付けます。小鱗茎はかたまりを分けて、大きいものを植えましょう。小鱗茎1キログラムから約250本が得られます。

利用 刻む前に包丁のはらで小鱗茎をたたきつぶすと、香りがよく出、皮も剥がしやすくなります。

ニンニクの芽は鉄鍋で蒸し焼きにしても、ほかの野菜といっしょに炒めても、とてもジューシーです。

一般には心筋の調子を整えるといわれていますが、さまざまな研究でニンニクは血圧を下げ、血栓を防ぎ、コレステロールを溶かすことが確認されています。また動脈硬化症や痔にもよいとされています。防腐性もあります。

私たちの年配の友人は、動脈炎を和らげるため、ウオッカなど強いアルコール半リットルに自家製の紫ニンニクをすりつぶしたもの30グラムを1ヵ月漬け込んでいます。6週間、毎食前にこれを6滴飲むのです。

ロシア人は1960年代の半ばにはインフルエンザの流行を抑えるため、モスクワに500トンのニンニクを送り届けたといいます。

ニンニクは性欲促進剤であるともいわれますが、臭いが相手に嫌がられますので、パセリやショウガを使って臭いを消してください。

ニンニクやトウガラシは米びつに入れておくと防虫効果抜群です。

品種と系統　オーストラリアで栽培される品種のうちメキシコ紫小粒種や多くのアジア系の品種は、温暖な気候に最も適しています。イタリア紫種、カリフォルニア晩生種・早生種、および南オーストラリア白色種は、小球ながら強い香りをもっています。ニュージーランド紫種は、数は少ないものの非常に大きな小鱗茎をつけ、早生で、強い香りがあります。ニンニクの一つに、主茎のまわりの独立した小鱗茎が球形のアーティチョークの鱗片に似ていることから「アーティチョーク」とよばれるものがあります。このような品種は小鱗茎が一度に収穫できるという利点があります。ある亜熱帯の有機農法の畑で、日長時間に関係なく鱗茎を形成する中生系統の早生種グレンラージを栽培しています。

日本では古い渡来作物ですが、医薬用利用にとどまっていたため品種分化は進んでいません。主な品種・系統は、壱岐在来、壱岐早生、佐賀在来などです。

アスパラガス　　　　　ユリ科

Asparagus officinalis var. *altilis* ── ギリシャ語でasparagusは「新芽」、officinalisは「薬屋」という意味です。

起源　アスパラガスは、ヨーロッパや南ロシアの沿岸地域や川の土手に自生していました。それらの野生種は畑に移され、選抜されながら自家採種によってゆっくりと改良をくり返されてきました。種子をとる人々が活躍したわけです。ローマ人やゴール人は薬用植物として栽培していました。現在では多くの荒れ地で野生に戻って、山菜として利用されることもあります。

解説　アスパラガスは多年生で、パーマカルチャーに適した作物です。この植物には雄株と雌株があります（雌雄異株といいます）。雄株の花は黄緑色のベルのような形をしています。それに対して雌株の花は小さく目立ちません。アスパラガスの姿はシダ状で、1.5mにまで生長します。

栽培　土壌を入念に準備することが肝心です。砂をたくさん入れると同時に、肥沃な土づくりが必要です。アスパラ

スはかなり塩害に強い性質があります。オーストラリアの気候では、むしろ少量の塩分を株ごとに30グラム内で与えるのがよいでしょう。雄株は生育期になると、雌株より早い時期に多くの食用芽をつけますが、厚みがあって柔らかな芽がとれるのは雌株です。6～7年で最盛期となり、20年近く収穫ができます。うまく収穫を続けるには、最初からベストの状態をつくり、養分を絶えず与え、冬ごとに深く腐植をかぶせる必要があります。最初の2～3年は収穫をせず、株に力を蓄えましょう。5～6月ごろの芽が柔らかく、美味しくいただけます。

繁殖 アスパラガスの増殖は、ふつう少なくとも3年を経た株の根頭を分割しておこないます。その時期は冬で、そのころは目につくほどの生長はしません。もつれ合っている根と根頭を取り出すと、まるで硬い海草の房のように見えますが、それを一つひとつの根頭にとき分けます。根を15cmの長さに切ります。40cmの深さに溝立てし、畝間の中心に盛り土をして、その上に根頭を置きます。その畝に良質の養分や堆肥をたくさん入れてふさいでください。

採種 アスパラガスは種子からも増やすことができます。その場合は、収穫までに、根頭から株分けするよりも1年余計にかかります。種子をとるには、最も活力のある雌株と近くの雄株を、少なくとも1本ずつ残しておきます。昆虫による他家受粉を経て、秋になると雌株に鮮やかな紅色の実がなります。熟れて多肉質の果実には、6粒ほどの黒い種子が入っているので、これを摘みとってつぶし、水洗いして、乾燥させます。

アスパラガスを2品種以上育て、しかも種子で増やしたい場合は、ハチがアスパラガスの他家受粉をしていることを頭に入れておいてください。春になって種子をきめ細かい肥沃な土壌にまき、翌年に最も丈夫な苗だけを選んで移植します。その後、年を経ながら望みにかなった特性のものを選び出してください。

保存 種子がもつ期間は3年から5年の間です。1グラムあたり50粒。

利用 若い芽を生のままで食べると、最もよく栄養がとれます。また、束にして、真っすぐに立てて、適当な時間ゆでていただくのもよいでしょう。バターかレモンを添えたり、フランス風にヴィネグレットドレッシングをかけて、冷めてから前菜にします。

出てきた新芽に日光が当たると、緑色のグリーンアスパラガスが栽培できます。

ホワイトアスパラガスをつくる場合には、高さ25cmほど盛り土をするか、葉、わら、あるいは海草などを積み上げて、このマルチの下の深いところで萌え出た芽が地上に出ないうちに、根もとから切りとります。新芽に光が当たらないので軟白させることができるのです。

中国系の人は、数種類のアスパラガスを薬用と食用の両方に使っています。薬用としては、繊維を多く含むので、動きの鈍くなった腸を刺激し、活動を活発にするために使います。

また、利尿作用と発汗作用もあり、腎

臓の細胞増殖を促進したり、強壮性もあるといわれていますが、腎臓炎を起こしているときは食べてはいけないし、リウマチ性関節炎のある人たちにはよくないようです。

品種と系統　超雄系統からは、雄だけがとれます。すなわち、自生の苗から育って定着しているその種のアスパラガスにとっては競争はないということです。英語の名がついている品種の中には、アーリージャイアントとかバイオレットオブホーランド（今日流通している多くの品種の先祖）がありますが、先端が桃色あるいは紫色をしています。クヌーバーズコロッサルは、非常に太い芽ですが、食欲をそそるとはいえないかもしれません。カリフォルニア500は、メリーワシントンを改良したもので、ニュージーランドで人気があります。

　日本では古くは観賞用として導入されていましたが、食用として本格的に栽培されたのは大正時代からです。戦後、加工野菜としてのホワイトアスパラガス栽培が盛んになりましたが、中国、台湾からの輸入ものが増加し、現在ではグリーンアスパラガスが中心となっています。戦前北海道では瑞洋という品種が中心でした。戦後はアメリカのメリーワシントン系が中心となりました。近年、各種苗会社からF1品種が販売されています。

ニンジン　　　　　　　　　　セリ科

　Daucus carota ── daucusは「ニンジン」のラテン名、karotonは「野生ニンジン」のギリシャ名です。

起源　原産地はヨーロッパ、北アフリカ、アフガニスタン、中央アジアといったさまざまな地域にまたがります。

　日本へは16世紀ごろ中国から東洋系品種が入り、大長ニンジン、金時ニンジンとなり、滝野川ニンジンの改良種には1mに達するものもありました。紫赤色や白色の品種もあったようです。19世紀には欧州系品種が導入され、そこから長ニンジン、三寸、五寸ニンジンの改良種がたくさん出てきました。

解説　ニンジンは、世界各国で用いられる根菜で、品種分化が著しい品目のひとつです。当初色とりどりのニンジンが薬用として利用されていました。中世に中東からヨーロッパに紫ニンジンがもたらされ、そこからの選抜のすえに黄色品種ができました。その後間もなく、オランダの栽培者が今日親しみ深いものとなっているオレンジ色の突然変異種を選出しました。日本では、中世までに日本料理に適したとてつもなく長いニンジンが育種されていました。

栽培　ニンジンは、発芽率が低めなので、最初の段階で手をかけてやります。発芽適温は15～25℃です。短根種は適応範囲が広いですが、長根種には石などが混じらない深い土壌が必要です。春まきは薄まきでも問題はありませんが、夏まきの場合は発芽がやや困難なので、多少厚まきにします。発芽にはある程度の日光が必要なので、湿り気を適度に保つことは必要ですが、あまり厚く覆土しません。

　採種後、種子は休眠状態に入ります。

その期間は採種、種子まきの条件によってさまざまですが、約3ヵ月ほど見たほうがよいでしょう。

採種 ニンジンの花は虫媒花なので、容易に品種間交雑します。二年生のため、ふつう花を咲かせるには冬越しが必要です。春に頭部の中心から花茎が出てきて間もなく、たくさんの小さな花が傘のように集まって咲きます（散形花序）。

地下深くまで凍ってしまうようなとても寒い地域では、秋に掘り上げて地下室などで冬越しします。肌がなめらかで、色づきがよく、頭部が平らな、立派なニンジンを選んで、葉の部分のほとんどを切りとって砂に埋めます。春、遅霜の心配がなくなったころに畑に植え直します。そうでなければ、いちばんよくできたニンジンをそのまま土中に残し、厚く敷きわらなどを施して冬越しさせます。

耐寒性の強い品種には、冬に畑が雪に覆われ、かえって、ニンジンが甘味を増すものもあります。

花は白くて驚くほど美しいものです。数本の茎から無数に分かれた花枝の先端に小花がつき、直径10cmほどの平らな花房として連なり、とてもきれいです。

あまり長く畑におくと、花が乾き始めると同時に種子がこぼれ落ちてしまいます。

採種の専門家は、品種間の距離を500mはとります。しかし、2種以上のニンジンの花が一度に咲いている状況はまれでしょう。雑草であり、園芸植物でもあるノラニンジンが近くで繁茂するのを見逃していると、よい系統をだいなしにしてしまいます。種子の収穫期に雨が多いときは、早めに花茎部を切りとって屋内で乾燥させます。

いちばん上とその次の枝までの花がよい種子となるので、十分な収穫が見込める場合は、これらのみから種子をとります。

もと種苗会社にいた人は、「てっぺんの花序からとった種子は、育種用の原原種にとっておき、それ以外を一般向けとして提供していた」と話してくれました。これは、売られている種子が二級品であるといいたいわけではありません。世代から世代へと確かに受け継いでいく大切なヒントでしょう。

自家採種した種子は、機械でむきとられた販売用種子とはちがって、芒つきのままです。芒のおかげで、ニンジンの種子は地中に入っていくといわれます。

保存 湿度の低い冷暗所では3年まで

もちます。オーストラリアの自家採種農家は2年たったものが理想的だと考えています。1グラムあたり約1000粒。

利用 ニンジンはβカロチンなど栄養的に優れ、使いやすくて、美しい彩りにもなる需要の高い野菜です。消化がよいので、消化不良の人にもよいといわれています。皮をむいて細かく刻んでゆでた場合、空気と触れることでほとんどのビタミン類は酸化してしまいます。

ニンジンの色素はカロチンで、収穫して数日置いたほうが増えるといわれます。50グラムで1日の必要量がとれます。油といっしょに調理するとさらに吸収率が上昇します。

ニンジンにはビタミンC破壊酵素が含まれているので、それを防ぐにはレモンなどの酸を入れることです。たとえば、ダイコンとのナマスなどは理に適っています。

肉じゃが、炊き込みご飯、ばら寿司（ちらし寿司）、おから、煮しめ、カレー、シチュー、てんぷらなどあらゆる料理に顔を出してきます。ジュースにもよく使われています。

ジュースには、肺やのどの粘膜の浄化作用があります。また、大腸炎の予防や潰瘍、胃酸過多、胸焼けの軽減にも役立ちます。スープは、胃腸の弱ったときに主食のように食べるととても効果的です。また、種子から濃いめの煎じ汁をつくると、胃腸内のガス抜きに有効です。

ニンジンが余ったときは、スープにすればよいでしょう。鍋にバターを入れて熱し、薄く切ったニンジン2〜3本、タマネギ1個を炒め、だし汁を5カップ入れて、ニンジンが柔らかくなるまで煮詰めます。冷めてからミキサーにかけ、これをもう一度鍋に戻し、残りのスープで好みの濃さにします。塩少々、生クリーム半カップを加えて火を止めます。生クリームを入れる前に冷凍しておいてもよいでしょう。

ニンジンの葉もカルシウム、ビタミンが豊富です。若葉は炒めものや和えもの、そして少ししっかりした葉は刻んでかき揚げ、佃煮にすると美味しくいただけます。

品種と系統 短いニンジンほど早生なので、短根種は早生の育成を目的に選抜されます。オックスハートは、浅い耕土向けに開発された三寸系の短根種です。収穫がとても楽で、有機農産物の市場に向く、古き良きニンジンです。

ニュージーランドのオークランド周辺では、長くてずっしりとしたニンジンが秋に作付けされています。アーリーショートホーン、セイントバレリー、ロングスケールアートリンガム、フランダースラージペール、ショートホワイト、ロングレモンは、古いカタログに登場する品種です。

シチューに入れると最高の、東フランス産の原種に近い黄色ニンジンがあります。フランスのナンテスという町で選抜されたどの品種のニンジンも、芯がなくとても柔らかいのですが、これらは引き抜くのが難しいほど地上部も柔らかいものです。

日本では、耐性がありますが、低温に合うと、とう立ちしやすい春まき向きの東洋系品種と、とう立ちしにくく夏まきできる欧州系品種に分けられます。

東洋系品種には東日本で普及した滝野

川大長、鹿児島の唐湊などがありました。金時ニンジンは唯一今でも栽培される紅色のニンジンです。その肉質は柔らかで、甘味があり、独特の香味をもち、京料理に欠かせない野菜です。市場には出回っていませんが、黄白色ニンジンとして沖縄県に島ニンジン、飼料用の大形ニンジンがあります。

欧州系品種には三寸群に長崎三寸など、五寸群にチャンテネー、黒田五寸など、ダンバース群に札幌太など、ロングオレンジ群に国分などが分化しました。プランター向けには、ピッコロというミニニンジンが開発されています。

セロリ   セリ科

Apium graveolens ―― ラテン語でapiumは「セロリ」、graveolensは「強い臭い」を意味します。セルリーとも表記します。

起源 スウェーデンから北アフリカおよび東アジアまで。セロリは塩分の多い土壌や沼地に自生しています。栽培の歴史を見ると、フランスで16世紀以前、イタリアでは18世紀以前の記録が残っています。

解説 日本では、戦後サラダを食べるようになってから、一般に普及しました。系統としては、香りの薄い黄色種と、青臭みの強い緑色種に分けられます。日本では、黄色種のほうが圧倒的に好まれています。

栽培 極端な高温・低温では生育が悪くなります。12〜24℃が生育適温です。食用には初夏まき、秋、冬どりにするとよいでしょう。ひげ根は遠くまで伸長しないので、株のまわりに敷き草を厚く敷くと生育がよいでしょう（海藻を敷くと特によい）。

セロリを出荷している農家は、高温乾燥時には日に3回水をやり、板を使って軟白します。家庭栽培では、牛乳の空き箱を利用して軟白するとよいでしょう。

セリ科の花はすべて、葉を食害する毛虫を捕食してくれるハチの格好のすみかとなります。ですからセロリも、ディルやフェンネルなどと同様、天敵を増やすためにも畑に欲しい作物です。

採種 セロリは、ほかのセロリやセルリアックと交雑します。食用につくった中から最もよいものを選んで種子用にすることは、採種家の基本です。

越冬したセロリは、暖かくなると春先に種子をつけます。寒冷地の場合、越年性となるので、きれいなわらで冬の間防寒してやらなければいけません。もしくは株を掘り上げて、湿気を含んだ砂に立てた状態で保存し、春に移植します。春になるとたくさん枝分かれした大きなとうが株の中心から立ち上がってきます。

傘のように枝分かれした先端に、白い花が咲きます。種子が熟した順に収穫すれば種子のロスが少なくなりますが、枝が枯れてから株ごと切りとる方法もあります。脱粒して十分乾燥させましょう。日陰で2週間以上乾燥させます。数株だけで千人の園芸仲間に分けられるくらいたくさんの種子がとれます。

保存 種子は小さく、淡い褐色で香りがあります。よい条件では5年以上保存

できます。1グラムあたり2000粒。

利用 家庭菜園のセロリは、店で売られているものにくらべて、明らかに香りがよいものです。料理の香りづけに使う場合は、土寄せして軟白する必要はありません。

炒めものの仕上げにセロリを混ぜこむと、パリパリとした食感が出て、料理全体が美味しくなります。

葉は乾燥させておいて、スープやシチューに利用できます。

種子の煎じ汁は、リウマチや気管支炎に効きます。

ぬか漬けなど漬けものや佃煮などにも合います。

品種と系統 ディアホーン、ファーンリーフ、ゴールデンプルームなど、アメリカで優秀な品種がつくられました。

「シードセイバーズ」では、中国のたいへんよい品種を栽培しています。茎は中空で、明るい緑色の葉を利用しています。明らかにハーブに分類されるカッティングセロリは、小さな茎をもち、主に香りづけとして使われます。

日本では、戦前アメリカからゴールデンセルリ、ブランチング、ゴールデンプルームが導入され、この流れをくむ黄色種のコーネル619が現在でも主流品種となっています。コーネル系は緑色品種に比べて肉質に筋が少なく青臭くなく、生食に向くとされています。

緑色種としてはユタ系が一部栽培されています。コーネル系に比べると小型で耐病性があり、とう立ちが遅く栽培が簡単です。

また、中国からは芹菜（キンツァイ）の名の系統が導入され、家庭園芸で栽培されています。

パセリ　　　　　　　　　　セリ科

Petroselinum crispum —— petrosはギリシャ語で「岩」、selinonは「パセリ」を意味します。crispumはラテン語で「カールした」です。

起源 多くの民族植物学者によると、北アフリカから南ヨーロッパ（コルシカ島地方やポルトガル）に、パセリの起源があるとわれています。

解説 パセリは二年生、または短命の多年生です。栽培されたパセリにはいくつかの種類があり、巻き方の程度にさまざまなちがいがあります。葉が大きく巻きが少ないものは、加熱しても生でも美味しいので、家庭菜園に非常に適しています。日本ではなじみのない根用種もあります。ハンブルグルートパセリは、よい風味のある根を使い、ヨーロッパで栽培されています。

栽培 生育適温は15〜20℃で、暖地では、春まき初夏どりと夏に幼苗期を越させ、秋どりの栽培方法がとられています。根は直下根が太いので、直まきか、移植の場合は必ずポットで育苗するのがよいでしょう。

採種 ほかの散形花序を咲かせるセリ科の仲間と同様に、パセリは受粉を昆虫に頼っています。縮れた葉の品種や平らな葉の品種を同じ畑で育てると、交雑してしまうかもしれません。

パセリは寒冷気候では二年生の植物で

すが、暖地では、涼しい季節にしか生育できません。

よりよい系統を得るために、最も丈夫な株を選抜し、選んだ株からは収穫しないようにします。市場向けの栽培をしている農家は、葉が縮れた系統を守っていくための手間を惜しみません。最も望ましい形状をもつ最もよいパセリの株を選抜し、たとえ同じ品種であっても、ほかのパセリの株が近くで花をつけないようにして、結実させます。

パセリは、十分に生長したら、高さ1mになります。たくさんの散形花序をつけ、その先端に小さく白い花を咲かせます。種子は熟すると緑から茶色になって容易にはずれますから、手で脱粒します。ふるいにかけて選り分けると、完全にきれいな種子を得ることができます。

保存 灰色の種子は楕円形で、3面があり、わずかにカールしています。よく乾燥した、冷たいところで保管しても、保存期間は1～3年です。1グラムあたり200粒。

利用 サラダやつけ合わせといった一般的な利用のほか、スープやシチューに使います。その場合、葉だけではなく、根や茎もいっしょに煮てだしをとります。衣をつけて揚げてもよいでしょう。

生の葉を噛むことで、ニンニクの臭みを打ち消すことができます。

品種と系統 オーストラリアのスティーブン・ファシオラの1990年の著書には、ここまであったかと思うほどのたくさんの品種が載っています。全体で21種類あり、その中には、つけ合わせに最もよく、冷涼な気候に適したバンケット、非常によい香りがして、ほどよくギザギザになっているクリビー、きれいにカールしていて、ポットで育成するのに理想的なカーリナ、すきっと惹かれる芳香を放つグリーンベルベット、茎をゆがいてセロリのように使用されるナポリタン、葉が外側ではなく内側にカールしているユニカールが含まれています。

収集する価値のある無名の種も無数にあります。移民してきた先祖の出身地によって、さまざまな品種が畑に伝わっているのです。イタリア系の人は、いわばセロリパセリとよばれているものを育てますが、大きく、芳しく、サラダにも煮ものにも役立ちます。セルパーやジャイアントオブカタルニャは、このタイプです。

日本では、戦前、チャンピオン、モスカールドでしたが、現在は縮みの細かいパラマウントが主です。東京都江戸川区の中里淑郎氏が、戦前から戦後に、パラマウント、エキストラモスカールド、チャンピオンモスカールドなどの自然交雑から選抜した中里という鋸歯葉が反転して白く見える品種を育成しています。また、この品種からは瀬戸、グランドなどが育成されています。平葉のイタリアンパセリも人気がでてきました。

ミツバ　　　　　　　　　　セリ科

Cryptotaenia japonica, canadensis —— cryptosは、ギリシャ語で「秘密の」を意味し、tainaは「ひも」や「リボン」を意味します。後ろの2語は、日本あるいは

カナダから由来していることを示しています。

起源 日本、中国、北アメリカ。

解説 ミツバは、日本原産で、こぼれ種でも簡単に増える耐寒性の一年生植物です。日本語の「三ツ葉」は、葉の形からきた名前です。ジャパニーズ・パセリともよばれています。湿地に自生していますが、江戸時代に栽培技術が発達しました。

栽培 ミツバは、冬によく育ちますが、春先の暖かい気候のときに種子をまきます。

採種 たくさんの細い茎が約45cmの丈に伸びたら、わずかの花がすぐ種子に変わります。熟したときか、地面に落ちるまでの1～2週間の間に種子をとってください。両手で穂先をこすると、ほとんど殻のない驚くほどたくさんの種子がとれます。

保存 種子は3年間保存でき、1グラムあたり500粒。

利用 日本人にとっては大事な香辛料野菜のひとつです。薄味の吸いものの吸い口によく使います。湯がいて、浸しものにしたり、巻き寿司の具に入れたりします。

よく合う鍋ものを一つ紹介しましょう。関西では夏に「鱧なべ」をします。昆布でだしをとり、吸いものくらいの薄い味にして、輪切りにしたタマネギをたっぷり入れてよく煮込みます。そこに鱧、豆腐、湯葉、そしてミツバを入れて仕上げます。穴子でもよく合います。薬味に、九州特産の柚子こしょうが、なんとも言えぬ風味を加えてくれます。

品種と系統 関東では軟化切りミツバ、関西では糸ミツバが好まれます。栽培ミツバは立性で、青茎です。軟化用にはとう立ちしにくい柳川2号、青ミツバ用には柳川1号が使われます。その他、白糸、白滝、先覚などの品種がありますが、野生種は赤紫色の茎をもちます。

ホウレンソウ　　　　　アカザ科

Spinacia oleracea —— oleraceaはラテン語で「野菜の一種」という意味。

起源 南西アジア、イランから中国東北区にかけて。ホウレンソウは、7世紀ごろ、ネパールを経て中国に伝えられたもの、また1100年ごろ、スペインでムーア人が栽培していたものの記録があります。

解説 ホウレンソウは、雌雄異株の植物で、長日条件で花芽分化し、とう立ちします。

日本へは東洋種が16世紀ごろ、中国から渡来したといわれています。19世紀に入ってから西洋種が導入されましたが、日本人の嗜好には合わず、普及しませんでした。

栽培 元来、冷涼な気候を好み、酸性土壌を嫌います。秋に種子をまき、間引きます。日陰でも育ちます。気温が氷点下に下がっても耐えられますが、高温ではとう立ちします。

採種 長日条件で、中空の花茎が伸び始めます。採種しようとするときは、5種類もの性別があることを心得て、よい

株の種子を残すようにしましょう。

ホウレンソウには、通常の雄、超雄（平均より背が低い）、種子をつける雌、雄花と雌花の両方をつける両性、さらに、花をつけずによく生長する超雌の5種類があります。

雄花も雌花も花びらがなく目立たないものです。東洋系品種は雌雄株の割合が1：1で見分けやすいでしょう。雌株は葉腋に数個かたまって雌花をつけ、雄株は茎の頂部に雄穂をつけます。超雄株というのは小さく、残念ながら、とう立ちも早いやっかいものです。

種とりを優先する場合は、雄株の割合を減らしていくように注意しながら育て、選抜しましょう。ホウレンソウの花粉は風により運ばれるものですから、遠隔地でも交雑する可能性があります。選抜した株の穂が茶色みを帯び、硬くなったら、茎がまだ青いうちに刈りとります。そして、軒下で完全に乾くまで置きます。

手袋をはめ、枝葉を落とします。ホウレンソウの種子は、簡単にばらばらと落ちる種類とそうでないものとがあります。

保存　5年後には50％の発芽率に落ちます。種子の粒数は1グラム中、とげのある種子で70粒くらい、とげなしで80粒くらいです。

利用　ゆでて浸しもの、白あえ、巻き寿司の具、いろいろなスープ類（牛乳ともよく合います）、グラタンの具にも使われます。

ビタミンCの代表のようにいわれますが、ホウレンソウのビタミンは、水に溶けやすく、熱に弱い性質がありますから、とにかく新鮮なうちに、素早く湯がいてください。その面からは、直接炒めたほうが合理的ともいえます。

ホウレンソウは元来冬野菜です。最近は季節を問わず出回っていますが、栄養的にはかなり劣ります。やはり野菜本来の生命力をいただくには、"旬"を大切にしましょう。

品種と系統　サボイのように縮れた葉の種類はゆっくり生長し、とう立ちも遅くなります。たとえば、ビクトリアや、晩生ブルームズデールです。とげのある種では、ジャパニーズソシュウ（最も早生種）やイングリッシュスピナッチがあります。丸種では、広葉フランダースやサボイリーフ、エレファントイヤー、ビクトリア濃緑、モンストラスヴィロフライなどです。

日本ではイランから中国を経て導入された系統が発達して、日本在来が選抜されています。東洋種の日本在来のものは、葉はうすく、切れ目が深くて葉先が尖り、根もとの赤いのが特徴です。西洋種に比べてアクが少なく、味が濃く、浸しものにぴったりです。東洋種の種子は一般にとげがあります。とう立ちが早く、秋まき用です。昭和10年ごろに中国から導入された禹城は暑さに強い品種で、これから夏まきできる品種が育成されました。この系統を親にして、西洋種のミンスターランドとの交雑で豊葉が生まれています。また、ホーランディアとの交雑では、治郎丸が生まれ、この分系として若草、新日本がつくり出されています。洋種系は土臭さが強いので好まれませんが、とう立ちが遅く春まき用としてビロクレーノーベル、キングオブデンマークがあります。これらは東西の自然交雑の後代から選抜固定された品種群です。生育が早

く、収量が多いすぐれものです。西洋種は葉が肉厚で切れ込みが少なく、ほとんどのものに縮みがあります。種子はほとんど丸種です。

現在市販されているものはベト病抵抗性のF1品種が数多くなっていて、毎年のように発表されています。

モロヘイヤ　　　　　　シナノキ科

Corchorus olitorius

起源　インド西部、アフリカ。中近東という説もあります。エジプト、アラビア半島など北アフリカや中東で古くから常食されている野菜です。

解説　シナノキ科のツナソ属の一年生草本です。アラビア語ではムルーキーヤ（王家の野菜・宮廷野菜）で、太古の昔は貴族以外食べることができなかったといわれています。モロッコではモロヘイヤとはオクラのことです。近年、モロヘイヤ研究会によって日本に導入された新野菜です。

栽培　エジプト原産ですから、高温をたいへん好みます。そこで、種子まきは温床かハウス内でおこない、ポット育苗をすすめます。そして5月中旬以降に定植すればよいでしょう。早く定植しても、決して伸びません。

定植は、40cm間隔ぐらいがよいでしょう。

露地栽培の場合、暖地で5月以降に種子をまきましょう。

6月も半ばになれば、ぐんぐん伸びてくるので、摘んでいきます。夏中は、摘んでも摘んでも新芽が伸びてきます。

エジプト原産ですが、適度な水分と肥料分がなければ勢いよく新芽は伸びません。ミネラルたっぷりの王様の野菜の新芽を夏中伸ばし続けるには、肥料切れと乾燥に気をつけましょう。

採種　秋になれば、すべての枝先から開花、結実を始めます。実をつけ始めれば、硬くて食用には向かなくなります。実には毒素があり、多量に食べた牛が死んだと報告されています。サヤが3分の2も熟せば刈りとり、シートなどの上で干します。極めて小さな種子なので、風で飛ばないように気をつけましょう。また、むしろの上での採種も不適当です。

保存　密閉容器に入れて貯蔵します。エメラルドグリーンの極めて小さな種子なので、1デシリットルも採種すれば長年使えます。毎年採種の必要はありません。

利用　柔らかい芽先、葉を摘み取って利用します。中近東では、モロヘイヤスープが古くから食べられています。味にくせがなく、食べやすく、湯がいて刻むと粘りが出ます。味噌汁、スープに加えたり、和えもの、酢のもの、とろろ風にするほか、てんぷら、サラダ、乾燥してふりかけやお茶としても利用できます。

品種と系統　アフリカやアジアの熱帯には40種ほどの品種がありますが、日本に導入されているのは、側枝型のものと立性型のものがあります。側枝型のものは芯が硬く、軸が赤くなりやすいうえ、茎が横に広がり作業労力がかかるため、茎が柔らかく、上に伸び、収穫が楽な立性の系統へ移行しつつあります。

ツルムラサキ

ツルムラサキ科

*Basella alba, B.alba var. rubra*ーーツルムラサキの英名のbasellaは南西インドのマラバール海岸での名前です。albaはラテン語で「白色」、rubraは「赤色」という意味ですが、これは茎の色を指しています。

起源 南アジア。日本では1631年に書物に登場します。江戸時代には染料植物や薬として利用されていたようです。

解説 元来多年性ですが、日本ではつる性の一年生の植物で、支柱や垣や灌木を2mも這い上ることができます。這い上がらない場合は土の上を這って、つるどうしをやんわりと絡ませます。花は小ぶりで、緑色をしていて、葉のつけ根にできます。日本では、主に家庭菜園で栽培されます。

栽培 ツルムラサキは夏の湿度が高い気候でよく育ち、ほとんどどこでも生育します。暑ければ暑いほど、そして湿気は高いほどよいのです。ツルムラサキは昆虫からの攻撃を受けることが少ないため、有機栽培がたいへん容易です。種子は発芽しやすく、こぼれ種からも簡単に発芽してきます。畑への直まきも、育苗ポットやトレーなどにまくこともできます。

繁殖 しっかりと根づいたツルムラサキから切った葉柄を挿し木にし、良質の土壌の中に少なくとも茎の半分を埋めてください。気候が温暖で多湿であれば早々に根を出します。

採種 ツルムラサキは気温が低くなると種子をつくります。果実が濃い紫色になったら摘んでください。一つの果実に種子は一つだけです。手袋をはめて種子をこすってきれいにし、蛇口の下で、流れる水がきれいになるまで洗ってください。このほかに、種子についている皮と果肉を残したままにしておく方法もあります。金網の上で乾燥してから貯蔵してください。

保存 種子はコショウの粒のような外見をしています。低温で、暗くて、乾燥した場所に置いておけば5年間貯蔵できます。1グラムあたり50粒。

利用 この野菜はシュウ酸含有量が少なく、ミネラルとビタミンをとても豊富に含んでいます。せっかくの成分を逃がさないように、料理は手短に、素早くすることです。1分以上湯がくと水っぽくなり、栄養分も減ってしまいます。

ぬめりのある葉と柔らかい茎は、浸しものに使ったり、スープや炒めものに入れて使います。ゴマ和えもよく合います。

G・A・C・ハークロッツは、第2次世界大戦の際に香港で抑留されていたことがあり、それ以前からアジアの野菜に関して造詣の深かった人です。1972年の彼の著書には、中国では、種子を口紅として使用するためにツルムラサキを栽培したと書いてあります。またツルムラサキからとれる染料は安全であり、自然な着色料として、キャンディーなどに使われています。

薬効としては、腸の働きを整え、便通の薬として穏やかな効き目があります。

品種と系統　オーストラリアには葉の小さな品種がありますが、これは大きくて肉の厚い品種より美味しいものです。食用として売られているつるから、よい系統を増やすこともできます。

また、ハート形の葉をもつ中国種 (*Basella corifolia*) があります。このツルムラサキは、ほかの品種ほど早く種子をつけず、味が優れていると評価されています。

日本では、赤茎種、青茎種という系統で販売され、厳密な品種はありません。

ダイズ

マメ科

Glycine max ―― ギリシャ語で「甘い」を表すglycysから。

起源　ダイズは5000年以上の昔、中国で野生の原種ツルマメから改良されたものといわれています。約2500もの種類があることからわかるように、幅広く利用されてきました。

中国では数千年も栽培されてきましたが、ヨーロッパやアメリカ諸国では、味のよい品種の入手はあまり容易ではありません。品種改良の研究が、顔料、備蓄用食糧、ボール紙、接着剤、ペットフード、油といった用途に適応する収量の多い品種に向けられてきたからです。

1939年、ドイツでは数百万トンのダイズをストックし、グリセリンと軍需品を製造しました。

ツルマメは中国、シベリア、日本にも野生していますが、栽培種は中国から縄文または弥生時代初期に稲作とともに渡来したといわれています。食用として多用に利用し、豆名月、節分の豆まきなどをはじめ、各地の年中行事にも登場し、私たちの生活と密接な関係を持ち続けています。

解説　ダイズは一年生で、高さ60〜90cmになり、葉の下に多数の実をつけます。つる性の品種もあり、2m以上になります。

栽培　種子のまき時は品種の感光性、感温性のちがいなど作型によって5〜8月まで幅があります。

一般にはダイズは年間の最も暑い時期のはじめに植え、生長期を十分に確保する必要があります。近くのベテラン農家に相談したりして、自分の土地に合った品種を選び、まき時を考えましょう。種子は病気におかされていないキズのないものを選びましょう。

肥料のやりすぎや播種後の鳥害に注意しましょう。

枝豆には開花後、青実のうちに枝ごと収穫します。乾燥豆用には、葉が落ち株全体が褐色になったら収穫します。収穫のしかたは種子用と同じです。

採種　ダイズは花が開く前に自動的に自家受粉します。2〜3ヵ月ほどでサヤの中で豆がコロコロと鳴り、ほんのちょっ

との刺激ではじけるくらいになったら、収穫の時期です。密に茂った健康な株を選びましょう。これが最初の選抜になります。株ごと刈り取り乾燥させます。風通しのよい軒下などで、立てかけたり、つるしたりして、種子が硬くなり、サヤが自然にはじけるくらいまで4〜5日干します。十分乾燥したら脱粒します。むしろの上で全体をたたいたり、踏んだりして、脱粒します。

最も大きくて重い豆を選んで、第2回目の選抜とします。これには目の粗いふるいを使うとよいでしょう。

保存 乾燥気候のもとでは、布袋に入れて2、3年保存することができます。1グラムあたり1〜10粒。

利用 ダイズは食用以外にも利用され、優れた乳化剤や結合剤になります。また、合成ホルモンを抽出し、避妊薬のピルの原料にもしています。

ここではベトナム系の人の豆乳のつくり方を紹介しましょう。まず、1キログラムのダイズを8時間水につけておき、フードプロセッサーでどろどろにして、綿布などで搾りとってこし、ミルク状のものを抽出します。それをとろ火で20分間、絶えずかき混ぜて、泡立ってくるアクを取り除きながら煮ます。そして好みに応じて味つけします。市販の豆乳のようにクリーミーに仕上げるには、熱湯を使う方法もあります。このときは火傷をしないように手袋を忘れないようにしてください。豆乳は牛乳と同じように傷みやすいので、涼しい場所に保管しましょう。

ダイズを発酵させてしょう油やテンペなどがつくられ、日本、中国、東南アジアの全域で一般的に食べられています。

ジャワでは、栽培中の若い葉を蒸して食用にしています。

戦時中のヨーロッパでは、ダイズとハダカムギを混ぜて焙煎して、それを碾いてコーヒーの代わりの飲みものにしていました。

ダイズそのものを食べるアジアとそうでないヨーロッパやアメリカでは、品種でも根本的にちがっていて当然です。輸出入に大量に使われるダイズですが、こんな視点を外してはならないでしょう。アメリカでは家畜の飼料や製油材料としてしか見られないダイズですが、牛肉など肉類を多食していなかった東洋では、ダイズは最上級のタンパク質を供給してくれる、まさに「畑の肉」なのです。

生では未熟なうちに枝豆として食べます。さっと湯がいて冷凍が可能です。

保存したダイズは、戻して煮豆、サラダ、炒め煮などにしますが、何といっても加工に使われるのが主流です。豆腐、寿司揚げ、おから、飛龍頭（がんもどき）、湯葉、高野豆腐、味噌、しょう油、納豆など、実にさまざまな食品がダイズから生まれてきます。餅にも入れたり、粉はきなことして、いろいろに利用されます。

正月のお節料理として登場する黒豆は「まめで達者になるように」と年のはじめに食べられますが、その原料である黒ダイズは昔から薬用植物として利用され、日本では喘息やのどの薬とされてきました。

品種と系統 豆乳づくりにしか適さない品種もあれば、家畜飼料や工業的な用途に適した脂肪分の豊富な品種もあります。枝豆用の品種もあり、探すだけの価

値があります。ほかにも、何時間も煮なければ食べられないような乾燥豆もあります。

種子は、白、ベージュ、黒、緑がかった灰色に白い斑点、まだらの赤色をしたものなどさまざまです。

ダイズは感温性の品種と感光性の品種があり、栽培目的や地域によって品種を選びます。1地域2～5品種が奨励されています。特殊用途として納豆用に小粒のスズヒメ、極小粒の納豆小粒があります。煮豆用としては黄白種としてユウヅル、ユウヒメ、ミヤギオオジロ、ミヤギシロメ、黒色種として中生光黒、トカチクロ、丹波黒などがあります。また、枝豆用に白鳥、袖振など多数の品種があります。

日本では平成9年現在、加工用78％、食用、醸造用19％の内訳で自給率は2～6％ほどでした。数年前までは、9割をアメリカから輸入していましたが、中国産へと移行しつつあります。たくさんのダイズ加工品を食べますので、消費者の安全性を求めるニーズに業者が反応し、遺伝子組み換えダイズを使っていない中国へと輸入先をかえた結果のようです。

市場向けに出回っていなかった地域の品種が見直され始め、だだちゃ豆は枝豆として一躍有名になったダイズです。日本で生産されているダイズは約400種あったといわれています。山形の大場さんは試験場などで捨てられそうになった豆を譲り受け、今まで守ってきました。きなこ豆、赤豆、黒豆、青豆、茶豆、みそ豆、なっとう豆といろいろです。

遺伝子組み換え反対の運動として大豆トラストが各地で開催されています。その中でも岐阜県の白川町では在来のフクデッポウをつくり、安全なダイズ産地を守ること、地域に適した在来ダイズの復興と自給率アップを達成しています。地元の方はフクデッポウを、枝豆、乾燥豆のどちらでも最高に美味しいとつくり続けてきました。

インゲンマメ　　　　　　　マメ科

Phaseolus vulgaris ── phaselosはギリシャ語で「豆」、vulgarisはラテン語で「一般的な」という意味です。

起源　メキシコで紀元前4000年にインゲンマメを栽培したという記録がありますが、この作物の発祥の地は南アメリカの気温の高い地方であったと考えられています。

民族植物学者たちは、インゲンマメの栽培を始めたのはペルーのインカ人であろうと考えています。インゲンマメは、まず中央アメリカ、そして北アメリカへと徐々に広まったものと推測されています。6000年前に南アメリカで陶器が発明されて、乾燥したインゲンマメを茹でることができるようになったものと思われます。それまでは緑のインゲンマメを生で食べていたのです（サヤインゲン）。

日本へは17世紀に隠元禅師が伝えたという説がありますが、普及は明治になってたくさんの栽培品種が導入されてからです。

解説　インゲンマメの中には、サヤがまだ柔らかくて緑の未熟な子実や若ザヤ

を利用するサヤインゲン用と、完熟させたものを食べる乾燥豆用があります。

前者はサヤの中に皮（内皮）がないか、あっても非常に薄いものですが、後者のほうは通常厚い皮があります。

自家採種の技術という点ではサヤインゲン用も乾燥豆用もたいしたちがいはありませんから、両方いっしょに取り上げることにしましょう。

サヤインゲン、乾燥インゲンともに、矮性種（つるなしインゲン）とつる性種（つるありインゲン）があります。

16世紀、法王クレメント7世はインゲンマメに独特の思い入れがあったようです。彼は壮麗な式典をおこなった際には見栄えのよいインゲンマメを袋に入れて民衆に配ったものでした。法王の姪がフランス王フランソワ1世と結婚したときには、フランスで植えるようにと、色とりどりのインゲンマメを大量に彼女に与え、この結婚の贈りものを「王冠のあらゆる宝石」よりも誇りとしなさいと言ったのでした。

インゲンマメはアメリカ大陸からアジアへたいへん速いスピードで広まったので、長い間ヨーロッパでは原産地がインドまたはカシミールだと考えられていました。

栽培 発芽適温は20〜23℃で、温暖な気候に適していますが、30℃以上の高温にあうとサヤのつきが悪くなります。矮性種は丈が40〜50cmほど、つる性種は2〜3mほどになりますので、支柱を立てましょう。

移植に弱いため、直まきにしてください。矮性種はサヤインゲン用の収穫までに1〜1ヵ月半ほど、つる性種は2ヵ月ほ

どかかります。収穫期間もつる性種のほうが長く、収穫量も約3倍にもなります。そのため、つる性種のほうがたくさん肥料分が必要となります。

通気をよくし、湿気の多い時期には株にキズをつけないよう、注意を払ってください。この時期には病気にかかりやすいのです。

採種 予期しない交雑が起こることはほとんどありません。受粉は多くの場合、自家受粉で、開花する前に終わっているからです。だからこそ多くの栽培者たちが何十年もの間、自分たちの好みに合った種子を保ち続けることができたのです。

しかし、つる性の品種については、品種が異なる場合は2mの間隔をあけて植えるのが最善です。こうすれば確実に交雑を防げます。特に種子の色が同じつる性の2品種を育てる場合には、近くに植えるのは避けたほうが賢明です。収穫時に選り分けるのが難しくなりますから。

種子をとるための育て方は乾燥豆をふつうに育てる場合と同じですが、初期の段階で葉が変色したり、白葉枯れ病その他の病気の兆候が出た場合には、その株を根こそぎ取り除かなければいけません。最も優れた株を選び出して、目印にリボンをつけてください。

昔ながらの栽培者たちの間には、つる性の品種はつるの先を切ると下のほうについている房が大きく育つとの言い伝えがあります。栽培者の中には、上部からとった種子は育ったときに下段と中段辺りで花が貧弱になることが多いと考えている人たちもいます。

もし収穫時が雨続きになりそうならインゲンマメのサヤが黄色くなったものか

ら順次摘みとり、乾燥しましょう。

　矮性種では、サヤが黄褐色に変わったら株ごと抜きとってかまいません。むしろの上で乾燥させるか、風通しのよい軒下などにつるしましょう。

　株についているサヤのすべてが完全に乾燥するまでそのままにしておいてください。そして脱粒します。もし大量なら、麻袋に入れてつるし、それを棒でたたいてください。

　次に種子の乾燥具合を判断せねばなりません。種子を軽く噛んでテストをします。歯形がつけば乾燥が不十分です。キズのあるものやしなびた種子は除いてください。通常はさらに1～2週間をかけて乾燥する必要があるでしょう。

　乾燥した日に種子を密閉容器に入れて貯蔵してください。ゾウムシが種子の外皮に卵を産みつけていると、孵化してから種子を食べます。乾燥したインゲンマメをびんに入れて48時間冷凍し、ゾウムシとその卵を殺してください。食用油を表面に塗っておくと、ゾウムシの被害を防げます。

保存　インゲンマメの種子は3年間貯蔵できます。その後数年は発芽するものもありますが、さほど活力はありません。1グラムあたり1～10粒。

利用　インゲンマメの青汁は、利尿作用があるので、朝食前のグラス1杯をおすすめします。

　染色にも利用されます。まだ青いうちに、サヤのまま煮て煮汁をつくり、綿織物を洗うときに入れると、きれいな色がつきます。

　日本ではサヤインゲンを次のように調理します。

煮ものとして肉じゃがに入れたり、寿司揚げと煮つけたりします。湯がいてゴマ和えにしたり、細く切ってばら寿司の天盛りにしたりします。油との相性もよいので、てんぷらや炒めものにもよく使います。

　乾燥豆としては、日本では煮豆やキントン、あん、甘納豆など甘くすることが多いですが、海外ではポークビーンズ、チリコンカンなど煮込み料理や豆のサラダ、ディップなどに利用されます。

　年に3回つくれるということから「三度豆」とよばれるくらい風土に合っているのでしょう。各地域でいろんな品種が生まれ、それに従って独特の食べ方もあるようです。

品種と系統　世界に1000品種以上あるといわれています。つる性、矮性ともに、丸ザヤ種と平ザヤ種があります。その他サヤの色（黄色、緑色）、長さ、筋の硬さ、早晩性など品種によってさまざまな特徴があります。

　インゲンマメは際立って美しく、民族植物学者たちはその色模様や形には宗教的な意味があるとの説を唱えています。

　「シードセイバーズ」にも、何年もかけて100品種以上のインゲンマメを収集し、採種を続けているメンバーがいます。彼は種苗会社から、扱いを中止すると決まった品種の在庫を買いとることもしています。インゲンマメほど栽培者を夢中にさせる野菜はほかにないようです。

　オーストラリアのサヤインゲン用の品種、続いて乾燥豆用の品種について見ていきましょう。

●サヤインゲン

　新鮮なまま食べるものには、フレンチ

ビーン、スナップビーン、ストリングビーンなどの系統があります。
- **矮性**：新しく探しだされたフェルサムプロリフィク、エンペラーウィリアム、パーフェクトブッシュ、トゥィードワンダー、カナディアンワンダー、マグナムボナムなどがあります。
- **つる性**：つる性のインゲンマメにはネット、垣根、支柱などを準備します。初期にオーストラリアにやってきたインゲンマメは、大型のものが多く、当時の大家族用に向いていました。ジェネラルマッカイは30cmの長さで非常に幅の広いサヤをもっています。

マフェットビーンは、1827年にイギリスから入ってきた大型の品種で、ケン・マフェット氏の曾祖父の14人の子どもたちに食べさせるのにきっと役立ったはずです。これは一つのサヤにインゲンマメが最大で12粒入っていました。ケンとその親族は、今もなおこの昔ながらのインゲンマメを育てています。この一族にとって意義深い作物なのです。

自然の塩のような味わいのあるローレーズスペシャルビーンと、種子が白黒になっているのでマグパイという名のついているバタービーンは、50年間にわたってタスマニアのある家族が自家採種を続けてきたものです。

私たちのところには、何十種類ものいろいろな名のついたゼブラビーンが送られてきています。

ナルディビーンは、やせた土地でもよい収穫が得られます。この品種は最初1800年代後期にニューヘブリディーズ（現在のバヌアツ）からオーストラリアにやってきました。持ち込んだのはナルディ一家でした。

見た目には同じようなゼブラビーンをどうしてそんなにたくさん収集しようとするのか不思議に思われるかもしれません。

1種類ではけっして十分ではないのです。

その理由は、それぞれのゼブラビーンは異なった地域で生まれ、異なった気候条件や土壌に適合してきたからです。それぞれ特徴のある遺伝子をもっているため、それぞれ栽培され保護される価値があるのです。

黄色のサヤの品種は、矮性、つる性を問わず、香りがよいことで知られています（たとえば、バウンティフルデリカシー、マンモスゴールデンクラスター、ケンタッキーワンダーワックス）。

●乾燥豆

乾燥して貯蔵し、スープや粉にするものには、ピントビーン、ネイビービーン、スープビーン、キドニービーンの系統があります。

バルロティビーンの系統の多くは、矮性種もつる性種も、イタリア系オーストラリア人のコミュニティに見られます。茶色の斑点があり赤いサヤに非常に大きな種子が入っていることが特徴です。さび病に抵抗力のあるつる性の品種、光沢のあるサヤをもっているマンジェアビー

ンはニュージーランドで開発されたものです。

バルロティビーン系統の品種は、若く、緑のうちにサヤのついたままでも利用されます。

非常に柔らかいグリーンフラゲオレットビーンはシチューに使われます。

このように、オーストラリアでもたくさんの品種が存在しますが、異名同種、同名異種が多数あります。アメリカの種苗カタログには1500種が記載されるものもあり、混沌としています。

日本では、海外の導入品種がそのまま使われることが多く、ほとんどがその分系です。

名前も導入時のよび名を使っているものが多いですが、和名でよばれるものもあります。

収穫期間の長いつる性ではケンタッキーワンダーが主な品種ですが、日本ではドジョウインゲンとよばれています。その他つる性には尺五寸、衣笠、矮性ではマスターピース、江戸川、黒三度などがあります。

サヤインゲン用の黄ザヤインゲンは、一般に柔らかく、日持ちが悪いためか、現在あまり栽培されていないようです。

乾燥豆には豆が白色の手芒類や白金時類、濃赤褐色の金時類、まだら模様のウズラ豆類、トラ豆などがあります。

ソラマメ   マメ科

Vicia fava —— viciaは「ソラマメ属」を指すラテン語、favaは「ソラマメ」そのものを指します。

起源 ソラマメはヨーロッパでは先史時代から栽培されていました。トロイの古代都市から出土したほか、エジプトの墓の中で発見されており、スイスでは青銅器時代の遺跡といっしょに見つかっています。そのため、正確な原産地を決定するのは困難です。大粒種はアフリカ北部、小粒種は中央アジアとする説もあります。

ローマ人はソラマメを投票のときに標識として使ったという記録や、紀元1世紀までに中国に到達したという記録があります。

探検家が南北アメリカ大陸からインゲンマメを何種類かもち帰るまでは、エンドウの仲間をのぞいては、ヨーロッパや中東の人々が知っていた唯一の豆がソラマメでした。サハラ砂漠南東部のサヘルでは、やせた農地で原始的な在来種が育てられています。

日本へは年代は定かではありませんが、中国から大粒種が伝わり、江戸時代には重要な作物とされていたようです。

解説 ソラマメは、灌木状に育つ丈夫な植物です。アフリカ北部では、小型のティックビーンの系統が一般的です。サヤが元気よく上を向いてつき、白、赤紫の花をつけます。

栽培 ソラマメは、無肥料でもできる

つくりやすい作物です。生育適温は15〜20℃です。冷涼な気候を好み、20℃以上ではサヤのつきが悪くなります。花芽の形成には低温にあうことが必要です。一般的に温暖地では、耐寒性のある本葉5〜6枚のうちに冬越しさせられるよう10〜11月上旬に種子まきをし、寒冷地では春にまきます。株が半ば生長したときに頂部を摘心し、枝分かれしやすいようにします。摘みとった部分はサラダに加えたり、ゆがいて食べてみてください。

豆類は、たがいに支えあうように2列にまきます。ニュージーランドでは、経験豊富な家庭菜園家の多くは、長サヤ種のソラマメを2列に植えた周囲に支柱を立て、ひもで周りを囲むか支柱に横棒をしっかり固定します。これは、収穫作業を楽にするためです。亜熱帯では、冬が過ぎたあとに地面まで刈り込みをすると、再び芽が出るのを期待できます。

採種 ソラマメは主に自家受粉しますが、他家受粉もすることがあります。複数の品種を栽培している場合、品種の交雑を防ぐには、数百メートル隔離して栽培します。

種子をとるには、最初についたサヤが最適です。最初につくサヤは根もとに近く、その後につくサヤよりも大型です。株の上でサヤが黒くなって乾燥するまで待ち、最も丈夫な株の種子を選びます。収穫と脱粒をコンバインでおこなっているところでは、こうした細やかな手順を大規模に実行することは不可能です。

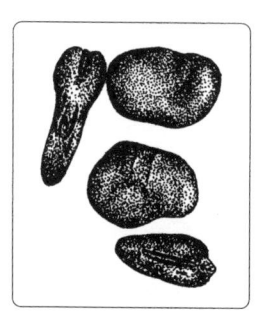

サヤから取り出して、種子を乾燥させます。種子を噛んでみて、歯の跡がつかないようになるまで乾燥させます。保管中に虫にやられることが多いため、日陰で乾燥した場合は、十分に乾燥させた後、1時間ほど日光に当て、直後に密閉するなどの対策をとりましょう。

保存 種子は、最長10年保存できます。ただしこれは、湿度が低く気温が安定している場合に限ります。完全に乾燥した豆を密閉容器に保管し、涼しいところに4年置いたものは、発芽率が90％でした。しかし、室温で保存した場合はその半分しか発芽しないでしょう。1キログラムあたり1000粒。

利用 ソラマメはいつも新鮮なものを買えるとは限りません。だから、鮮度と味にこだわるなら、家庭で栽培することです。そうすれば、生長段階によっていろいろな料理を楽しむこともできるでしょう。

乾燥させたソラマメは、よく発酵してとても味のよいワインになります。またその豆を1粒か2粒、粉にしたものと水でつくったペーストを1〜2日放置して発酵させたものは、サワードウブレッド（乳酸発酵させたパン）に使う伝統的なスターター（たね）です。

乾燥させた花でつくるお茶は、ある種の偏頭痛に効きます。

フランスでは、乾燥させた豆を2粒粉にしたものを空腹時にワインといっしょに飲んで、尿結石を溶かすために使います。

地中海地方出身の祖先をもつ人の一部

に、遺伝的にソラマメを消化できない人がいます。そういう人たちがたくさん食べると、時間がたつにつれ、具合が悪くなることがあります。

　日本人は新鮮なうちに塩ゆでしてそのまま食べることが多く、豆ご飯にもします。てんぷらにしても美味しい酒のつまみになります。

　乾燥させたものは戻して、おたふく豆や甘露煮など煮豆にしたり、炒り豆、甘納豆、フライビーンズなどにします。中国のトウバンジャンの原料でもありますし、エジプトでは主食として使われます。

品種と系統　日本で、最近出回っているのは大きくて甘く、粒入りのよい一寸ソラマメですが、他にもいろいろな種類があります。

　若サヤ用には大粒種、長サヤ種、早生種などがあります。

　大粒種は大サヤで大型の種子が入り、長サヤ種は小粒の種子が5～6粒入っています。早生種はサヤつきがよく、種子が2～3粒入っています。小粒種はサヤが小さいけれども収量が多く、乾燥豆用で、そのほとんどを輸入に頼っています。

　兵庫県尼崎市の富松地区には大粒種の起源とされる富松一寸（武庫一寸）があります。その他、早生系に房州早生、長サヤ系に讃岐長莢、大粒系には河内一寸などがあります。

　オーストラリアでは、冷涼な気候の土地向けに、一つのサヤに最大8粒の種子が入る長サヤ種があります。それらは丈夫で、初秋から晩秋まで種子をまけます。たとえば、アーリーロングポッド、ポーラー、アクアダルスなどがあります。ロングフェローは、一つのサヤに最大10粒の種子が入ります。

　栗のような味と色をもつレッドエピキュアは、丈夫で大量の収穫が得られます。ウィンザーやブロードポッドは、霜が降りる地方では地上部だけが枯れて、春になると根から芽を出します。サヤには最大5粒の豆が入り、すばらしい味です。グリーンウィンザーの乾燥させた種子は緑色で、料理しても色は落ちません。

　スカーレットケンブリッジは、深いワインのような色の豆をつけます。サットンは枝分かれが多く、白い豆が入り、早生種です。ドワーフは風の強い地方に向いています。コールズアーリードワーフは、優れたイギリスの系統のひとつであり、すべてのサヤが地面の少し上に実ります。

　1989年の『ジーンフロー』誌には、シチリア島、ポルトガル、キプロスで収集された品種の種類と在来系統に大きな多様性が見られるとの記述があります。豆の大きさ、形、早晩生などに、幅広い変異が認められました。

エンドウ

マメ科

Pisum sativum var. hortense —— pisumはラテン語で「エンドウ」の意味です。

解説　ヨーロッパ大陸の最も古い野菜のひとつにあげられるサヤエンドウは、青銅器時代までその起源をさかのぼることができます。

　まずヨーロッパで栽培され、その後、南ロシア、アルメニア、北インド、パキ

スタンとたどり、エチオピアの山地にまで伝わっていきました。原種のエンドウは、トロイの古都で発見されました。紀元前600〜900年の唐朝初期の時代には、中国にまで伝播しています。

解説　矮性種とつる性種があります。

エンドウの仲間には、ほかに次のようなものがあります。

東洋系エンドウ——学名の*arvense*は「畑に育つ」という意味のラテン語。実はなめらかで、乾燥させ、スープやパイに使われます。

スノーピー——学名の*macrocarpon*はギリシャ語で「大きな果実」を意味します。しわの寄った種をしており、白っぽい色の花をつけます。水気の多い若いサヤを食用にします。緑色のサヤのいわゆるグリーンピースは、19世紀に開発されたにすぎません。

栽培　冷涼な気候を好み、発芽適温は18℃、生育適温は15℃〜20℃です。秋まきの場合、小さい苗のうちに冬越しさせ、春先に支柱を立ててやりましょう。開花の時期に注意する必要があります。寒いと軽い霜でもつぼみがやられてしまいますし、暑いと花つきが悪くなります。連作をきらい、輪作としてはたとえばキャベツの後作にするのが適しています。

収穫の時期は食べ方によってちがいます。サヤエンドウ用には開花後15日ほどの実がまだ目立たず、サヤの柔らかいころ、スナップエンドウは20日前後の実がふくらみきる直前、グリーンピース用にはサヤが繊維質になり始めたころが食べごろです。

採種　エンドウは自家受粉しますが、ちがう品種のものは、ほかの丈の高い作物を間に植えるなどして離しておくべきでしょう。

生育状態の悪いものは取り除くことが何よりも重要です。際立って丈夫な株を見つけて、種子をとります。葉が細々とした株の豆は種子用にしないで食べてしまいましょう。

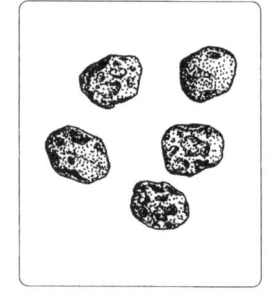

豆が食べられる段階になったら、生育状態のいい株には、目立つ色の布切れなどで目印をつけておき、4週間ほどそのままにしておきます。サヤの中で豆がコロコロと鳴るようになったらいよいよ収穫、脱粒のときです。

日本では、梅雨時期ですので、こまめに適期を逃さないように収穫します。

もし収穫のころに雨が降りそうであれば、早めに収穫してしまいましょう。ほうっておくとサヤの中で豆が簡単に発芽してしまうからです。

早めに収穫した場合、さらにゴザの上で1週間乾かした後、貯蔵しましょう。

保存　スナップエンドウのように水分が多いエンドウの種子はしぼんでおり、硬くてまるまるとしたタイプの種子に比べると発芽能力は低くなります。一般的にはエンドウの種子は約3年間は保存可能ですが、その後急速に発芽能力を失います。それでも8年間の貯蔵に耐えて発芽するものも、わずかですがあります。1グラムあたり5粒。

利用　主に未熟果を利用するものと完熟した乾燥豆を利用するものがあり、未

熟果を利用するものには若サヤ（サヤエンドウ）、青実（グリーンピース）、どちらも（スナップエンドウ）利用するものがあります。

サヤエンドウは、収穫してからすぐに食べることをおすすめします。それも朝の涼しいうちに収穫したものがいちばんです。

サヤエンドウもグリーンピースも、若い芽がたくさんとれます。これは上品な美味しさで、甘味のあるサラダ用の野菜になりますし、ホウレンソウと同じように、食べる直前にさっと炒めて使うのもよいでしょう。

収穫したばかりの新鮮なエンドウは、ニコチン酸を多く含んでいるため、血中コレステロールを下げる作用があります。またスノーピーは、腸内にたまっている有毒な老廃物を除去する働きをもっています。

キヌサヤは、煮もの、炒めもの、てんぷら、汁の具、ばら寿司の天盛りにもきれいなものです。

グリーンピースの「豆ご飯」は、だれもが食べる旬の一品です。初めから豆を入れたほうが味が深くなりますが、緑の色感を楽しみたい人は、さっとゆでておいて、炊き上がりに混ぜ込むとよいでしょう。ご飯には軽く塩を効かせてください。

グリーンピースはさっとゆでて（生のままでもよい）冷凍保存するといいでしょう。

最近人気のスナップエンドウは、サヤのまま食べますが、キヌサヤとはちがって煮ものなどには向きません。油との相性がとてもよいので、炒めものにはこれがいちばんです。

乾燥豆はひすい煮など煮豆、炒り豆、あん、菓子、味噌などに用います。その他みつ豆には赤エンドウ、らくがんには炒って粉にしたものが利用されます。

品種と系統　乾燥豆は球形のものやへこんでいるもの、色は緑色、褐色、灰色、赤色とさまざまです。

種子の表面がなめらかで紫色または青色の花をつけるタイプのものは冷涼な気候に適しています。これはデンプン質の多い昔ながらのスープにされるエンドウです。また粉にして、ときには小麦粉と混ぜて、パンの材料としても利用されていました。1904年のあるフランスの種苗店のカタログには、200を超える系統があげられています。同年のオーストラリアの種苗店のカタログでは、50以上の品種がありました。

サヤエンドウの最初の品種はオランダで完成し、フランスで「プチポワ」（小さい豆）として知られるようになりました。しかし、さまざまな品種を開発し、登録したのはビクトリア時代のイギリスが先駆けです。

そのために19世紀に命名されたものは、多くが狂信的な愛国主義ぶりを見せています。プリンスアルバート、ビクトリア、チャンピオンオブイングランド、ウィリアム1世、征服者などです。それを受けて、フランスでもナポレオンといった品種があります。

オーストラリアでは、よい種子にこだわる菜園家たちは、独自の系統の品種を守ってきました。

日本に入ったのは赤花系で、1000年以上前といわれていますが、青実を食べる

習慣がなく、広がらなかったようです。現在の主要品種は明治以降導入された品種が基本となっています。むき実用として遠州、札幌青手無、碓井、在来早生など、サヤ用として小舟早生、伊豆赤花、乙女などがあります。

ササゲ　　　　　　　　　　　　　　　　マメ科

Vigna unguiculata, V. unguiculata var. sesquipedalis —— Vigna博士はイタリア、ピサの植物学者で、unguiculataは「指の爪」を意味しています。sesquipedalisは「長さが1.5フィート」を意味し、ジュウロクササゲです。

起源　ササゲは西アジア原産ですが、先史時代にアフリカにまで伝播したと考えられています。ジャマイカや南アメリカへは奴隷売買とともに伝わりました。ジュウロクササゲは、南アジアの品種から進化しました。

日本へも古代に渡来し、古くから重要な作物のひとつとされていたようです。

解説　一年生でつる性と矮性があります。南アフリカではトウモロコシ、インドではシコクビエと間作をしてよく育てています。

ササゲの形・大きさはバラエティーに富んでいます。

栽培　ササゲは温暖な気候に適した植物のため、霜に弱く、20℃前後でよく育ち、30℃以上では、サヤのつきが悪くなります。日本では、夏場にはカメムシが好んで食害しますが、つくりやすい野菜です。早い時期につくれば、被害は防げるでしょう。

採種　ササゲは自家受粉します。

サヤが緑から褐色に変わったら順次サヤを収穫します。収穫時期をすぎて、あまり長くおくと雨にあたって、カビが生えることがあります。一度に収穫する場合、サヤが半分以上乾いていれば収穫し、その後しっかりと乾燥、追熟させます。

日に当て、カラカラになったら脱粒します。むしろの上で棒でたたいたり、もんだりしてサヤから種子をとり出します。風選し、さらに半日ほど日に当ててから貯蔵します。次シーズンの種子用に、虫食いなどのない健康そうなものを選んでおきましょう。

保存　ササゲの種子は涼しく、乾燥した条件でなら5年間貯蔵できます。1グラムあたり5～50粒。

利用　オーストラリアの温暖な地方では家畜の飼料や緑肥植物として知られていますが、日本では食用としても利用します。未熟なサヤ、青実を野菜として利用するものと完熟豆を利用するものがあります。

アメリカ南部のある地方では、ササゲ

を新鮮なうちに、サヤをとってそのまま食べています。

アフリカの村ではとても大切な食料で、ほかの野菜やスパイスを加えて濃厚なスープとして食べたり、サヤを取り去って粉に碾き、スパイスを加えてボール状にまとめ、たっぷりの油で揚げたりします。

乾燥させたササゲは、30分ほどで煮えます。胃腸内にガスがたまる原因となるオリゴ糖類をいくらか取り除くには、水に浸しておきます。

マラウイでは葉を日なたで短時間干して、陶磁器のつぼに入れ、少し水を加えます。これをさらに2日間、日なたに広げて乾燥させ、保存しておきます。

ジュウロクササゲの食べ方で美味しいのは、ニンニク、ショウガとともに若いサヤを炒めて、最後にしょう油をたらすという中華風の料理です。

日本では真夏にも収穫されるササゲは、お盆の寿司の盛りつけに貴重な緑の色づけになります。また乾燥した実はアズキの代わりにササゲご飯としても使われます。あんや煮豆としても利用します。

品種と系統 クイーンズランド州のあるメンバーは大きな種子のできるササゲをもっています。草丈40cm、つる性や地這い性ではないものです。1940年代に人気のあったとびきり優秀な豆で、成熟した種子は乾燥したエンドウのようにサヤがむけ、薄茶色で、インゲンマメのようにトマトソースを使って料理したそうです。

「シードセイバーズ」で、人気の黒と白のまだら状のササゲがあります。これは、見た目がよいばかりか、味もすばらしいものです。クイーンズランド州南東部で「黒目エンドウ」とよばれるものもあります。

東南アジアや華南では街角の露店でよく見かける品目ですが、日本では家庭栽園で若ザヤ用のジュウロクササゲ、三尺ササゲ、乾燥豆としてミトリササゲ、アズキササゲ、テンコウササゲが栽培されています。商品作物としては品種分化が見られない品目です。

アズキ　　　　　　　　　　マメ科

Phaseolus angularis

起源 東アジアとされています。日本への伝来は定かではありませんが、奈良時代には小豆粥をすでに食べていたようです。

解説 矮性種またはつる性の一年生。長さ6〜12cmの細長い円筒形のサヤには数粒から7粒ほど豆粒が入っています。薬効があることや豆の赤い色に特別な意味をみいだし、年中行事や儀式に用いられ、日本、朝鮮、中国では、重要な作物として発達しました。寒い地方で春にまく夏アズキと暖地で夏に種子をまく秋アズキ、中間型があります。

栽培 肥えた土地では葉が茂りすぎますので注意しましょう。千葉の印旛郡では、アズキは昔から土用アズキとよばれています。夏の土用がまきどきで、早すぎるとつるがのびすぎ、実が入らないといういわれです。「照りラッカ、湿気アズキ」という言葉もあります。雨の少ない年はラッカセイがなり、湿気のある年

はアズキがとれる、というのです。

採種 褐色になったサヤから順次摘み、むしろの上で乾燥させます。十分乾燥したら、横槌などでたたき、サヤから種子を取り出します。食用には取り出した種子を水洗いして、さらに乾燥させます。

熟する時期がそろわないため、北海道では十分に乾燥させてから収穫します。はじけて種子がとびださないように、朝露のあるうちに刈るそうです。

保存 密閉できる缶などに入れ、湿気の少ない、涼しいところに貯蔵しましょう。

利用 乾燥豆を用いて、古来より年中行事や儀式などの日に食べられてきました。魔除け、厄除け、ハレの祝い事だけでなく、葬式などに赤飯を食べる風習もありました。小豆粥を小正月に食べる風習は全国的にあったようです。アズキの粒の皮はやぶれやすく、あんなどに加工しやすいものですが、やぶれやすいことが嫌われ、一部の地域ではアズキではなく、ササゲを縁起物として赤飯にしたそうです。

各地に昔ながらの煮ものがあります。カボチャとアズキのいとこ煮は夏バテを防止し、冬に風邪をひかないといわれています。小豆あん、甘納豆、まんじゅう、ようかん、しるこ、ぜんざいなどの原料にします。今でも結婚、出産などにアズキを入れた餅を配る風習が残っています。アズキはサポニンを含みます。アズキサポニンは、心臓のむくみをとる漢方薬として昔から利用されているようです。煎じ汁は便秘にも効き、水分の代謝を高め、むくみをとる、利尿などの効果があります。そのほか、血液の浄化、皮膚の炎症を抑える効果もあります。効能があるといっても、一度にたくさん食べないようにしましょう。

品種と系統 粒の大きさから大きく大納言と普通小豆に分けられます。主に出回っている品種として大納言にはアカネダイナゴン、ベニダイナゴン、岩手大納言、京都大納言などの品種があります。普通小豆としては、宝小豆、光小豆、寿小豆、疾風小豆、エリモ小豆などの品種があります。その他、中納言、小納言もあります。色、形にもちがいがあり、色は赤褐色が主ですが、黒、白、緑色、斑入りもあります。

ピーナッツ　　　　　　　　　　マメ科

Arachis hypogaea —— hypogaeaは「地下の」という意味のギリシャ語です。

起源 ピーナッツには2種類あります。ひとつはアンデス原産のもので、もうひとつはブラジル原産のものです。

私たちがピーナッツバターの原料として親しんでいるペルー原産のものは、インカの墓から発見されています。このタイプは直立、矮性で地下で結実し、サヤごとに複数の大きな淡い紅色のピーナッツをつけます。これはメキシコへ運ばれ、探検家たちとともにヨーロッパ、さらにはインドネシア、インド、中国へと渡り、欠かすことのできない重要作物となっていったのです。

ブラジル産ピーナッツは、ほふく性が

より強く、サヤには暗紅色をした皮のピーナッツを2個つけるだけですが、味はこちらのほうが優れています。ポルトガル人は、人や象牙やさまざまな「商品」の交易にともない、これをアフリカにもたらしました。アフリカで栽培され始めたころは、伝えられるところによれば、ピーナッツの茂みが多くの海岸の村々で見られたということです。

1815年に奴隷貿易が廃止されたあと、貿易家たちは50年もの間、代わりに富を生み出す源を探し求めてきました。ようやく見つけ出されたピーナッツは、その筆頭となったのです。油分に富んだこのアフリカの産物は、料理用油としてヨーロッパで最も広く使われるようになりました。精製されたピーナッツ油は腐りにくいという特長もあるのです。

解説 ピーナッツは一年生で、日照りに強く、霜には弱い小型の株です。小さくて黄色のエンドウに似た花が葉の葉腋から芽の根もとに向かって伸びていきます。

受粉した花梗は伸びて根のように地中に潜り込み、やがていわゆるピーナッツとなります。

栽培 ピーナッツは熱帯地方で育つ作物ですが、アデレードのような緯度の高い地域でも育つことがわかっています。年間で最も暑い季節が来ると同時にサヤのまま、あるいはサヤを割って実をとり出してまき、気候が涼しくなってきたころに収穫します。ジャガイモと同様に、ピーナッツも土寄せしてやると実つきがよくなります。茂みになるタイプとランナーを出すタイプがあり、後者は商業作物には不向きですが、菜園には適してい

ます。

採種 容易に自家受粉しますが、交雑が起こりやすいことがアメリカで報告されています。もし複数の品種を畑に植えるのなら、品種ごとに15mは離しておく必要があります。

すべての株が黄色くなったら、掘り上げましょう。このとき、種子用に最適なものを見つけます。株ごと収穫したら、つるしておくか、上下逆さにして1週間ほど畑にそのままおいておきます。

その後ピーナッツを株から取りはずします。収量が多いようなら、ドラム缶の上に目の粗い金網を置いて、そこでこすり落とせばよいでしょう。乾燥した天候でサヤがパリっとしていたら、それ以上乾燥させる必要はありません。サヤつきのまま貯蔵します。

保存 ピーナッツは残らず収穫されるということはほとんどないので、また暖かい季節が巡ってくればいくつかは生き延びて芽を出します。0℃より少し高い温度で湿度5%に保てば、4年までは貯蔵することができます。空気にさらしていては、ほとんど1年ももちません。

利用 食用、調味材料、油用として利用されます。収穫したら生で、またはスマトラ式に蒸して、あるいはクイーンズランド式にゆでて食べましょう。円筒形の手づくり回転式グリル機でローストすることもできます（これはコーヒーの焙煎にも使えます）。

ニューカレドニアのメラネシア人は、

丈夫な茎の部分を漁業用の網に使ってきました。

ピーナッツのまわりについている赤みを帯びた薄皮は、精製食品に欠けているビタミンB1を最も多く含むといわれています。

不眠症にはピーナッツの葉と茎を10分間煎じたお茶がよいといわれていますが、一度試してみてはいかがでしょう。

収穫したら洗ってそのままゆでて食べるととても美味しいものです。乾いたものは、皮をむいてから「ホウロク」などで、気長に炒ってください。

最近よくいわれるビタミンEも豊富に含まれています。

品種と系統　出荷用に栽培されているピーナッツに足りないものといえば、味わいではないでしょうか。味があって油分が少ない品種、特にすでに述べたブラジル原産のものを探してみましょう。レッドスパニッシュは明るい緑色の葉をした小さな株で、ピーナッツの粒はくすんだ赤色です。

バージニアバンチは濃い色の葉をしており、サヤには色の薄い2つの粒をつける品種です。ガロイは冷涼な気候に適した品種で、カナダで開発されたものです。

日本では千葉県が産地です。ほふく性の系統と立性の系統があります。豆の大きさから大粒のバージニア種と、小粒のスペイン種があります。千葉県では独自の選抜系統があります。バージニア型は味がよく食用向きで、千葉半立、タチマサリ、ナカテユタカなどがあります。小粒種は菓子原料として栽培されますが、搾油原料として大量に輸入されています。

ゴマ　　　　　　　　　　　ゴマ科

Sesamum indicum

起源　エジプトなど熱帯地方。日本には飛鳥時代に渡来したようです。

解説　ゴマ科の一年生の草本で、野生種はアフリカに17種、インドに2種ほど発見されています。子実の色は白、黄、黒、褐色があり、花は朝早く咲き、開花前に受粉する自家受粉作物です。

栽培　ゴマは本当につくりやすい作目なのですが、種子を適期にまくことが肝心です。暖地では5月になれば種子まきを始めます。遅くなれば、雑草の被害にあったり、発芽直前に雨でやられたりします。ゴマには、白ゴマ、黒ゴマ、金ゴマなどがあり、どの種類も栽培方法とつくりやすさは変わらないようです。畝幅は50～60cmで、株間は15～20cmぐらいに間引きします。

採種　7月にもなればどんどん生育して、人の背丈ほどにもなります。次々と花を咲かせては、下のほうからサヤとなっていきます。下方のサヤから裂け始めたころに刈りとり、両手で握れるくらいの太さに束ねます。葉は除いて、1週間ぐらい乾燥します。桶などの中でたたき、はじきだします。そしてシートの上で十分に乾燥させます。食用はすぐに水洗いして砂やゴミを取り除いてから干しますが、種子用はそのまま干して乾燥させます。

利用　サヤから出した種子を利用します。炒って、すりゴマ、切りゴマ、練り

ゴマをゴマ塩、ゴマ和えなどの調味料として利用するほか、食用油としても大活躍しています。ゴマは芳ばしい香りと味のほか、カルシウムやビタミンなどを含み、栄養学的にも優れています。薬効としては、解毒、便秘に効くほか、純良なゴマ油は火傷、腫れものなど外用にも効果があるそうです。

古代ギリシャでは、食用、香料、医薬用、灯用として重要視されていたようです。

品種と系統 種皮の色、生育期間、草姿などのちがいはありますが、厳密な品種はありません。ヒルテブラントはサヤや茎や柱頭の形態などによりビカルペラタム種とクアドゥリカルペラタム種に分類していますが、両方の混合タイプもあり正確ではありません。同じゴマの名前のつくエゴマ（シソ科）、トウゴマ（トウダイグサ科）は、似て非なるものです。

ジャガイモ

ナス科

Solanum tuberosum ── solanumはラテン語で「夜の闇」を、tuberosumは「塊茎状のもの」を意味します。

起源 南アメリカのアンデス地方が、ジャガイモの故郷です。8000年にもわたって驚くほどたくさんの品種が栽培されてきました。高地の市場では、いまだに10種類を超えるほどのジャガイモが店先に見られます。

フランシス・ドレイクは、1585年にヴァージン諸島からイギリスにジャガイモをもち帰りました。そこからジャガイモは、アイルランド、スコットランド、そしてヨーロッパ大陸へと広まりました。当初は食用としての安全性が疑われ、家畜の飼料に用いられました。飢饉に襲われたときでさえ、ジャガイモを口にする人はいなかったのです。実にジャガイモが食用として人々に受け入れられるようになるまでに200年もの歳月を要しました。これは当時ジャガイモがさまざまな変わった形だったことと、食べてみた人がたまたま緑の皮の部分や実の部分を食べて具合が悪くなったことによるものではないか、と歴史家はみています。

1840年代にアイルランドの畑を見舞った立ち枯れ病（アイルランドの大飢饉の原因になったジャガイモの病気の大発生）は、多くの死者を出し、移民の増加に拍車をかけました。同じ品種ばかりを栽培したことが招いた人災ともみえます。そしてアメリカでこの病気に耐性のある品種の開発に力が入れられました。当時たくさんの新種が交配開発され、今でもそのうちの数種が存続しています。

解説 アンデスの農夫たちは、狭い山の畑でそれぞれの環境に適したジャガイモを何千種も選抜し、育成してきました。南アメリカには、普通栽培種（*Solanum tuberosum*）以外に、ジャガイモ属として多数の種類があり、栽培目的のものは7種あります。アンデスでジャガイモとしてつくられている非常に珍しいもののなかには、実はジャガイモには属さないものも少なくありません。

ワシントンの国立科学アカデミーのノエル・ヴィートメイヤーによる記述をいくつか紹介しましょう。

- ピチキーナ（*S. stenototumum*）──最も古くに栽培されるようになった種です。ナッツのような風味があり、市場に出されるふつうのジャガイモの間に混植されます。
- リメナ（*S. goniocalyx*）──濃い黄色の実で、とても味がよいものです。ペルーのリマの街道で軽食として売られます。
- ラッキ（栽培種の*S. juzepczukki*と野生種の*S. curtilobum*をかけあわせたもの）は、ペルー中部やボリビア北部の標高5000m近い、年間300日も霜が降りる環境でつくられています。アンデスの農夫は霜の降りやすい場所では確実に収穫が期待できるラッキ種を栽培し、手をかけて加工してスープをつくります。

これらアンデスに伝わるジャガイモのほとんどは、今日私たちのまわりにあるジャガイモとはまったく異なるものです。アンデス種のものは霜やセンチュウに強く、それぞれ個性豊かな地域によく適応しています。

栽培 冷暗所に保存してある種イモを、徐々に常温に慣らしながら、準備をします。浴光催芽をするとよいでしょう。温度が20℃前後になるように調整しながら、数日から10日ぐらいまで、日光に当てます。直射日光が強すぎる場合は、被覆します。ジャガイモは霜に弱いものです。未熟な有機物が土に含まれていると、新しくできたイモの表皮に障害が起こることがあります。

収穫は土が乾燥しているときにおこなうと貯蔵性がよいです。

繁殖 通常、望むジャガイモの特性を失わないようにするために、種子からではなくイモを使います。健康な中ぐらいの大きさのイモから育てます。

春の植え付けには、小粒のものを丸ごと、または大きめの種イモであれば、植え付け2、3日前に2、3片に切り分けます。1片につき一つ芽がついているようにしましょう。

秋の植え付けには、小粒のものを切らずに種イモとします。または1週間ほど前に切り分け、腐敗を防ぎます。植え付け時に土が乾いていることを確かめてください。湿っていると病気のもとになる可能性があります。

生長具合を細かに観察し、健康で強そうな株に印をつけます。葉や茎が枯れたらていねいに掘り上げ、まる1日風通しのよいところで乾燥させます。

特別な場合として、数の限られた種イモからたくさん増やしたいときや、姿を消しつつある古い珍しい品種のジャガイモを残そうとするときなどは、芽を1つずつつけて種イモを小さく切り分けて使う方法もあります。この場合、切り分けた小片は、切り口を乾燥させてから植えます。翌年からはふつうに育てます。ひとつの畑に数種の異なるジャガイモを植えてもよいでしょう。

ジャガイモは、ウイルスなどの病気にかかりやすい作物です。病気にかかったものは、種イモに使わないようにしましょう。

採種 キャンベラに住むある採種家からジャガイモの栽培について一言よせられています。「もっと多くの人が種子を使って多種多様なジャガイモの栽培にチャレンジすべきだ。ジャガイモの花は時

折緑色の実をつける。この実は、つき始めてから6週間くらいで完熟し、完熟したらとる。完熟した実は押してみると少し柔らかい。種子を器に絞り出し発酵させる（トマトの項を参照）。そのあと、乾燥させ、使用するまで保管する。これらの種子からは実に多様なジャガイモが顔を出す。一世代目は小さいが、5年ほど強い植物を選抜しながら採種をくり返すと、いくつかの新しい系統ができてくる。これらの系統はそれぞれ間隔をあけて栽培し、生長具合をしっかり観察記録することだ」。

保存 種イモは風通しのよい暗所に置けば、何ヵ月もの間保管できます。5～6℃以上の温度になると芽が出始めるので、1～2℃が無難です。凍結は禁物です。

利用 ジャガイモは品種によりそれぞれ適した料理があります。インカの時代からサラダ用にはそのつやつや感が、ロースト、ゆであげ、チップス用としてはそのモチモチ感が重宝されてきました。

ドイツや東ヨーロッパの人々は、ジャガイモからシュナップスとよばれるアルコール飲料をつくってきました。

生のジャガイモをすり下ろした汁は、胃酸過多、胃潰瘍、赤ちゃんの下痢にもよく効きますし、関節炎や火傷の湿布薬としても使われます。

デンプンの含有量が1％ほど少ないメークインは、煮ものやシチューなど姿の残る料理に向き、サラダやコロッケ、粉ふきいもなどには男爵が合います。

日本では、食用のほか、飼料用、加工原料として利用され、片栗粉の原料にもジャガイモデンプンが利用されています。

品種と系統 世界には紫、桃色、黄色、青、黒、赤など、さまざまな色の皮のものがあるようです。また果肉の色や大きさ、形もさまざまです。

伝統的な人気種として、アーリーマニスティー、アーリーローズ、アップトゥデート、ブラウネルズなどがあげられます。また、古いカタログを見ると、カルメン、ボヴィニア、ディーン、レディーウェブスター、スコッチブルー、ビレッジ、ブラックスミス、ウッドストック、キドニー、ビクター、スノーフレークなど、何百もの種類が並んでいます。

オーストラリアの店頭に並ぶジャガイモのほとんどは、オーストラリア農業省で耐性のある強い品種として出されたものです。ほとんどの州で主な品種は、セコイア、セバーゴ、ケネベック、ポンティアック、エクストンで、それに西オーストラリア州の人気種であるデラウェア、ニューサウスウェールズ州のカレルが加わります。

「シードセイバーズ」のあるメンバーは、ある古い金鉱の近くで、野鳥の巣の跡からジャガイモを一つ見つけました。皮は茶色がかった紫色で、果肉は明るい紫色でした。このジャガイモはダーゴゴールドフィールドと名づけられ、今では出荷した残りはチップスに加工されています。

また別のメンバーは、いまだにキングエドワードやマンハッタンなどの古い品種のジャガイモを大切に育てています。後者は、牧草地で野生の黒いイモをひろってきて始めたものです。

珍種中の珍種といえばマニスティーです。これはある農夫が彼の曾祖父が監獄の庭で見つけたものだといってゆずってくれたものです。なんでもこの名前は、オーストラリア入植当時のある囚人に由来するそうです。桃色のジャガイモで、平たく育ち、火を通すとその形や質から必ずと言っていいほど崩れてしまいます。

別のコレクターは「ジャパニーズポテト」という異名をもつローズデール種を育てています。バナナの形をしていて黒や青い皮をもち、火を通すとその紫色がすこし色落ちするものです。一風変わったきめの粗い舌触りです。

ルアはニュージーランドの北島に見られる丈夫な品種で、さまざまな用途に適した味のよい、日持ちのするものです。クリフスキドニーは、よい種イモとして定評のある品種です。紫色の皮のマオリは、ツヤのある良質のジャガイモです。

日本では、慶長年間、オランダ船の長崎への来航が伝来の起源とされていますが、品種についての記述はなく、本格的には明治以降の北海道開拓により、官園で試作したのが品種導入の草分けです。当時あった品種として、アーリーローズ、スノウフレイクなどが推奨されました。当時は疫病がジャガイモの大敵で、明治35年ごろフランスから種子を取り寄せて品種改良が試みられています。疫不知という品種が選抜され、後にこれから北農第2号が選抜されています。昭和に入って、海外の著名な品種のほとんどが北海道に導入されました。現在でもこのころまでに導入されたメークイン、男爵の2品種が主流で、遺産の大きさに驚かされます。戦後育成された品種としてワセシロ、トヨシロ、デジマなどがあります。また、加工、デンプンにも広い用途のある品種として農林1号があります。昭和に入って育成された品種はほかにもありますが、そのほとんどが農林水産省北海道農業試験場の育成種です。

アンデスは赤い皮をもち、春秋植え付け可能なつくりやすい品種で、家庭菜園家に人気です。

サツマイモ　　　　　　　　　　ヒルガオ科

Ipomoea batatas —— iposとhomoisはギリシャ語で「ミミズのような」という意味です。そのよじれた茎に関連しています。batatasはpotatoの南アメリカ現地語です。

起源　南アメリカと西インド諸島が原産地です。古代にはアメリカ全土とポリネシアで栽培されていました。コロンブ

スが最初にヨーロッパにサツマイモをもち帰り、初期のスペインの探検家たちがフィリピンとインドネシアにもっていきました。さらにインド、中国、マレーシアへと広まりました。

エリザベス1世の時代には、サツマイモはスペインからの輸入品として賞味されました。シェークスピアの戯曲でファルスタッフが天に向かってイモに雨を降らせるように懇願する一幕がありますが、ここで彼がいっているのはサツマイモのことです。

解説 サツマイモは、つるにつく葉が丸いものから深いギザギザがあるものまでさまざまです。このイモには、さまざまな風味、質感、色合いのものがあります。日本には、救荒作物として1605年に導入されました。

栽培 サツマイモは高温性の作物で、3～4月に育苗し、地温が20℃になったころにつる苗を植え付けましょう。比較的土地を選ばず、どんな天候でもよく育ちます。ただ、肥えすぎた畑につくると、つるばかり伸びてイモがならない「つるボケ」になります。味は土質にもよりますが、干ばつのときのほうが美味しいものです。霜にあうと、つるは枯れ、イモは傷みます。

繁殖 種イモからつる苗を育てます。50～60日ほどかかりますので、病気のない200～300グラムほどの大きさの種イモを3月中旬に苗床へ伏せこみます。

萌芽適温は30℃前後です。電気温床を使うと便利ですが、枯れ葉や油粕など有機物の発酵熱を利用して温床を手作りできます。萌芽後しだいに温度を下げ、芽が4～5cmのころ、床の温度を23℃ほどに下げ、20cmになったころから外気に慣らしていきます。

種イモを伏せこむ前に48℃のお湯に40分間浸したり、採取したつる苗の基部3分の1を48℃のお湯に15分間浸すと、黒斑病の予防ができるそうです。

葉が7～8枚ついたらイモから3cmくらい上で切って苗にします。苗の長さは25cmくらいです。切りとった苗は日陰で数日おいてから植え付けます。植え付け1ヵ月は水分が必要ですが、その後の生育期には水はけのよいように高畝にします。

保存 霜が降りる前にすべての収穫を終えるようにします。収穫したイモは株ごと乾かします。つる割れなどにかかったものは種イモからはずします。貯蔵用の穴は幅70cm、深さ120cmに手やユンボで掘ります。乾いたイモを株ごと入れ、上にわらを敷き、竹か丸太を水平に並べ、さらにわらをかぶせてもみ殻をかけ、その上に土をかけ、雨が入らないように山形にします。収穫後1ヵ月間は呼吸しているので、節を抜いた気抜き竹で炭酸ガスを放出させます。

穴貯蔵しないで倉庫に貯蔵する場合、収穫したイモを株ごと乾かし、かごに入れ、倉庫に入れます。温度は10℃以下にならないようにします。

利用 サツマイモは貯蔵が効き、有益なエネルギー食品であり、高レベルのミネラルとビタミンを含んでいます。特に色のついたイモは、ビタミンAを多く含んでいます。

生のままですり下ろしてサラダ用にも使えます。熱帯地方や亜熱帯地方の雨期には、若い葉はありがたい青菜になります。

サツマイモが主要な根菜作物であるパプアニューギニアでは、サツマイモ粉がつくられ、パンの小麦粉を補うために使われます。

日本では「石焼きイモ」に人気がありますが、伝統的には蒸して食べるのが主流でした。輪切りにして鉄板焼きにもよく使われます。中華風の大学イモは、唐揚げしたイモを、砂糖のアメで絡めたものです。

食物繊維を多く含み、便通をよくし、美容にもよいので、昔から女性の好物とされています。また比較的熱に強いビタミンCも豊富に含まれています。

白いイモもありますが、昔から干しイモとして利用されているようです。

品種と系統 イモの肉質は、ホクホクして粉の吹いたものからしっとりしているものまであります。

古い系統を導入するときには、まずそれを観察するために畑の一区画に隔離するのが得策です。貧弱な株がウイルス汚染の兆候だということがよくあります。もし、そうであれば、焼却すべきです。

現代の系統はウイルス病に耐性をもつように交配されてきました。

オーストラリアには少なくとも6種類の食用になるサツマイモがあります。

・*I. abrupta* 葉に毛があります。
・*I. brasiliensis* 薄い紫色の花が咲きます。
・*I. costata* ヤラとよばれ、砂漠での重要な主食です。とても大きくなり、葉も食べられます。
・*I. gracilis* 紫色のハマヒルガオです。
・*I. graminea* 芝草のような葉をもっています。
・*I. velutina* オーストラリア北部で発見されました。

日本では*I. batatas*に属する食用イモが中心で、高系14号、紅赤（金時）、ベニコマチ、ベニアズマ、七福などの品種があります。サツマイモは30％がデンプン原料用、7％程度はアルコール用として栽培され、それぞれ専用の品種があります。最近では加工用として、多様な用途があり、品種の検討がおこなわれています。

サトイモ・タロイモ　　　　　　　　サトイモ科

*Colocasia esculenta*など —— おそらくは「食物」というギリシャ語colon、「飾る」というラテン語cazein、「食用になる」というラテン語esculentaに由来します。

起源 サトイモもその仲間のひとつであるタロイモも、熱帯アジアの原生植物で、亜熱帯や熱帯で十分な水が得られるところならどこでも繁茂しています。

ジェームズ・クック船長は、タロイモをサンドウィッチ諸島で見つけました。一方、キリストの時代にはエジプトで、14世紀には日本で記録に出てきます。

タロイモはおそらく最初はニューギニア（ここはまさしくタロイモの国です）からサンドウィッチ諸島に渡来しました。また、東インドネシアのマカッサル島の漁師たちが北オーストラリアの野営地にタロイモ畑を残したのではないでしょうか。

19世紀に、中国人はオーストラリアの金鉱地にタロイモを持ち込みました。もっと最近では、マルタ島出身の人、ベトナム系の人など移民が、それぞれの系統の品種を持ち込みました。

日本へは原始型のサトイモが縄文時代、イネよりも古くに渡来したといわれ、雑穀とイモを中心に照葉樹林文化が伝わっていたようです。8月15日の芋名月やお正月料理といった年中行事に利用するなど、日本人の生活の中で古くから重要な作物でした。

解説 タロイモは、ひとつの植物を表す名称というよりは、むしろ包括的な名称です。日本のサトイモも、世界的にはタロイモの中に分類されるのです。葉は大きくて、ゾウの耳のように見えます。葉は細い茎に支えられており、大きくて、食用になるイモがついています。イモには、しばしば毛があります。

*Colocasia*属は、オーストラリアでタロイモとして利用される最も一般的な植物ですが、他の種類も栽培されています。詳しくは、品種と系統の項で説明します。

栽培 日本で栽培されているサトイモは、乾燥には弱く、湿り気のある、肥沃な畑でよく育ちます。一度の霜では枯れませんが、何回かあたると枯れます。日本各地の田んぼで、水芋など田芋の栽培をおこなっていたようです。

繁殖 親イモから子イモ、孫イモをはずして植えます。孫イモのほうが、子イモより生長点が多いので、小さいイモでもよく育ちます。芽出しをしてから植えると、生育が早くなります。床の温度を24〜25℃にし、植え付け15日前に床に伏せこむとよいでしょう。

保存 霜が数回降り、葉と茎が枯れてから掘ります。霜で傷まないように、土寄せは十分にしておきます。あまり早く掘って貯蔵すると、茎が腐るときにガスが発生し、イモまで腐ることがあります。株が小さいものは、ウイルスにおかされているかもしれませんので、種イモからはずしましょう。

貯蔵は排水のよいところに、深さ70cm、幅90cmの穴を掘り、子イモをつけたまま、茎を下にして、さかさまに積み上げます。わらをかけ、その上に土を20cmほどかけ、雨が入らないように山形にします。貯蔵温度は7℃なので、暖地では掘り上げず、十分土寄せすれば保存できます。

穴貯蔵しないで倉庫に貯蔵する場合も、穴貯蔵同様さかさまに積み上げます。

利用 この上なく栄養価が高くて、消化されやすいデンプン食品なので、特に子どもや老人に向いています。

どんな料理をつくったらいいかは、その種イモをくれた人に聞くのがいちばんでしょう。品種によって合う料理があるからです。ゆでるだけで「衣かつぎ」として食べられる日本の品種などは、どんどん広める価値があるものです。

外国の品種のほとんどは、皮を剥いて大きなかたまりに切ってから、1時間以上水に漬けておきます（できれば水を替えながら）。これはタロイモからシュウ酸化合物を除くためです。

ココヤシのクリームと海水で味をつけ、パンノキの葉にくるんで土に埋めて蒸し焼きにするのが、太平洋地方の伝統的な調理法です。

品種によっては葉や茎も食べられますが、シュウ酸化合物を含んでいるものも

あるので、食べられる品種かどうか、よく調べる必要があります。日本では、食べられる品種の葉茎は、ズイキとよばれて酢のものなどに使います。乾燥させて保存もできます。

ビル・モリソン氏は、酵素と栄養物についてのパーマカルチャーの本の中で、タロイモは発酵すると栄養価が増すと述べています。ポリネシアでは、発酵させたタロイモをポイとよびます。

品種と系統 オーストラリアの品種で、エドエというタロイモには、小さい子イモがあり、株全部を引き抜かなくても収穫できます。

ハワイには200以上の品種があるようです。

エリールナイオエは、ハワイ先住民の宮廷用の黒いタロイモのひとつです。ハワイアンオーエは、高地に適応した品種です。中国のブンロンは、とりわけチップスに用いられます。日本のツルノコは、たいへん長く貯蔵できる品種です。

同じサトイモ科に属する次のようなイモ類も、タロイモとして売られたり食べられたりします。

- *Amorphophallus spp*——ゾウヤムイモは、派手な花をつける、インドとスリランカの原生植物です。インドと南太平洋の島々ではデンプンの調達源ですが、食用にするために長く水にさらす必要があります。
- *Xanthosoma violaceum*——ニューギニアでは、香港タロイモとか中国タロイモとかよばれています。このイモはコロンブスの時代以前に、西インド諸島と南アメリカからもたらされました。ややこしい話ですが、ニューカレドニアではフィジータロイモとよばれています。
- *X. brasiliense*——ハワイではタヒチの青菜とよばれ、オーストラリアではセロリタロイモとよばれます。
- *Cyrtosperma chamissonis, Cyrtosperma edule*——ミクロネシアの原生植物で、環礁に掘られた穴の中で育てられます。島の人たちはまた、かごを編んで、それを堆肥となるものでいっぱいにして穴に入れます。この属の中には、ソロモン諸島の湿地性の巨大タロイモがあります。

日本で栽培される品種は、*Colocasia*属で、主に三倍体のものが多く、不稔性です。渡来時期は非常に古く、当時中国で栽培されていた品種がそのまま利用され、現在にいたるまでほとんど大きな変化が認められません。品種は14品種群、約35品種に分類されます。

サトイモは利用する部分によって親イモ用、子イモ用、親子兼用、葉柄用品種に大別されます。全国で多く販売されているのは子イモ用品種です。子イモ用品種の石川早生は子イモが小型の球状で、たくさんつき、肉質はやや粘質で、貯蔵性があります。衣かつぎ用の土垂は楕円形、肉質は粘質性で、品質がよく貯蔵性があります。えぐいもは、短い円筒形の親イモはエグくて食べられません。親子兼用品種として、赤芽は全体的に赤みを帯び、親イモ・小イモとも肉質は粉質で品質がよいが、貯蔵性は低いという特徴をもちます。唐イモは親イモが太い楕円形、子イモは長く曲がり、エビイモともよばれます。肉質は粉質で緻密で味がよいものです。エビイモを使ったイモ棒は

有名な京料理です。八つ頭は親イモが合体し、サトイモの中で最も大きくなります（直径約15cm）。肉質は粉質で味がよく、縁起のよい食べ物とされています。セレベスは大吉ともよばれる、赤みを帯びたサトイモです。親イモは大きめの楕円形、子イモは大きく球状。ぬめりが少なく、煮るとホクホクになります。以上の親子兼用種はズイキも食用となります。唐イモのズイキはゆでて酢のもの、和えものにもします。タケノコイモは親イモ用品種で、長形でタケノコに形が似ています。肉質は粉質で煮くずれしにくく、ホクホクした食感です。葉柄用品種としては、ハスイモがあります。この葉柄（ズイキ）はエグ味がほとんどなく、いもがらの材料となります。

ヤマイモ・ヤム　　　　　　　　　　ヤマノイモ科

Dioscorea alata, esculenta —— 1世紀の植物学者Dioscoridesにちなんで名づけられました。alataは「羽がある」というラテン語です。四角い茎についている四つの羽根に関連しています。esculentaは「食用になる」というラテン語です。

起源　ヤムの仲間は、ほとんどの熱帯地方で自生しています。オーストラリアに数種類、ヨーロッパにも1種類あります。日本のヤマイモも、ヤムの仲間です。

ヤムという名前は、西アフリカの方言です。ニュージーランドでヤムとよばれているイモは、ヤムではなく、オカです（オカを参照）。

解説　ヤマノイモ属を総称してヤムといいます。日本では*opposita*種に属するものをナガイモ、*japonica*種をヤマノイモ、*alata*種をダイショとよんでいます。*rotundata*種、*cayenensis*種、*esculenta*種、*bulbifera*種、*trifida*種、*dumetorum*種、*hispida*種などが食用に利用され、これ以外にも薬用に適する種もあります。

つる性の植物で、ハート形の葉がたくさんついている四角形の断面をもつ茎を、1〜数本伸ばします。イモは表皮が茶色で、土の中で大きく生長します。熱帯や亜熱帯で生育するヤマノイモ属のうち、食用となるのはごく一部です。これらは、太平洋域内ではよく知られており、主食であるのはもちろん、儀式にも用いられます。

メラネシア系の人々には、男らしさを象徴する数種のヤムがあり、酋長専用にされています。

栽培　高温多湿を好み、発芽、発育に17℃以上が必要です。耕土が深く、地力があり、適度に湿度のある土壌が栽培に適しています。つるが伸びるので、支柱を立てる必要があります。秋につるは黄変し、枯れます。

繁殖　日本のヤマイモの場合、掘り上げたイモを切り分けて種イモにする方法と、つるにつくムカゴを2年間育て、種イモにする方法があります。いちょういも、つくねいもは、イモの切り分け、ナガイモはムカゴからの方法をとることが多いようです。イモを切り分けて種イモにする場合は、冬に掘り上げ、金属の刃ものではなく、竹べらで切ります。竹べらのほうが腐らないといわれているので

す。切ったあとは草木灰をつけ、乾燥させます。乾燥した種イモは畑で30〜50cmの盛り土をし、雨水が入らないように高畝にして貯蔵します。このとき種イモどうしがくっつかないようにします。

ムカゴを育てて種イモにする場合は、時間がかかります。1年目で30グラム、2年目で80グラム前後となって初めて種イモとして使えるようになります。

保存 収穫はつるが枯れてから春に芽が出るまでいつ掘り上げてもよいでしょう。春以降も貯蔵したいときは、冷蔵庫で1〜2℃で貯蔵します。ただし、品種によっては寒さに弱く、霜にあうと腐るものもあり、その場合はこの限りではありません。

利用 ヤムは、皮がむきやすく、たくさんに切り分けて火であぶります。煮たり、蒸したり、すべてジャガイモと同じように食べることができます。

日本のヤマイモはすり下ろして、とろろとして食べるのが昔からの伝統的な料理で、ご飯にかけたり、刺身をあえたり、とろろそばなどにします。たんざくに切ってわさびしょう油で食べることもあります。

品種と系統 ヤムにはたくさんの異なった形や大きさがあります。ある種は1.5m、幅30cmにもなります。オーストラリアでは、アボリジニの人々が、少なくとも3種類のヤムを食用にしています。

- *bulbifera*種：非常に毛の多いヤムで、北部一帯にみられます。これは「空中ヤム」ともよばれ、大きなハート形の葉をもち、葉腋に紫色の果肉のムカゴがつきます。
- *hastifolia*種：西オーストラリアの南西部と西部にあるこのヤムは、オーストラリア自生植物の本に、「多収性なので、このイモによって定住が始まった」と記述されています。
- *transversa*種：北部からニューサウスウェールズ州に至る東海岸までにあるこのヤムは、長いヤムとよばれています。

これらの種類はすべて選抜して大きなイモをもつ種類に改良することができるでしょう。

日本では、*opposita*種に属するナガイモ群（ながいも、一年いも、とっくりいも）、イチョウイモ群（銀杏いも、仏掌いも）、ヤマトイモ群（大和いも、伊勢いも、丹波やまのいも）が地域特産として栽培されています。*japonica*種は自然薯あるいはヤマノイモとよばれ、山野に自生しています。*alata*種のダイショは葉が長くて大きく、イモは形や色がさまざまで、粘りがあり、乾燥に強いものです。

一般に、長形種のナガイモ群に比べて、扁形種のイチョウイモ群や塊形種のツクネイモ群はとろろの粘りが強い傾向があります。これらの系統群は、栽培されている地域の風土に適した系統が選抜され特有の名称がつけられ、種イモが維持されています。

また、自生種の自然薯は、ナガイモ群が中国大陸から導入される前から、食用のみでなく、生薬や強壮剤として利用された貴重な植物です。

ショウガ

ショウガ科

Zingiber officinale ──「角の形をした根」の意味のギリシャ語、officinaleは「薬店」の意味のラテン語です。

起源 アジア。

解説 ショウガの根茎は店でよく見かけますが、ショウガの生えている姿を見たことのある人は少ないでしょう。ショウガは生長すると1mくらいまで育ち、細い茎からは細い互生葉が水平に突き出します。特有の香りと辛味があり、ハジカミともよばれています。

栽培 ショウガは暖かい気候の作物で、霜にあうと枯れます。種ショウガにするには、排水がよく、保水性のある火山灰土壌がよいでしょう。

繁殖 地温が15℃以上になったら、種ショウガの芽を2、3個つけて、手で折り分け、芽を上にして植えます。発芽するまで数週間かかります。干ばつの年は灌水すると生育はよくなります。気温が35℃以上になると、茎が黄色くなって枯れる褐色腐敗病が出ることがあります。病気が出た株は抜きとり、病気の蔓延を防ぎます。

保存 日本では食用として葉ショウガは8月、根ショウガは10月から収穫します。ひと霜あて、ふた霜あてないうちに収穫します。ひと霜あてると塊茎はしまり、貯蔵に適するようになるのです。ふた霜あてると寒さで傷みます。手で掘り上げ、包丁で茎を2〜3cm残して切ります。株が病気にかかって塊茎が小さいものははずします。貯蔵用の穴は幅80cm、深さ180cmに手やユンボで掘ります。収穫したショウガを20cm入れ、掘ったときに出た赤土を10cmかけます。これを地表から60cmくらいの深さまで、交互にくり返し、最後の赤土の上にもみ殻を30cmかけます。収穫後1ヵ月間は呼吸しているので、トンネル栽培用のパイプを渡して厚めのシートをかけ、雨の侵入を防ぎます。1ヵ月たつと呼吸が止まるので、もみ殻を地表までかけ、さらに50cmくらい土をかけ、雨が入らないように山形にします。

穴貯蔵しないで倉庫に貯蔵する場合、収穫したショウガはシートを敷いたかごに入れ、封をしないでそのまま倉庫に置きます。10日ほどすると茎がショウガの塊茎から簡単にはずれるようになるので、これをはずします。再びシートを敷いたかごに入れ、いっぱいになったところでもみ殻をかけ、少しゆすってショウガの間にもみ殻が詰まるようにします。そして乾燥しないように封をします。温度は10℃以下にならないようにします。寒さの厳しくない地方では、畑に残して翌春まで随時収穫することができます。

利用 香辛野菜として古くから利用されてきたショウガは、その香り、風味だけでなく、殺菌作用、薬効の面でも重要です。中国漢方に多用されてきました。

卵、ショウガ、酢の組み合わせは滋養強壮の効果が大きく、ショウガを丸ごと、黒酢、砂糖でつけたものは、産後食べると、母乳の出がよくなるといわれています。

すりおろしたショウガでつくるお茶や汁は発汗作用があり、軽い風邪の対処やダイエットに効果があります。しょうが湯の湿布も発汗促進、疲労回復に利用さ

れます。ショウガは熱を加えすぎないよう、つぶして料理の最後に入れるとよいでしょう。炒めものにはショウガとともに、ニンニクも忘れずに。

紅茶を入れるときに茶葉といっしょに皮をむいたショウガを入れたり、ショウガを原料とした炭酸飲料であるジンジャービアを何口かすると、ニンニクの臭いが中和されます。

「シードセイバーズ」のあるメンバーは、ショウガを保存するために、よく洗って、少し酢を混ぜた水を入れたねじぶたつきのびんの中に入れておきます。

日本での利用のしかたとして新ショウガを薄口のだしでしらす干しなどと煮つけると、新鮮な美味しさがあります。また、スライスして、湯を回しかけ、塩をふって冷ましてから甘酢に漬けると、甘酢漬けのでき上がりです。梅酢に漬けると紅ショウガです。

料理の隠し味、ショウガじょう油、タレ、すりおろして麺類や冷や奴の薬味、針ショウガの和えものなど、幅広く利用されます。

品種と系統　ショウガ科には多くの変種があります。明るく赤い色をした*Aframomum spp.*のサヤに入っている種子は、パラダイスペッパーという香辛料としてコショウを入手しにくいヨーロッパで広く用いられています。

カルダモン（*Amomum spp.*）もショウガ科に属しますが、このサヤはインドのカレーやアラビア風のコーヒーに用いられています。

ラオス（*Alpinia galanga*）は、カヤツリグサともよばれ、東南アジアでは鶏肉とともに料理されます。昔の香辛料交易では、ナツメグ、シナモン、クローブとともにショウガは主要香辛料のひとつとして珍重されていました。これらは、オーストラリアのニューサウスウェールズ州北部で私たちが昔からつくっているパーマカルチャーの菜園の低地で、ほとんど手をかけられずに生育しています。

付録●珍しい野菜・ハーブ
64品目の種とり法

エンダイブ

キク科
学名＝*Cichorium endivia*

　エンダイブは地中海、コーカサス山脈およびトルキスタン周辺の野生のチコリーに由来しているようです。チコリーと混同されることもあります。エンダイブには、白、黄色および緑の葉をもつフリル型と、縮れた葉をもつスカロール型があります。

栽培　初冬に畑の温かいところに植えます。十分な水分がないととう立ちし、とても苦くなるので、株の周囲に厚い草マルチを施すのが理想的です。天気のよい時期には収穫の1週間前に、ポニーテールのように葉を結んで軟白します。

採種　エンダイブは自家受粉性の二年生植物です。よい株を選んだら、収穫せずにとっておきます。花茎は1mの高さになりますから、支柱をします。先端を摘むと大きな種子が得られます。青い花弁がエンダイブとレタスを見分ける目印となります。レタスは黄色い綿毛状の花をもち、扁平で細長い小さな黒または白の種子をつけます。エンダイブはベージュ色の種子をつけます。チコリーとは交雑しません。花と茎が乾燥し、サクが褐色になったら茎ごと切り、日陰につるしておきます。年輩の栽培者によれば、発芽に時間がかかる種子は早期とう立ちするようです。

保存　種子は乾燥した冷暗所で保存すれば5年以上発芽能力があります。1グラムあたり900粒。

利用　香辛料を加えたサラダや、肉類のつけ合わせに。

チコリー

キク科
学名＝*Cichorium intybus*

　別名キクニガナ。シリアで野生のチコリーから食用として栽培化されました。19世紀に冬野菜の軟白化栽培が始まり、軟白用品種ができました。緑の縮れた葉をもつ品種と、コスレタス（立ちチジャ）のような葉をもつ品種の二つの系統があります。

栽培　軟白種は、冷涼地で育ちます。畑地では晩春に種子がつきます。春のあまりに早い時期に種子をまくと、暖かく乾燥した気候ではとう立ちしがちです。秋の中ごろ、葉は枯れ、根を掘り出せます。太いものを軟白用に選び、菌床屑に植えて、冷暗室に入れます。食器棚の中や植木鉢の下などでもかまいません。葉を利用するのなら、秋や春に種子をまきます。

採種　チコリーは、完全花をつける二年生植物です。自家不和合性で道端のチコリーをはじめ、ほかの品種と交雑しますが、エンダイブとは交雑しません。2品種以上の種子をとるなら、畑1枚分離しても不十分です。販売目的でなら400mの隔離が必要です。

　株は、強健な茎を伸ばし、数本に枝分かれし、2m程度になります。種子は管状でベージュ色をしており、脱粒しにくいものです。枝が枯れたら、枝全体をくしゃくしゃにして紙袋に押し込み、日陰に掛けておきます。両手で強くもみ、風選してもみ殻と種子を選り分けます。種子をとり出すのが難しい作物です。風選は慎重に。

保存　種子は長持ちします。8年は大丈夫です。1グラムあたり600粒。

アーティチョーク

キク科
学名＝*Cynara scolymus*

別名チョウセンアザミ。地中海沿岸とカナリア諸島の原産だと考えられています。古代ローマ時代から賞味されてきました。

適所で育てば長持ちし、気候と場所によっては花は初春から秋にかけて咲きます。茎は小枝をいっぱいつけて2mにもなります。やがて香りのよいつぼみが茎の上部につき、見事な紫の花が咲きます。

栽培 地中海気候の深く肥沃な土でよく育ちます。冬に土が冷たくなり、水分が過剰になると朽ちてしまいます。収穫を終えたら、地上30cmで茎を切り、根を冬の寒さから守るために、根株にマルチをします。亜熱帯地方では日除けをします。

繁殖 枝先に手ごろな大きさのつぼみをつけた株のひこばえから繁殖させます。種子から育てると、最初の年のつぼみはわずかです。

採種 新しい変種を得るためには、まず種子をまき、選抜する作業をくり返します。かなりの割合が、棘の鋭いものに退行していくこともあります。そういったものは間引きます。

大きな紫色の花が、太い茎の上に咲きます。食べられる段階をやり過ごすと、総苞片は硬くなり、紫色の小花で頭部が覆われるようになります。白いわた毛が飛んでいき、サヤの中に種子が残ります。がくは棘だらけなので、種子をとり出すのは厄介な仕事です。

保存 種子は乾燥した低温下なら、5年はもちます。1グラムあたり30粒。

カルドン

キク科
学名＝*Cynara cardunculus*

地中海沿岸西部原産。カルドンは2500年前にエジプトで栽培が始まりました。20世紀初頭にはヨーロッパでは流行の野菜となっています。1.5mまで育つビロード状の毛の生えた葉をもつ灰色っぽい多年生のアザミです。アーティチョークとは異なり、調理・食用にするのは葉柄部です。

栽培 カルドンは種子から育てますが、かなりの寒冷地以外では秋にまくのが一般的です。肥沃な土壌が必須条件で、やせ気味だったり乾燥気味のところでは、すかすかの細い茎しか出ず、結実量も少なくなります。葉柄部を束ねて覆いを巻きつけておくことで軟白できます。

採種 カルドンの花はそれぞれ、自分の花粉ではなく、同じ株の別の花の花粉を受粉して、種子をつくります。花はアーティチョークに似ていますが、少し小さめで、鱗片に囲まれているたくさんの青い小花で構成されています。カルドンとアーティチョークは交雑します。

最も元気のよい株を、軟白したり、摘んだりせずに、採種用に残しておきます。それぞれの株について3、4個の花だけ残すように剪定します。それらの花が白い綿毛を見せ始めたら、刈りとって、紙袋の中に入れ、屋内の日陰にぶら下げて乾燥させます。種子はとり出しづらく、花全体をたたきつける必要があります。

保存 種子は長方形でやや扁平、茶色の縞模様のある灰色です。温度差の小さい冷暗所で密閉すれば4年以上保存可能です。

セルタス

キク科
学名＝*Lactuca sativa*

　学名のLactucaは、ラテン語で「ミルク」を意味するlacに由来し、白い草汁を示します。sativaは、「栽培された」という意味です。

　セルタスは、レタスの一品種で、原産地の中国では萵筍（ウォスン）とよびます。

　品種によって葉の幅がちがいます。赤色のセルタスもあります。有機農業では、結球レタスよりつくりやすいものです。

解説　可食部は、1mもしくはそれ以上にも伸びる太く柔らかい茎です。セルタスの葉はロメインレタスやチマサンチュに似ています。育ち方と味とから、セルタスは別名アスパラガスレタスともよばれています。

栽培　ほかのアジア産緑色野菜と同じく、徒長ぎみに育てると、たいへん柔らかくみずみずしく育ちます。

採種　種子はかなり早く実り、簡単に収穫できます。レタスと同じ方法で採種します。とうが立って、長く伸びてきたら、支柱を立てて補助します。特に風の強い畑では必要です。ブラウンロメインレタスから数m離れたところのセルタスから採種しても、交雑する恐れはまったくありません。

保存　セルタスの種子は5年間もちます。1グラムあたり1000粒。

利用　生でサラダに用いたり、加熱調理したり。葉も茎も食べられます。セロリ、レタスやアスパラガス、アーティチョークのような香りです。

セイヨウタンポポ

キク科
学名＝*Taraxacum officinale*

　ヨーロッパとアジアが原産。この植物は多年生で、利尿作用があります。多くの栽培者からありがたがられることはほとんどありませんが、小さくて細かに縮れた葉だけではなく、かなり大きな葉をもった栽培品種もあります。味わいに魅力がほとんど感じられないそっくりな雑草と見分けるには、花茎が1本で中空であるということに気をつけるとよいでしょう。

栽培　セイヨウタンポポは、苦みが出ないように、できる限り短期間に生育させます。ふつう、冬に種子をまいて、春に収穫します。野生のセイヨウタンポポであっても、土壌が良質であればよく育ち、苦みも少なくなります。

採種　セイヨウタンポポは花が散って実ができるまでの期間が短く、おなじみの黄色い花をつけます。改良種を栽培している場合には、特に優良な株だけから選抜をします。でなければ、すぐに野生種に戻ってしまうでしょう。素早く収穫しないと、種子は風に運ばれてしまいます。

保存　種子は2年間貯蔵できます。1グラムあたり1000粒。

利用　サラダには中型の葉を選びます。食用酢と油を加えたドレッシングが欠かせません。苦みのある葉と酸味・油が協力しあって体の中を掃除してくれます。また、花も食べられます。野生のものでも春先なら食べられます。焙煎した根でコーヒーを入れることができます。これは肝機能を高めます。

ヒマワリ

キク科
学名＝*Helianthus annuus*

アメリカのユタ州およびアリゾナ州原産で、3000年前から栽培されています。16世紀にスペイン人がヨーロッパに持ち帰り、17世紀にロシアへ伝わって、ここを中心として品種の分化が進みました。食用油用として用いられ、日本では観賞用です。

栽培　春に種子をまきます。ヒマワリは、近くの雑草を抑えるといわれます。

採種　近くで別の品種を育てていても、少しなら交雑はほとんどしません。しかし、広いヒマワリ畑のそばでは、品種の特性がなくなる可能性が大きくなります。

花弁がしおれてサクが硬くなった頭花を摘みとります。多様性を保つために、できるだけ多くの頭花から種子をとります。鎌またははさみで頭花を切り、束ねて1週間ほど日に干します。その間に生育の遅い種子も熟します。量が多い場合は、コンクリートの床の上で、棹で打ちつけて脱穀します。少量の場合は、手で揉み落とします。種子をあおぎ、ふるいにかけます。ざるに並べるか袋に入れてつるし、害虫を避けてさらに1週間乾燥します。貯蔵する前に、大きく形のよい粒を選びます。

保存　十分乾燥させ、冷暗所で湿気を避けて貯蔵すると5年くらいもちます。1グラムあたり10～20粒。

利用　若い葉や根を食用にします。花弁を湯がいてサラダに添えるときれいです。種子をもやしにして、サラダに使うと、柔らかくてよい香りがします。中国では炒ったり、揚げたりしておやつにします。

キクイモ

キク科
学名＝*Helianthus tuberosus*

北アメリカ原産。サンチョークともよばれ、ヒマワリとは近い親戚にあたります。最初にアメリカ先住民によって食用とされ、16世紀にマサチューセッツ州でヨーロッパ人が最初に使用しました。イタリアへ持ち帰りブタの飼料として、また兵士のためのアルコールをつくるのに用いたという記録があります。現在ではよく増える若い塊茎が美味しいとされていますが、その当時は風味のほとんどない食物とされ、救荒作物として利用されたものです。

栽培　キクイモは頑丈な植物です。畑の片隅に植え、あとはほうっておいてもよく育ちます。風除けにもなります。

繁殖　通常は塊茎で増やし、冬期は貯蔵しておいて春に植えます。この塊茎は、実際は乾燥状態では貯蔵できず、ひからびてすぐ枯死してしまいます。冬期に地面が凍結する土地では塊茎は湿らせた砂の中に貯蔵しますが、キクイモの塊茎はある程度は耐霜性があるので、寒冷地でなければ土中に置きます。

塊茎を太らせるには、毎年掘り上げて分割し、植え替える必要があります。洗って皮をむきやすい系統を得るには、節が少ない塊茎を選抜して定植します。

採種　花頭部で種子が熟すのに十分に温暖な気候が長く続くところでしか採種はできません。

利用　キクイモはスープにすると美味しく、サラダにすると歯ごたえがあります。クワイの代わりにも使います。

カレンデュラ

キク科
学名＝Calendula officinalis

　カナリア諸島、ヨーロッパ中南部、北アフリカ原産の一年生植物。別名ポット・マリゴールド、またはトウキンセンカ。明るい黄や橙色のヒナギクのような花をつけます。草丈は低く、株立ちします。

栽培　寒さに強く雪にも耐えるため、秋まきできます。寒地では春まき。日なたを好みますが、多少日陰でもかまいません。

採種　虫媒花なので、特定の系統の色や性質を維持したいのなら、一度に１品種だけを栽培する必要があります。

　二重咲きのカレンデュラが次のシーズンにも現れるとはかぎりません。原種の一重に戻ることがあるからです。花弁が乾いたら、花茎がまだ緑でも、花穂を刈りとれます。手でかるくつぶすと、三日月形に曲がったものや真っ直ぐなものなど、不揃いな形の種子が現れます。どんな花でもよい株を選ぶことがよい種子を得る条件ですが、カレンデュラは、最近の派手な園芸種のルピナスやペチュニアほどは、厳密さを要求されません。

保存　種子は放置すれば１年しかもたず、乾燥した暗い場所でも２年です。１グラムあたり100粒。

利用　食用・薬用にするのは花弁です。サフランの代用として、また安全な黄色の着色料として卵料理などに使います。サラダやスープの彩りに生の花弁をぱらぱらと散らします。花弁を沸騰させた濃い食塩水にさっとくぐらせたあと、白紙に広げて乾燥させ、保存できます。

マリーゴールド

キク科
学名＝Tagetes species

　この仲間には、約50の属があり、独特の強い香りのする一年生か多年生の草です。アメリカ合衆国のアリゾナ州、ニューメキシコ州からメキシコ地方が原産です。

栽培　マリーゴールドは、とても丈夫で、酸性土ややせた土地にも育ちます。

採種　マリーゴールドの採種は、最も簡単なもののひとつです。花期は長く続き、その期間、円筒形の乾いた穂が次々とつくられます。その穂を摘んで、すぐにまき直すこともでき、あるいは来年のために貯蔵しておくこともできます。種子は手のひらで揉むとごく簡単にとれます。風選が必要だとしても、ほんの少しです。

　商品として出回っている大型のマリーゴールドのいくつかは、フレンチマリーゴールドとアフリカンマリーゴールドとの交配の結果です(F1)。それゆえ、これら雑種から採種したものは親と同じ形質にはならず、また一部は不稔でしょう。

保存　種子は、２年から４年保存できます。１グラムあたり300粒。

利用　マリーゴールドは、サラダに散らして食用ともなる観賞用の花のひとつです。庭や畑の甲虫類を防ぐといわれます。果樹園の草を抑えるので、畦や畑の周囲に植えておくと、多目的な価値があります。トマトやその他のセンチュウの被害をうけやすい植物と一緒に植えると効果的な品種もあります。ただし、種子をつける前に刈りとらないと雑草化してしまうことに注意してください。

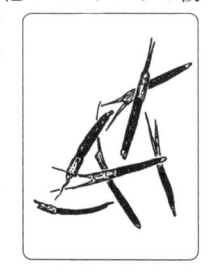

サルシファイ

キク科
学名＝*Tragopogon porrifolius*

現在も野生で採取できるヨーロッパ南部が原産です。イタリアで13世紀に栽培が始まりました。地中海式気候であるニュージーランドや南アフリカのケープ地方にも、この植物は帰化しています。二年生で、長細い根と平たい灰色っぽい葉があります。

栽培 最低1年以上堆肥を入れておいた土に秋に直まきします。堆肥が未熟だったり、多過ぎたりした場合、根が二股になります。収穫時には、根を傷めないように。風味が損なわれます。

採種 通常は、2年目までは花茎ができません。晩秋の収穫期のあと、最もよい株を畑に残しましょう。土が凍結するような特殊な場所では、収穫後に最も真っ直ぐでなめらかな根を選んで、2年目の移植のために保存します。

リーキのような葉の内側からは、円筒形の茎が枝分かれして伸びてきます。花は目を見はるような深い紫色で、夜明けに咲き昼ごろに閉じます。次々と続いて咲き、長期間にわたって生長します。

鳥が種子を食べてしまわないように注意します。種子は地面に落ちやすいので、次々と収穫しなければなりません。熟した頭花を揉み、くずを風選でのぞきます。

保存 種子は紙やポリエチレン袋などに入れると1年しかもちませんが、密閉した容器に入れておけば3〜5年は保存できます。1グラムあたり100粒。

利用 根をきれいにするには、一晩水に浸けておきます。若い花茎も食べられます。

タラゴン

キク科
学名＝*Artemisia dracunculus*

別名カワラヨモギで、ヨモギの一種。ここでは地中海周辺に起源をもつフレンチタラゴンについて述べます。

葉は5cmほどに細くとがっていて、濃い緑色で香りがよいものです。フレンチタラゴンは種子をつけないので、カタログに載っているタラゴンの種子はフレンチタラゴンのものではあり得ません。おそらくロシアンタラゴンでしょう。

栽培 フレンチタラゴンは、タイムが育つような、アルカリ性でやせた小石の多い土壌で育てるのがベストです。

繁殖 花は小さく緑色ですが、種子はつけないので株分けによって増やします。

全草を掘り上げ、それぞれ一つの茎に十分な根がついているように気をつけて分割します。これらの株分けされたものを、水はけのよいところに定植します。

販売用に育てられたタラゴンが本物の繊細なタラゴンの味であることは希で、これは肥料が多すぎたためか、フレンチタラゴンでないか、のどちらかです。

利用 タラゴンは、サラダやピクルス、酢、魚料理用のソースや、溶かしバターソースに混ぜて用います。乾燥させると、すばらしい風味を失います。

ペルシャでは食欲増進に葉を食べ、フランス人も同じ目的でこれを使います。やせたがら土に育ったタラゴンの新鮮な葉を30グラム、上等の白ワインに1週間漬け込みます。毎食前に一杯飲んでください。医者もお薦めですよ！

コリアンダー

セリ科
学名＝*Coriandrum strivum*

　別名コエンドロ、パクチィ、コウサイ、シャンツァイ。南ヨーロッパとユーラシアの一部に起源があります。一年生で、オーストラリアでは葉菜用として栽培されます。春、夏の乾期には、若いうちに株ごと束にして市場に出荷されます。一部のレストランや食通から1年中需要があります。

栽培　移植に弱いため、直まきにします。栽培は湿気の十分にある時期におこなってください。乾燥すると、すぐにとう立ちします。私たちは秋の最も雨量の多い季節に植えますが、地元のハーブ生産者は一年を通して栽培しています。大型の野菜の陰で栽培してみてください。

採種　花は両性花で、自家受粉し、またたくさんの昆虫も訪れてきます。別の種類のコリアンダーをもっていれば交雑してしまうでしょう。白いレース状の花が広がった散形花序の枝の頂部につきます。

　種子が緑色のときに、いやなにおいの段階を過ぎます。その後、種子が淡褐色に硬く変化したら採種し、再びまいたりスパイスとして用います。種子は一度に全部は熟しません。熟するとちょっとした振動で落ちるので、次々と収穫しなければなりません。保存する前に完全に乾燥することが必要です。

保存　種子は3年もちます。1グラムあたり90粒。

利用　種子は香辛料に、葉はスープ、肉料理や特に魚とともに用います。つぶした薄い根は、タイ料理には欠かせません。

ディル

セリ科
学名＝*Anethum graveolens var. esculentum*

　ディルは一年生で、医薬として普及していることから中央アジアその他の地域に広く分布しています。イラン、イラク、アゼルバイジャン、アルメニア、トルコの一部地域、北チベット、アフガニスタン、モンゴル、北インド、パキスタンといったさまざまな土地・気候に自生し、その耐性の高さがわかります。また南ヨーロッパでディルは麦畑の雑草となっています。一見、フェンネル（ウイキョウ）に似ています。主茎からたくさんの側枝を伸ばします。この茎はとう立ちして房状に散形花序をつくり、黄色の花をつけます。ほかの多くの野菜もそうですが、花は美しいものです。

栽培　霜の心配がなくなった春先に植えます。枝が揺れるだけで種子が落ちるので、たやすく自生します。

採種　ディルは虫媒受粉をしますが、ほかの野菜と交雑することはありません。ただし、ディルとフェンネルは交雑するともいわれます。食用や菜園用の種子の保存も簡単です。種子が薄茶色になれば、とり扱いに注意しながら散形花序を切り、日陰で帆布か紙上にのせて乾燥させます。軽くたたいて種子を落とします。

保存　種子は乾燥した冷暗な条件では3年もちます。1グラムあたり900粒。

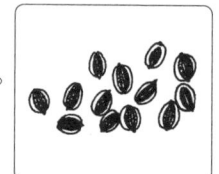

利用　ディルの種子はキュウリといっしょに入れてピクルスにします。葉は北ヨーロッパ料理のソースにします。ブロッコリーやキャベツと混植すると、虫除けになります。

セルリアック

セリ科
学名＝*Apium graveolens, var. rapaceum*

別名カブラミツバ。400年前にヨーロッパで、茎よりも根のためにセロリから選抜されました。セロリより少し小さな葉で茎も細く、半分土に埋まっている大きな根をもちます。セロリよりも耐寒性があるので、オーストラリア南部地方に住む人にとっては、格好のセロリの代用品です。

栽培 セロリと同じように栽培します。根回りの土をあまり動かさないようにし、軟白化目的の土寄せもしません。

採種 二年生で、セロリと同じ畑で栽培すると、昆虫によって交雑します。このような一代交配種を栽培すれば、セロリとセルリアック両方の多様な個性を見せてくれる植物が登場するでしょう。

根の上半分が出ているので、採種する株の土中の状態が見えて好都合です。最も典型的な姿の根を選ぶためには、1年目の生育を終えた休眠期間中に、株全体を掘り上げます。根の肌がなめらかで、均整のとれた形のもので、葉の株もとがより小さいものがよいでしょう。選抜のあと、畑に植え直します。地面が凍ってしまう地域では、冬期は地下室に貯蔵します。春に植え直して採種します。

保存 冷暗所で保管すれば、発芽率50％を最低5年は維持できます。1グラムあたり2000粒。

利用 散形花序をつくり、上のほうから熟すので、熟したものから収穫します。種子は、両手で揉みほぐせばすぐにはずれます。2、3日干し、ふるいにかけます。

チャービル

セリ科
学名＝*Anthriscus cerefolium*

南ヨーロッパと東南ロシアが原産です。まばらに生えて丈が低く、非常に繊細に切れ込んだ葉をもっていて、庭を美しく飾ってくれます。

栽培 オーストラリアの温暖な地方での冬の作物として、チャービルは肥沃な土地でよく育ちます。伝統的にキャベツの間作として栽培されてきましたが、これは現在話題となっている共栄作物（コンパニオンプランツ）の考え方のはしりでしょう。種子は発芽に光を必要とするため覆土はしません。土の表面にばらまいて水を頻繁にやります。夏期は日陰で育て、冬期は日をいっぱいに浴びさせて育てる必要があります。

採種 まず最も精力の強い株に注目します。チャービルは小さな白い花の散形花序を形成します。開花後1ヵ月で種子は収穫できる状態になります。小さな種子は非常に容易に脱粒するので、十分な量の種子を得るためには毎日収穫する必要があります。チャービルは大量の種子を生産します。

保存 種子は1～2年間もつでしょう。1グラムあたり450粒。

利用 古代ギリシャ人、ローマ人は葉を青菜として利用し、根はデンプンとして料理しました。チャービルはチャイブやイタリアンパセリとともにフランスのオムレツに用いる「フィーヌゼルブ」に欠かせない材料です。伝統的にエンドウと一緒に食べます。

フェンネル

セリ科
学名＝*Foeniculum vulgare*

　フェンネルはローマで好んで使われた食品であり、医薬であり、イタリアに起源するものと思われます。辛みのある道端の雑草のフェンネルと、甘みのある栽培種のフローレンスフェンネルとでは大きなちがいがあります。後者は肥大した大きな基部をもちます。

栽培　葉をとるには早く育て、茎の基部を大きくするには十分施肥します。

採種　フェンネルは二年生で虫媒花を咲かせます。畑のフェンネルは、400m以内にある野生のフェンネルと交雑します。とう立ち後（支柱は不要）、散形花序に黄色い花が見られます。緑色の種子はだんだん乾燥して茶色になります。それぞれの花が熟したらとり入れます。紙の上で乾燥させ、種子をとり、よく乾燥してからびんで保存します。

保存　種子は細い楕円で、筋があり、淡褐色です。貯蔵方法がよければ4年間もちます。1グラムあたり500粒。

利用　フローレンスフェンネルの肥大した基部は、チーズ、ミルク、ワイン、ピリ辛などお好みのソースで調理して食卓に出せます。また、生でも、十字に切り込みを入れてサラダに混ぜると美味しく、パスタのつけ合わせにもよく合います。種子をつけるようになれば、たくさんの使い道があります。枝分かれして伸びて頭花となる茎はたいへん柔らかく、パリパリ食べられます。花も美味です。種子は口中清涼剤として食べられます。

アメリカボウフウ

セリ科
学名＝*Pastinaca sativa*

　今日知られているアメリカボウフウは、ユーラシア大陸で今なお栽培されている野生のアメリカボウフウから進化したものです。これは中世では必需品でしたが、ジャガイモが一般化するにつれ、使われなくなりました。大きく、なめらかで柔らかい、白色の根を収穫します。

栽培　温暖な気候では秋、より冷涼な気候では春に植えられます。

採種　寒冷な気候では二年生と考えられています。さまざまな品種はお互いに交雑し、野生のものとも交雑します。

　花と種子は、冬を越した翌年の春、細い溝があり、へこみのある、分岐している茎にできます。小さな花は、大きく広がる散形花序として咲き、昆虫の力をかりて受粉します。中心の大きな散形花序が、採種に最適と考えられています。

ほとんどの種子が茶色になったら、株を元のほうで切るか、株全体を引き抜いて、しっかりと乾燥させます。種子は平らで、薄く、かなり大きいもので、羽に似た構造です。脱粒性が高いので、収穫を遅らせてはなりません。

保存　種子は、採種後、次の播種期までしか貯蔵できません。種類によって、形、色、サイズの点でさまざまな種子があります。1グラムあたり200粒。

利用　なめらかで柔らかいアメリカボウフウのすばらしいスープがつくられ、有名なアメリカボウフウのワインがあります。胃の不調に効果があるといわれます。

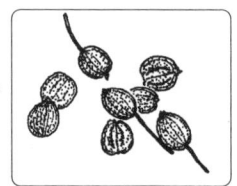

ペルーサトウニンジン

セリ科
学名＝*Arracacia esculentum*

起源はペルー高地です。多年生で、長さ45cmほどになるかなり太い根が10本ほどできます。大きなパセリのような葉は深緑色で、長さ60cmにも及び、茎の本数は多く空洞です。定植から18ヵ月で、茂みは幅1mにも達します。ジャガイモと同様に調理されますが、より安価で生産されるため、南アメリカの主要都市で人気があります。

栽培　温暖な地域では1年を通して栽培できます。オーストラリアやニュージーランドの亜寒帯の地域では、初春に栽培を開始するのがよいでしょう。葉は霜に弱く、冬期には寒さから守る対策が必要です。アンデス地方ではジャガイモの共栄作物として混植されます。根は定植後14ヵ月で収穫できますが、涼しい気候の地域では収穫できる十分な大きさに生長するまでに2年ほどかかるときもあります。

繁殖　ふつう、株分けで増やします。定植後、10ヵ月で株分けができるまでに育ちます。大きな葉を刈り込み、根から掘り起こします。大きくて美味しそうな根塊や、塊茎のスープを楽しんでください。

子株を定植する前に2～3日、表面が硬くなるまで放置します。非常に強い植物で、枯れたように見えても芽を出します。

花を咲かせますが、種子ができることは希です。もし、種子がつけば、大きくて平らな種子がとれます。

利用　若い根は10分蒸せば食べられます。焼いたり揚げてもよいでしょう。

バジル

シソ科
学名＝*Ocimum basilicum, O.gratissimum, O.sanctum O.canum*

バジルには何種かありますが、いずれもアフリカかアジアが原産地です。多年生のものも一年生のものもあり、地這い性のものから巨大な灌木になるものまであります。

栽培　温暖な季節に適した植物です。寒冷地では、収穫が夏になるように植えてください。多年生のバジルは冬に剪定をしてやると、その後も元気に繁茂します。

繁殖　多年生のバジルも一年生のバジルも、挿し芽からの繁殖ができます。ふつう、一年生のバジルは、種子を使います。

採種　別品種のバジルと交雑します。異なる品種同士の間隔は、できれば50mとります。種子は花の下のほうから上に向かって成熟してゆき、通常サヤの中には種子が4粒入っています。てっぺんのサヤが褐色になり乾いてきたら、茎を切るか、手で茎をなで上げてください。

紙の上に広げるか、紙袋の中に入れて乾燥してください。サヤを両手に挟むか、目の細かい網に乗せるなどしてよく揉み、種子をとり出します。混ざり物がありますので、大きなボウルに入れ、注意しながらボウルをゆすってください。種子が底に、もみ殻が上に集まります。大きなもみ殻は指でつまみ出し、残ったもみ殻はそっと吹き飛ばします。目の細かいふるいにかけると、ゴミは下に落ちます。

保存　種子は乾燥した冷暗所に封をして置けば、5年までもちます。小さく球状をしていて、1グラムあたり600粒。

ミント

シソ科
学名＝*Mentha spicata*

ミントは、湿潤な場所を好むほふく性で芳香のある多年生の植物です。花が咲くときに花茎が立ち上がってきます。

栽培 ミントは、灌水設備のあるところで育てるのが理想です。また、枝葉を飲料水に浮かべたり、料理のつけ合わせに使ったりするため、キッチンの近くに用意しておきたいハーブのひとつです。一部の園芸家はミントは悪党だとしていますが、多くのミントは簡単に地面を覆いつくし、野菜畑の生きたマルチとして利用ができるものです。

繁殖 ミントは通常は挿し木で育てます。容易に他と交雑するため、種子繁殖よりも挿し木のほうをお勧めします。

採種 採種は花がすべて咲き終わったあと、釣鐘状の花が茶色く乾燥したときにします。種子は非常に小さいものです。収穫と乾燥には紙袋が役立ちます。

種子は枯れた枝葉と一緒に吹き飛ばされてしまいますので、風選は慎重に。花梗や花弁のくずはボウルの中で静かに揺することによって上のほうに集まってきます。それらを手を用いるか、目の非常に細かいふるいを用いて取り除きます。

保存 種子は1年間は発芽が可能です。1グラムあたり40000粒。

利用 ミントには多くの種類がありますが、すべてポプリに適します。含まれる油分は、熱い風呂の湯に溶け出します。

アジア系の人は、ミントの若枝を野菜サラダにつけ合わせます。

ローズマリー

シソ科
学名＝*Rosmarinus officinalis*

地中海地方、特に沿岸部では現在でも自生のものが見られます。芳香を発する常緑の灌木で、針のようにとがっていて、表面が革のような葉がついています。花は、薄青い色で、ときに白色です。ローズマリーは原産地と同様に乾燥した温暖な気候と土壌であれば自生でき、気候が合えば、何十年にもわたって生育します。

栽培 かなり温暖な気候の排水のよい土壌がローズマリーの好む生息環境です。

繁殖 湿潤な気候下では、次々と植え続けることです。枝を切り、その3分の1が地中にもぐるようにして、良質な土壌に植えることを続けてください。湿気や雨で枝が腐ってきたとしても、他の枝がそれにとって代わるでしょう。

採種 株を更新するために種子をとることができますが、ローズマリーの種子はたいへん小さいものです。花が終わったら種子の形成を注意深く観察しておかないと、種子は落ちてしまいます。

保存 種子は1年間は寿命があり、1グラムあたり900粒。

利用 プロバンス地方の他のタイムやセージ、オレガノやラベンダーなどのハーブ類と同様に、ローズマリーは非常に優れたラム肉のローストのつけ合わせです。新鮮な葉を敷いた上に、肉を乗せて出すと、滴り落ちる肉汁がハーブの香りを肉に立ち上らせます。ローズマリーには記憶力を高める働きがあるといわれ、全身の強壮剤として、用いられます。

セージ

シソ科
学名＝*Salvia officinalis*

地中海沿岸が起源。種子はローマ軍人によって帝国の各地に運ばれました。芳香油が豊富で、中世期後半には広大な土地で貿易のために栽培されました。このハーブ農園の名残が仏領域全般に散在しており、古代の系統が特に薬用を目的として選抜されていたことがわかります。低く伸び、頑健で、多年草であるセージは、乾燥した石灰質土を好みます。

栽培　セージは、もともと乾燥した岩地に生えます。よい結果を得るには、畑でもそのようにすべきでしょう。

繁殖　セージは、挿し木によって増殖できます。ほとんどのハーブと同様に、太めで硬い茎をとり良質の土壌に最低半分の長さを埋め込みます。

採種　セージは種子から始めると早めに開花するといわれます。夏の終わりごろに花が咲き始め、いくつか種子の入った粘着性のある釣鐘形のカプセルとなります。

種子の収穫はサヤが乾燥して壊れやすくなったら、両手で揉んで種子を出します。茎を吹きのぞき、大きなくずを吹きのぞいたら、目の細かいふるいでほこりをふるい落とします。

保存　種子は3年間保存でき、1グラムにつき約250粒。

利用　調理用のハーブとして、イタリア料理で、特に魚料理や鶏料理で一般的に使用されます。セージ茶には殺菌効果があり、のどがかれたときや扁桃腺の炎症時にこれでうがいをするとよいでしょう。

タイム

シソ科
学名＝*Thymus vulgaris*

スペイン、フランス、イタリア、ギリシャの比較的乾燥した地域の岩場の斜面に自生しています。学名のthymusはギリシャ語で「勇気」を示す言葉からきています。その連想で、フランス革命時には共産党員が身につけていました。約50の品種が報告されています。レモンタイムとよばれているものは、カーペット状に広がり、プロバンス地方では道の縁どりに使われています。抽出したハーブオイルは、ベネディクティン（リキュールの一種）の成分です。

栽培　原産地の環境に合わせて、温暖で水はけのよいところを選んで、アルカリ性土壌を客土してください。

繁殖　親株の特徴を残すには、根を切断して植えます。

採種　タイムは自家受粉しますが、虫に好まれるため、異なる品種間でお互いに交雑してしまいます。フランスのプロバンス地方で、私たちはある丘の斜面に12種の系統が自生しているのを収穫しました。青や白の花が茶色になると、すぐにベルの形のサヤの中に熟した種子がつきます。

保存　種子は5年ほどもちます。1グラムあたり6000粒。

利用　花が咲いているときに料理用と薬用を選別してください。乾燥した（粉末にしたものではなく）タイムの小枝は、蒸した野菜の上や焼き肉の下に置いたりできます。生の花や葉で、食後のハーブティーをつくります。

マジョラム

シソ科
学名＝*Origanum majorana*

　この多年生植物は、南ヨーロッパの田舎道の道端に、野生化しています。17世紀に伝わったメキシコでは、今では馴化しており、メキシコ料理には欠かせないものとなっています。スウィートマジョラムは、もっと草丈の高いオレガノからできました。ほふく性の香り高いハーブです。

栽培　地中海原産の多くのハーブと同じように、夏は乾燥気味がよく、冬は温暖を好みます。もしそういう条件でない場合は、その気候を模すような小さな区画をつくります。たとえば、雨がかかりすぎないようにひさしをつけたり、石の多い高温の場所を庭につくります。

繁殖　マジョラムやオレガノを増やす最も簡単な方法は、挿し木苗です。

採種　種子は、一度に実らないので、花が乾燥し始めるぎりぎりまでおいてください。花穂を切り落とす時点で、紙袋に入れ、日陰につるします。外皮がはがれたあとに、ふるいにかけて、注意深く吹くか、風選します。

保存　種子は、5年間保存できます。卵形で、赤みがかっていて、1グラムあたり12000粒。

利用　採種の過程でとれるもみ殻は、イタリア風のトマトソースに入れます。オレガノは、イタリア料理のトマトサラダによく合うハーブです。ピザには、たくさんの乾燥マジョラムが用いられます。マジョラムを煎じた汁は、船酔いを予防するといわれています。

クロダネカボチャ

ウリ科
学名＝*Cucurbita ficifolia*

　メキシコ高地が起源とされていますが、南アメリカのアンデス高原のほうが普及しています。長いつるには深く切れ込んだ葉がつきます。果実の大きさは小さめのスイカほどで、色は緑に白い斑点もようです。世界のカボチャの中で唯一多年生で、また種子が黒いのもこれだけです。

栽培　クロダネカボチャは、ほかのカボチャより容易に栽培できます。オーストラリアの亜熱帯地域では、真冬から夏の終わりまで着果をします。寒さに強く、高地でも栽培できますが、霜には強くありません。棚を這い上り、つるをかなり伸ばしますが、カボチャほどはびこることはなく、光をさえぎるほど地面を覆いつくすことはありません。冬にいったんつるは枯れますが、春に再び芽吹きます。

採種　ほかのカボチャとは交雑しません。採種用の充実した果実は皮がかなり硬くなります。収穫後少なくとも3週間以上は追熟させます。幅広で平たく黒い種子をスプーンなどですくい出し、果肉などを取り除きます。種子のまわりの粘質物は、1日水に浸漬してから水で洗い流す必要があります。その後、日陰の温かなところで、2週間ほど乾燥させます。

保存　冷暗所ならば最長5年間保存が効きます。1グラムあたり5粒から8粒。

利用　リンゴ大になった未熟果を収穫してそのままキュウリのように食べるか、もしくは軽く調理します。大きく熟した果実はプディングやジャムにします。

ヘチマ

ウリ科
学名＝*Luffa cylindrica, L. acutangula*

熱帯アジア原産で、ずっと昔にアラブ諸国に運ばれました。東南アジアや中国、台湾では未熟果を食用とします。熟した果実の繊維も利用されます。強健な生育で、5〜8mにもなります。雌雄同株異花で、虫媒花です。成熟した果実の内皮が肥大して、果肉に繊維が発達します。日本では、主に繊維を利用しますが、古くから食用でもありました。鹿児島では三尺へちまに属する食用種が自家採種されています。

栽培　霜が降りなくなってから、苗を植えます。つるが伸びるので、棚や竹、木などを利用して這わせます。

採種　果実を完熟するまで置くと、皮の色が緑から褐色に変わります。さらに置くと、果肉が乾燥して皮が割れてきます。こうなると種子も乾燥し、振るとカラカラ音がします。乾燥した繊維を破って種子を出します。

保存　種子は5年間保存できます。1グラムあたり20粒。

利用　未熟果を炒めもの、汁ものにしたり、生野菜として珍重されます。香港では肉といっしょに料理され、セイロンカレーやジャマイカカレーにも使われます。

ヘチマの果実はタワシに利用します。あまり硬くならないうちにとり入れて、約10日間水につけます（毎日水を替えてください）。その後天日で干せばよいのですが、白いほうが好きな人は過酸化水素を使って漂白するときれいに仕上がります。ヘチマ水で化粧水もつくれます。

ヒョウタン

ウリ科
学名＝*Lagenaria siceraria*

民族植物学者はヒョウタンの起源に言葉を濁します。1年間海流に漂っても発芽するからでしょう。紀元前7世紀ごろにメキシコ、紀元前5世紀ごろにペルー、紀元前4世紀ごろにエジプト、紀元前1世紀に中国で栽培されていた記録があります。

葉は大きく丸く柔らかく、傷がつくと独特の香りがします。白い花は夜に開き、24時間以内にしぼみます。未熟の果実は柔らかく、多少毛が多いですが、熟して種子ができるころには硬く茶色くなります。

栽培　春に、棚、木、または柵のそばにまきます。

採種　カボチャのように、雄花と雌花が分かれています。半径400m以内に1種類以上生育している場合には、夜、その白い花を人工受粉させる必要があります。ウリ科ユウガオ属のヒョウタンの品種はそれぞれ他家受粉しますが、ほかのウリ科（特にカボチャ属）の植物とは交雑しません。ヒョウタンは受粉を蛾や他の夜行性の昆虫に頼っています。

果実の中で種子がカタカタ鳴ったら、上部に切り目を入れて種子を振り出します。手の間で揉むようにして、乾燥した果肉片を種子から除きます。さらに乾燥させる必要はほとんどありません。

保存　ベージュ色で、角張っていて平らな独特の形をしています。紙袋または種子本来の容器であるヒョウタン自身の中で保管すると、5年はもちます。1グラムあたり30粒。

グアダビーン

ウリ科
学名＝*Trichosanthes anguina*

　インドとオーストラリア北部に自生しています。早く生育する一年生のつる草です。花は優美な白色で、種子は大きく、薄茶色で、砂まみれの石ころのように見えます。果実は長さ1mまで生育し、だんだん皮が硬くなってゆきます。ヘビヒョウタンともよばれ、果実の外観はヒョウタンに似ていますが、正確にはヒョウタン（ウリ科ユウガオ属）でもマメ科の仲間でもなく、ウリ科植物です。

栽培　グアダビーンは長い生育期間を要します。1961年の『クイーンズランドの農業および牧畜のハンドブック』は、グアダビーンを種々雑多な植物の項に記載し、1ページを割いています。私たちの畑は亜熱帯地方ですが、実を結んでいます。長い果実を伸ばすために、果実の下に石をくくりつけてもよいでしょう。

採種　グアダビーンは、ほかのウリ科植物とは交雑しません。果実を食用に適する時期よりもずっとあとまで残しておいて、縦に長く開き、果肉で覆われたかたまりをえぐります。これを水の中に入れて1日浸しておきます。その後、手で種子をとり出します。種子を屋外で1週間程度乾燥させ、もう1週間紙袋に入れてつるしたままにしておきます。名前と収穫した日付をつけて、びんに貯蔵します。

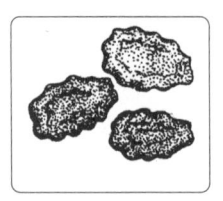

保存　特色のある種子は1年か2年もちます。1グラムあたり約6粒。

利用　食卓用には、種子が硬くなり、果肉がふくらむ前に摘みます。

コリラ

ウリ科
学名＝*Cyclanthera pedata*

　起源は、中央アメリカ、南アメリカの高原地方です。近縁種は熱帯および亜熱帯地方に適していて、地上を這い、こんもりと茂ります。夏至を過ぎ、日が短くなり始めると、実をつけます。コリラには、大きな格子垣をつくるよりも丈の低い丈夫な三脚をそれぞれにしつらえてやるほうがよく生長します。果実は小さく中空で、ヒョウタンに似ています。キュウリのような味がしますが、少しぱさぱさしていて、風味はアーティチョークに似ています。原産地のボリビア、ペルー、カリブ諸島でよく育ちますが、ニュージーランド、ネパール、南フランスやイギリスでもハウス栽培ならよく実るといわれます。

栽培　暖かい季節に、格子垣のそばに植えます。

採種　種子は黒く亀のような形をしており、果実から簡単にとり出せます。これを1週間乾燥させます。果実がつるに残ったまま種子が完熟すると、自然に土に落ちて芽吹きますが、この苗は間引く必要があります。手入れの行き届いていない畑では、このつるはやがてほかの植物を包み込んでしまいます。コリラは、ほかのウリ科植物とは交雑しません。

保存　種子は2～3年もちます。1グラムあたり30粒。

利用　幼果をとって、手早く炒めます。また、挽き肉や米を詰めて焼いてもよいでしょう。東南アジアでは生で食べられているようです。

フジマメ

マメ科
学名＝*Dolichos lablab var. niger*

エジプト原産で、今では世界の多くの熱帯地域で見られます。緑肥・飼料用の品種に比べて、食用は豆が大きく、サヤの中の硬い内皮がありません。種子は乾くと黒色、暗色、赤茶色になり、白く長いへそがあり、また横がむけてきます。

栽培　フジマメの生育にはしっかりした垣か棚が必要です。最初の年には葉ばかりですが、2年目から多量に花が咲き、数ヵ月間サヤをつけます。つるは温暖な気候では約5年間もちます。葉は冬の冷気で枯れてしまいます。寒冷地でも生育は可能ですが、生育期間は短くなります。

採種　虫媒受粉する完全花の房は、ヒヤシンスのように見えます。一つひとつの花が4～6粒の豆を含むサヤになります。採種用にサヤを残していても、それで新しい実を結ばなくなるということはありません。雨がちの気候では、サヤにしわがよって薄茶色になったら、すぐに豆を収穫することが大切です。適当な時期に摘んだ豆はそれ以上乾燥させる必要もなく、乾燥した日に湿気のない清潔な広口びんに貯蔵します。乾燥した地域では、豆は綿袋に保存すれば、ゾウムシに食べられない限り数年間もつでしょう。ゾウムシを退治するには、完全に乾いた豆を広口びんの中に入れて48時間冷凍します。

保存　種子はインゲンマメの種子より少し大きく、3～5年もちます。

利用　未熟のうちにサヤ豆として食べます。乾燥豆は、粉に碾いて食べます。

ベニバナインゲン

マメ科
学名＝*Phaseolus coccineus*

15世紀にスペイン軍に侵略されるずっと以前から、メキシコやグアテマラの亜熱帯の高地で先住民族の手で栽培されていました。二年生で、美しい紅い花が房になって咲くため、観賞用としても栽培されます。発芽時に、子葉が地上に顔を出しません。この特徴がインゲンマメとベニバナインゲンを見分ける方法です。

栽培　旺盛につるを伸ばすので、三脚やアーチを立てたり、物置小屋、高い塀などに這わせます。地面深くまで凍結しない地域なら数年間、塊茎状の根から再発芽します。「七年豆」とよばれるのはそのためです。植えるときは、何年間か栽培できる場所、つるが伸びるための十分な高さがある場所を選びます。寒冷地では、一年生として育てます。インゲンマメよりは、涼しい気候に適応していますが、生育期間の夏が短い地域で十分に成熟させるには、育苗を屋内で始めます。

採種　自家受粉する植物ですが、結実するには虫や風が花を揺らさねばなりません。この種の花は、ほかのマメ類に比べると交雑が起こりやすいものです。複数の種類から種子をとる場合は、畑の端と端に離して育て、これぞという花に開花する前に袋をかけ、花の上を軽くたたいて受粉させます。原産地の古くからの品種は、日が長くならないとサヤをつけ始めません。栽培種では改良されています。

保存　ゾウムシの類がつかなければ、種子は3年間もちます。1粒で1グラム。

リママメ

マメ科
学名＝*Phaseolus lunatus*

　大粒系は、5000年前のペルーの海岸平野が原産です。たいていは多年生です。夏の遅くに開花し、丈夫に育ちます。頑丈な一年生である小粒系は、約500年前に大粒系のものから進化したとされています。大小のタイプのいずれにも、低木矮性のものとつる性のものがありますが、ほとんどが、つる性です。1年後、多くのサヤをつけ、それぞれ二つから四つの豆ができます。

栽培　リママメは温かい土壌を必要とします。太い茎に多くの葉をつけて、熱帯地方や亜熱帯地方で数年間育ちます。最初の年はほとんど収穫はありませんが、その後の年は、栽培者がごくわずかに手をかけるだけで、実り豊かとなります。

採種　ほかのマメ類とは交雑しませんが、小粒系のリママメと大粒系のリママメは交雑します。虫を防ぐために1km離す必要があります。乾燥状態ではサヤの中で種子は成熟し、採種できるようになったら、サヤは裂け始めます。サヤが緑色をしている間はとらないで、種子が中でカラカラ鳴るまで待ちましょう。食用に収穫した中から、いちばん見栄えのよい豆を選んでください。大きな種子は、平たくて、茶色やえび茶色や白いまだら模様です。表皮の下にゾウムシの卵があるかもしれないので、豆を収穫してよく乾燥したあと、密閉容器で48時間凍らせるとよいでしょう。

保存　冷暗所に貯蔵すれば、3年保存できます。大きなものは、1粒で1グラムです。

ヤムビーン

マメ科
学名＝*Pachyrrhizus erosus*

　クズイモ、ヤムマメともいいます。中央アメリカ原産のつる性多年生植物で、地下にカブに似たイモ（1株に五つまで）をつくります。メキシコではとても人気があり、スライスを街角で売っています。種子とサヤは有毒です。アメリカ合衆国のスーパーマーケットでも、最近よく売れています。

栽培　ヤムビーンは、緯度の高いアデレードやシドニー辺りまででは生育するでしょう。ニュージーランドでは北島での生育が報告されています。

採種　種子もしくは塊茎で増やします。生育期間の終わりに、根が生育していれば、つるは紫色の花の房をつけ、そして、幅が広くて平らで硬いサヤをつけます。

　春に種子をまきます。冷涼な気候下では冬に地上部は枯れているかもしれませんが、塊茎は春に再び芽を出します。

保存　手間を掛けなくても、種子は数年間保存できます。1グラムあたり5粒。

利用　生の塊茎はリンゴのような味です。切った根は変色せず、歯ごたえが残るので、つけ合わせや前菜のすばらしい材料として、また、炒めものにオオグロクワイの代わりに使います。

　スライスにしてレモン汁、塩、コショウ、唐辛子をふりかけます。

　近縁種でポテトビーンとよばれるものなどは、ボリビアやペルーの高度3000mの谷間で育ちます。つる性ではなく、カロリーが低く、ジャガイモのように炒めて調理します。

チャイブ

ユリ科
学名＝*Allium schoenoprasum*

アサツキ、イトネギ、エゾネギともよばれます。チャイブはヨーロッパ各地の自生種ですが、東はベーリング海のカムチャッカ半島そして北アメリカにまで広がっています。厚い管状の葉があり、群生します。

栽培　畑の縁に植えるとよいでしょう。定期的に灌水すれば、土が肥沃であるほど多くの葉を出します。毎年根のまわりの土をよく肥えた堆肥に入れ替えれば、株分けしないでも数年育てられます。続けて収穫するほど収量が増えます。しばらく摘みとらないと、徒長してしまいます。

繁殖　一般に、株分けで増やします。古い品種の中には稔性のある種子をまったくつけないものもあります。球根が房をなして発達するので、これを2、3年に一度、春に掘り起こしてください。植え替え用に分けた小球の根と葉は刈り込みます。

採種　すべての花に稔性があるわけではありませんが、種子で増やす方法もあります。一定量のよい種子をつけさせるためにはかたまりを2、3摘みとらずに残しておきます。美しい球形の紫色の花から黒色の種子がとれます。ネギ類のいずれの種類とも交雑しません。

保存　種子は最大1年もちますが、高温多湿の気候では1年ももちません。1グラムあたり600粒。

利用　サラダではトマトとともに欠かせないものであり、また、畑の縁どりにすると虫除けになります。沸騰水に浸した液は殺虫剤として使えます。

エシャロット

ユリ科
学名＝*Allium cepa var. aggregatum*

中東の肥沃な三日月地帯に起源をもつ作物です。ネギやワケギと混同されることもある一方、日本ではラッキョウの若どりをエシャロットとよんだりもしますが、フランスの本物は、この分球型タマネギです。多様な香りをもち、赤、灰色、茶色、黄色と皮の色もさまざまです。基部には12個ほどのタマネギに似た球が互いに軽くくっついてできます。葉はタマネギのように管状ですが、より短く、薄いものです。

栽培　球は地中にもぐらず、地上で太ります。収量を上げるには豊富な堆肥と前年によく肥やした柔らかいローム土壌が必要です。イギリス北部では、肥沃な砂質土壌に海藻の一種を施して栽培します。寒冷地では晩春に植えつけ、秋に地上部が枯れたら収穫します。冬に畑に残していると、凍害を受けやすいのです。また、球を畑に長くおくと、新たに生育周期がはじまって、球が痩せてしまいます。

繁殖　ごくまれに発芽能力のある種子をつけるエシャロット品種がありますが、通常は、いちばんよい側球を選んで増やします。葉がしおれたら収穫し、風通しのよい涼しい日陰の金網の上に拡げます。傷がつくと腐りやすいので、側球のかたまりを分ける前に日陰で干します。こうしておけば組織に傷がつくのを防げます。この球を1つずつ植えつけます。

利用　風味のきついタマネギよりも、エシャロットが合う料理もあります。インドネシアでは、柔らかい葉も食べます。

ツリーオニオン

学名=*Allium cepa var. proliferum*　ユリ科

　起源はタマネギと同じく西アジアで、初期に西洋に入りました。ツリーオニオンはウォーキング・オニオン、エジプトタマネギ、トップセットオニオンともよばれ、十字軍によってヨーロッパにもち込まれたと考えられています。そして初期のアイルランド移民とともにオーストラリアにやってきました。基部の大きな鱗茎と硬い茎をもち、その頂部にいくつかの小鱗茎、つまり小さなタマネギをつけます。同様の草姿をとるものとして、日本ではヤグラネギがありますが、別種のようです。

　19世紀末には、オーストラリアではたくさんの種類のツリーオニオンが栽培されていましたが、機械収穫に不向きで収穫が難しく、商業的な量でうまく加工ができないことから種子市場からすべて姿を消してしまいました。またもうひとつ商業上不利な点として、鱗茎を通じて翌年へ病気が残ってしまうという危険性があります。しかし、ツリーオニオンは畑が楽しくなる丈夫な植物なのです。

栽培　二年生で、自己繁殖します。茎が地面に向かって折れ、各茎頂部の小鱗茎が土につきます。ツリーオニオンはタマネギの仲間の中でも最も丈夫で、深い凍土の中でも生き残ります。

繁殖　茎が乾燥したら頂部の小鱗茎を集め、そのまま植えつけます。

利用　頂部の小鱗茎は、古くからピクルスに使われてきました。基部の鱗茎は、柔らかくて美味しい生食用のタマネギです。

リーキ

学名=*Allium ampeloprasum var. porrum*　ユリ科

　ヨーロッパおよび西アジア原産で、古くから栽培されてきました。太いネギに似て、葉は扁平です。種子で繁殖するものと、子球で繁殖するものの2種類があります。無臭ニンニクは植物学的にはこの種に属しますが、肥大した基部のみを利用します。通常は小鱗茎を植えて増やします。

栽培　リーキは、植える前に長い根と葉を刈り込まなければなりません。よく肥えた低温の土壌を好みます。一般に早く大きく育てるために多肥が施されますが、硝酸態窒素過多の野菜を食べたくないなら、むしろ控えめにすることです。

繁殖　収穫の際に、それぞれの小球の根を切らないようにして、単に株分けするだけです。根と葉を刈り込んで植えます。

採種　二年生の植物で、完全花を咲かせて、ほかのリーキとは交雑しますが、他のネギ属とは交雑しません。種子で繁殖する品種であれば、2年目に種子をつけるでしょう。1.2mの高さの花茎はタマネギのそれとよく似ていますが、支柱は必要ありません。頭部の小さな花のほとんどが開き、中に黒い種子が見えたら頭部を切りとり、静かに紙袋に入れます。完全に乾燥したらその頭部を揉み、くずを吹き飛ばしてラベルをつけて貯蔵します。

保存　種子はほぼ三角形で、不揃いです。タマネギの種子と似ていますが、より小さく、2、3年間保存できます。1グラムあたり400粒。

マスタード

アブラナ科
学名＝*Brassica nigra, B. juncea & B. birta*

クロガラシは、一年生で高さ3mくらいまで育ちます。近年、市販商品としてシロカラシが出回るようになりました。背丈も低く黄色い種子は簡単に落下せず、機械による収穫に向いています。しかしピリッとした刺激が弱いのが難点です。

栽培 寒冷な地域では春にまき、日本を含めて温暖な地域では秋にまきます。

採種 野生のものと数百mぐらいまでは交雑しますから、注意しましょう。先端がいくつも枝分かれした茎に明るい黄色の花がたくさん咲きます。緑のサヤは茎の根もとから熟していきます。種子がとび散るので、サヤが黄色く枯れる一歩手前で根もとから刈りとります。大きな紙袋の中に枝を入れ、乾燥したところで袋をふって種子をその中に落として収穫します。または広いシートの上で乾燥させ、たたくか、手で揉んで種子をとります。

保存 びんに詰め、棚において3年くらい保存できます。冷暗所に貯蔵した場合は、7年以上たっても、50％以上は発芽します。1グラムあたり600粒。

利用 マスタードは、畑の土を活性化します。白種、黒種、黄種がありますが、いずれも香りのよい葉をつけ、ゆがいたり、サラダにします。種子はもやしにもできます。調味料のマスタードは簡単につくれるので、いったん自家製を使うと、市販商品では物足りなくなるでしょう。種子を碾いて、香辛料をつけ込んだ酢に加え、ワインとオリーブ油で仕上げます。

コールラビー

アブラナ科
学名＝*Brassica olevacea var. gongylodes*

ヨーロッパ原産で、わずか5世紀ほど前にキャベツから選抜され、3世紀後にはイギリス人にも好まれるようになりました。キャベツというよりもカブに似ています。食用部分である肥大した茎の大きさは、オレンジ大からほぼサッカーボール大までと、さまざまです。皮の色にも薄緑色、紫色、赤みがかった色があります。

栽培 温暖な気候の土地では秋に、冷涼な土地では春に植えます。生長が早いため、十分な大きさになるとすぐに収穫しなければなりません。

採種 アブラナ科のほかの植物と同様に、コールラビーは2年目に黄色く丸屋根のように膨らんだ花を咲かせるでしょう。花が咲くと実際の食用の部分はからになります。植物学名がB.oleraceaであるほかのキャベツ類と交雑するでしょう。多様性の確保と受粉目的のために、いくつかの株を残すべきです。花粉は、昆虫によりある株の花から別の株の花へと運ばれる必要があります。同じ株のほかの花に受粉させることはできません。サヤが茶色くなり、硬く砕けやすくなったら収穫します。ブロッコリーやキャベツのように、丈夫なシート上で脱粒します。

保存 キャベツの仲間の多くの植物と同様に、乾燥した貯蔵場所では3～5年間保存できるでしょう。1グラムあたり250粒。

利用 若いものを蒸して、バターをつけて食べます。

コラード

アブラナ科
学名＝*Brassica oleracea var. acephala*

　コラードは非常に古くから栽培され、とても野趣のある植物で、広範囲の温度に耐えることができます。イギリスではさまざまなまぎらわしい名前でよばれています。暑さに最も耐性のあるキャベツの仲間で、寒さにも耐性があります。丸い平坦な葉をもち、結球しません。「シードセイバーズ」には、亜熱帯産の初春から次の冬まで葉をつけるコラードがあります。

栽培　コラードは初期段階に十分に肥料をやり水をやれば、容易に栽培できます。

採種　キャベツの仲間の多くと同様に、花は両性花ですが自家不稔性です。よい種子を得るには、互いに受粉させるために、2、3株を残して結実させる必要があります。コラードは同時期に開花するキャベツ、カリフラワー、ブロッコリー、メキャベツ、ケールとも、品種のちがうコラード同士とも交雑します。選抜と収穫は、すべてのアブラナ属と同様にします（キャベツまたはケールを参照）。

保存　種子は球形で、赤褐色から黒褐色です。温帯地方では4年、熱帯地方では1年もちます。1グラムあたり200粒。

利用　葉を1枚ずつかきとって収穫します。青臭さがなく、キャベツのようにサラダ、炒めものにも利用できます。寒冷な気象では急速に大きくなり、軽い霜にあたると、品質がよくなります。コラードはケールのようには繊維質ではありませんし、極端にかきとっても、再生することができます。

ビート

アカザ科
学名＝*Beta vulgaris*

　野生のビートは、地中海沿岸地方に自生しています。ビートの仲間には、フダンソウ、トウジシャ、テーブルビート、ビート、カエンサイ、テンサイ、飼料用ビートなどがあります。フダンソウは別項目で扱い、家畜用は本書では扱いません。

　さまざまな形をしたものがありますが、ふくらんだ根と槍の形の葉という共通の特徴を備えています。二年生で、厳しい冬が長く続く場合にはあまり耐寒性が強くありません。温暖な気候の土地では冬に、冷涼な気候では晩夏に種子をまきます。

採種　夏まきの場合、根は秋のうちに生長し、2年めに種子をつける角張った茎を出し、種子をつけると枯れます。冷涼な気候の土地では、初冬に根を掘り上げて選抜し、湿らせた砂の中に保存します。春に再び選抜し、植え付けます。昆虫と風の両方によって受粉します。花粉は長い距離を飛ぶので、育種家は、同時に開花するビートの仲間から250〜500m離して育てます。種子は、熟すにつれて個別に摘みとるか、茎ごと刈ってからつるしてさらに乾燥させ、容器の上で手で枝を裂いて種子をとり出します。殻には、2〜6粒の種子が入っています。種子を分けるのは難しく、殻ごとまくことになります。

保存　種子は、4〜6年間保存できます。野菜の種子としてはどちらかというと長生きでしょう。1グラムあたり50粒。

利用　生でも煮ても食べられ、葉も栄養価の高いものです。

フダンソウ

アカザ科
学名=*Beta vulgaris var. vulgaris*

フダンソウは、テンサイと同起源です。食用および飼料として何世紀も利用されてきました。チャードともよばれます。茎の色が紫、橙、赤、黄の品種もあります。

栽培 とても育てやすいので、園芸家に人気があります。殻には2～5粒の種子が入っています。もしもこの殻をそのまま割らずに植えたら、間引きしなくてはなりません。袋に入れて麺棒などを用いてそっとつぶし、殻を上手に割って種子を取り出します。フダンソウは、肥料をやり過ぎないように注意が必要です。そうしないと望ましくない硝酸塩肥料が葉に凝縮して青っぽく変色してしまいます。

採種 虫によっても風によっても交雑し、二年生です。開花時には、ほかの株の花粉を防ぐために、袋がけをしてもよいでしょう。ビートの仲間にはいくぶん自家不和合性があるので、多くの株を採種用に残しましょう。葉の中心からまた小さな葉を伸ばし、やや平たく枝分かれした茎が生え、それが1.5mにも伸びます。側枝は剪定します。種子のかたまりが明るい茶色になってきたら、収穫を始めます。茎を手でしごいてください。小さな葉もいっしょにとれますが、これはあおぎ分けて除けます。さらに目の粗いふるいで小さすぎる種子も落とします。けっして日なたで乾かさないように。

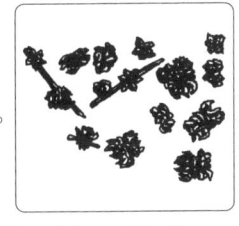

保存 種子は保存状態がよければ10年ももちます。1グラムあたり60から90粒。

ヤマホウレンソウ

アカザ科
学名=*Atriplex hortensis*

学名のatriplexは、ラテン語で「ヤマホウレンソウ」です。hortensisは、ラテン語で「庭にある」を意味します。

中東の山地が原産です。ヤマホウレンソウは古代ギリシャ人に知られていました。1538年にイングランドに伝えられたとされています。

ヤマホウレンソウは、一年生で、わずかにしわのある三角形の大きな葉は、赤や緑色になります。南オーストラリア州や西オーストラリア州のアカザ科ハマアカザ属の草本と近縁関係です。

栽培 ヤマホウレンソウは温暖な地域で秋に植えるのが最適です。

採種 非常に小さな花を咲かせる茎は、日が長くなると伸びていきます。種子はトマトの種子よりわずかに大きく、ベージュの薄い膜に挟まれており、容易にふるいにかけて分けることができます。

保存 最高貯蔵期間は5年間です。1グラムあたり250粒。

利用 ヤマホウレンソウはホウレンソウと同じように使用されますが、ソレルと一緒に混ぜると、その酸性を和らげることができます。

トロロアオイ

アオイ科
学名＝*Abelmoschus manihot*

　熱帯アジアに見られ、太平洋諸島の人々に人気があります。

　短命な多年生植物で、高さ2mの低木くらいまで育ち、葉菜として食べられる新芽を多くつけます。

栽培　暖かく湿度があるときに生い茂る丈夫な植物です。次々と摘んでいくと、次々と柔らかい若い葉が生え続けます。私たちの畑では自生しています。

繁殖　挿し木でのみ増える品種もあります。

採種　トロロアオイは夏のあいだじゅう連続して淡い黄色の花が咲き、花は早く落ちます。種子の入ったサヤがすぐできます。このサヤはざらざらとして細かいとげがたくさん生えているので気をつけてください。中くらいの大きさの濃茶色の種子は、サヤが緑色から茶色に変わったらすでに乾燥が終わっています。

保存　種子は3年かそれ以上もち、1グラムあたり70粒。

利用　生育しやすく豊富にできるので、温暖な地域では葉菜として役に立ちます。若い葉のついた新芽を収穫して、ほかの葉菜と一緒に調理します。

　新しい野菜の味を身につけるのには時間がかかります。慣れないものと慣れたものを混ぜると子どもやお客さまには食べやすいようです。もしこの植物が初めてであれば、フダンソウを一緒に料理してください。焙じた種子でコーヒーの代用もつくれます。

ロゼラ

アオイ科
学名＝*Hibiscus sabdariffa*

　熱帯の西アフリカ原産。温暖な気候を好みます。ロゼラは一年生で、草丈2mになり、葉はまばらで、つけ根が深紅で先のほうがベージュ色の花をつけます。

栽培　暖かくなってきたら、畑に直まきします。

採種　ロゼラはワタやオクラに近い植物ですが、交雑することはありません。種子はダイコンの種子より少し大きいほどで、収穫後のサヤから容易にとることができます。とげがあるので、サヤを割るときは手袋をはめましょう。種子を風選します。

保存　種子は2、3年もちます。1グラムあたり70粒。

利用　ロゼラの赤みを帯びた葉とハイビスカスのような花は、庭に彩りを与えてくれます。花びらが散ったあとにはサヤのまわりに多肉質のがくが残ります。この赤いがくを煮てつくったジャムや飲み物は、とても美味しいものです。天日干しにすると北アフリカで飲まれているお茶になりますが、これはヨーロッパでも人気があります。ハーブティーでおなじみの「レッドジンガーティー」ブランドの主原料もロゼラです。スイスでは、ワインやソースによく使われています。

　南太平洋では、ロゼラは「赤いギシギシ」とよばれ、その葉も炒めたり蒸したりして食べられるということです。また枝からとった繊維は、庭や畑で使うひもとして重宝します。

ソレル

タデ科
学名=*Rumex spp.*

タデ科ギシギシ属一般ですが、特に草原に生えた野生のハーブが栽培化されたものをいいます。丈夫な多年生の植物で、種類によってはかなり多様です。

栽培 日当たりのよい場所であるほど、より葉っぱが酸っぱく(酸性に)なります。収穫する場合は、刃物で切りとったりしないで、外側の葉っぱを引っ張ってむしりとりましょう。

繁殖 ソレルは、根で増やすのが最も一般的です。根で増やすには、休眠中に茂みへ縦にシャベルを入れ、いくつもの根頭に切り分けて、それを苗とします。

採種 種子を集めて、それから子孫を繁殖させることもできます。ソレルは春以降に穂をつくります。全体的に種子は茎が茶色になったらとれますが、あまり濃い色にならないうちがよいでしょう。種子は紙の袋に入れて完全に乾燥するまで干してください。種子ができ始めると葉の育ちぐあいが悪くなりますから、1株か2株を採種のために残して、ほかの株で伸び始めた穂は刈りとりましょう。薄茶色になったら種子を収穫するように注意してください。あまり畑に長く放置されているとだめになってしまいます。

保存 ブロンド色で、丸く平らな種子は、たったの1年か2年しか保存できません。1グラムにつき1000粒ほど。

利用 酸味のある葉はグリーンサラダのアクセントとなります。シュウ酸を含むため、関節炎の方にはお薦めできません。

ルバーブ

タデ科
学名=*Rheum rhabarbarum*

チベットやモンゴル、中国東部などのアジアの冷涼な地域に由来する多年生のハーブです。マルコ・ポーロは、ルバーブの仲間であるダイオウでつくった薬をヨーロッパに持ち帰りました。黎明期の探検家たちは、さまざまな品種を持ち帰り、そこから交雑によって園芸用のルバーブができました。葉の多い植物です。高さは約1mで、濃い赤色の茎をつけます。

栽培 希釈した液肥を加えて水やりを続けると、葉柄の形成を助けます。健康な株は20年以上も育ちますが、葉柄の生産を維持するには、とうを切り戻さなくてはなりません。耐陰性です。高温多湿な夏には、鉢植えにして秋まで冷蔵庫に入れておきます。

繁殖 ルバーブはふつう、休眠期に根を分割して増やします。

採種 もし種子がとれたら、それを保存もできますが、秋までしかもちません。その実生は純系ではないでしょう。多分いろんな形質のものが現れ、そこから種子の選抜を始めるべきです。

利用 ゆっくり加熱するとよい風味がします。ルバーブとリンゴはよく合います。茎の部分は強壮剤にもなりますが、葉にはシュウ酸が多く、中毒の原因ともなります。ルバーブの類縁種であるダイオウは、薬効をもつことで数千年前から中国で知られていました。黄色い粉末にした根は、今日でも下剤や強壮剤として、また肝臓疾患のある人にも用いられます。

エンサイ

ヒルガオ科
学名＝*Ipomoea aquatica*

アジア起源のエンサイは、川の土手ぞいや湿潤な場所に広がる水生のアサガオの一種です。中国では空心菜（フゥシツァイ）、タイではパクバームとよばれています。中国では種子繁殖性の品種が約20種、栄養繁殖の品種が約7種報告されています。

栽培　沼沢地で育ち、サツマイモのようにつるを長く伸ばします。暑い季節には多量の水分が必要で、たくさんの葉をつけます。熱帯地方によく適応していて、池の縁ではすくすく育ちます。

繁殖　枝を切りとって根が生えるまで水につけておきます。そして水域の近くの腐植に富んだ場所に植えるのが理想です。いわば挿し木です。

採種　花の形はアサガオに似ていますが、色は白か薄い紫色です。種子はエンドウの大きさの丸い殻の中にできます。暑い季節の終わりには茶色になります。

カリカリになるまで乾燥させ（1日しかかかりません）、2枚の板の間に挟んで転がして殻をつぶします。日本では花が咲くことはめったにありません。

保存　種子は外に出したままですと1～2年しかもちませんが、涼しく、乾燥して、暗い条件で密閉されたとすると、3年もちます。1グラムあたり150粒。

利用　シュウ酸をあまり含まず、ミネラルを多く含んでいます。若芽や若い茎葉はさっと炒めるだけで食べられます。ツルムラサキやアシタバなどとともに、真夏の青菜のないときの貴重な葉菜です。

パンジー・スミレ

スミレ科
学名＝*Viola spp.*

スミレ属の植物には約500種類があり、一年生のものと多年生のものがあります。18世紀イギリスの品種を野生のアジアのスミレ属の植物と交配し、今日のパンジーが誕生しました。一般に栽培されるスミレには、ハート形の葉があり、白、薄紫、濃紺の色彩をもつ豆粒大の花を咲かせます。長くて薄い葉のものや、シダのような形の葉のものもあります。スミレの葉はサラダで食べられ、パンジーもスミレも、花は砂糖漬けにすることができます。

栽培　よく乾燥した土壌を好みます。午前中に太陽を浴びせると、香油成分を放つといわれています。北アメリカのものも落葉性で、地下茎で越冬します。

繁殖　多くの種類では、イチゴのようにランナーで増やすのがよいでしょう。株分けが適した品種もあります。

採種　パンジーは一年生植物で、種子によって繁殖します。種子がなかなかとれない品種もあるので、人工受粉をする必要があるかもしれません。スミレにも種子から育てねばならないものがあります。

3弁つき種子のサクが上に向いたときに収穫できます。サクは、完全に乾燥するまで紙袋の中に入れてください。袋の中ではじけます。風選し、保管します。花が枯れたら即座に種子を採集します。

保存　パンジーの種子の貯蔵期間は1年間ですが、スミレの種子はわずか1週間です。1グラムあたりパンジーの種子は約2000粒、スミレの種子は1000粒あります。

コーンサラダ

オミナエシ科
学名＝*Valerianella locusta*

　コーンサラダの名は、かつてイギリスで「コーン」とよばれた小麦畑に雑草として生えていたことに由来します。南ヨーロッパや西アジア一帯に野生。小柄で、不結球のチリメンチシャのような姿をしています。除草剤普及以前、フランスのブドウ園で間作されていました。コーンサラダはその柔らかさがとても好まれています。イタリアンコーンサラダは産毛のある葉をもっており、たまに見受けられます。これは温暖な気候に適したもので、毎週のようにまけば、続けて収穫できます。

栽培　十分に水を与えると生育がさらによくなります。2ヵ月足らずで十分に生長します。冷温帯気候では秋作物となり、亜熱帯気候では冬作物となります。

採種　コーンサラダは虫媒受粉します。種子を充実させるために、種子用に残した株の葉は摘まないようにしましょう。暖かくなると、この植物はすぐに小さな花をつけ、種子ができます。種子が落ち始めていないことをこまめにチェックします。種子のついた茎を慎重に刈りとり、穂を紙袋に入れてつるし、さらに乾燥させます。たたいて風選し、乾燥させておきます。

保存　種子は小さく、黄褐色しており、中央がくぼんでいます。適切に貯蔵をしても、4年で発芽率は50％でしょう。1グラムあたり700〜1000粒。

利用　レモン汁をあしらって、グリーンサラダに。ビタミンAとCが豊富です。

ポピー

ケシ科
学名＝*Papaver spp.*

　園芸用、食用の種類（ポピー）と、薬用の種類（ケシ）が含まれます。南ヨーロッパやギリシャ、アルメニアを含む西アジアに起源を発し、古代ギリシャ人の菜園では、麻酔性のない食用種子をとるために栽培されました。白色または黒色の種子は古代からパンづくりに利用されてきました。また、フランスでは、その油はオリーブ油の代用品として用いられています。日本では薬用のケシは栽培が制限されています。

栽培　とても小さな種子は、温かい気候下では秋に、涼しい気候下では春に、細かい土の苗床にまかれます。苗の移植時には細心の注意を払う必要があります。

採種　自家受粉もしますが、虫が多いようだと、異なる品種が交雑します。畑では異なる品種を離して栽培すれば、十分隔離することができます。

　花は次々と咲きますから、種子の入っている穂も次々と熟していきます。種子の色が薄い灰色になり、穂を振ってカラカラいうようになれば、収穫できます。その後は、茎はまっすぐに立てておくのがよいでしょう。そうすれば、サクが乾いたときに、花頭が開いてできた小さな隙間から種子がこぼれ落ちるのを防ぎます。

　乾いた花頭を逆さまにひっくり返すだけで、種子はすべて落ちてきます。サヤをつぶす必要はありません。

保存　2年もちます。1グラムにつき10,000粒。

ハマヂシャ

ツルナ科
学名＝*Tetragonia tetragonoides*

　原産地はオーストラリア、ニュージーランド、日本。ハマナ、ツルナともよばれます。背丈が低く、地を這うように繁殖していく植物で、葉先は槍の穂のような形をしています。オーストラリアでは、海沿いの浜辺、満潮時の水際によく群生しています。現在では、カリフォルニア、チリ、中国などで野生化し、南アフリカのナタル地方では常食となっています。ヨーロッパでは今世紀の初めごろから、夏の菜っ葉として愛好されるようになりました。

栽培　あまり発芽率はよくありませんが、種子を一晩水に浸すと、よく発芽します。水が足りないと小さな葉になります。肥料と水やりを十分におこなえば、1平方メートルあたり、3〜4キログラムの葉が育ちます。

繁殖　挿し木で簡単に繁殖できます。

採種　多年生ですが、冷涼な気候では一年生として育てます。大きな緑色をした角のような種子が茎について、残暑のころ、こげ茶色に変色して地表に落ち、自生します。確実に採種するためには、手ですばやく種子をとります。黒い種子は乾燥させる必要はありませんが、茶色の種子はたっぷり1週間は日陰で乾かします。

保存　冷涼で乾燥した場所に保管された種子は、5〜7年間もちます。1グラムあたり20粒。

利用　火を通しすぎないこと。カルシウムが豊富ですが、シュウ酸カルシウムの状態なので、体内にあまり吸収されません。

キンレンカ

ノウゼンハレン科
学名＝*Tropaeolum majus*

　ナスタチウムともいいます。冷涼なペルーの高地に自生していました。最初に発見されたとき「インディアン・クレス」とよばれましたが、これはアンデス山脈に住む人々がよく利用していたことからきたものです。クレソンとは無関係です。

　一年生ですが、温暖な気候では多年生として育ちます。中でも、深紅や明るいオレンジまたは黄色の花をつける草丈の低い、つるなし種は最近の品種です。アンデス産の原種は、白い花をつけて上に伸びていきます。

栽培　強いのでやせた土壌でも育ちますが、肥沃な土壌で育てればたくさん花をつけます。苗の移植は難しいので、種子を直まきするのが最適です。

繁殖　開花期や結実期をのぞいては、挿し木で増やせます。

採種　灌木状の株は、生長期を通じてよく花をつけますから、採種の適期は特にありません。種子は3つずつになっており、茶色くなり乾燥して軽くなってきたら採種します。市販されているように緑色のままでも十分成熟していれば採種はできます。花の蜜や花粉が好物の昆虫を介して受粉するので、畑には1品種だけを植えて交雑を避けます。

保存　種子は3年間もちます。乾燥した種子で1グラムあたり30粒です。

利用　食用にも観賞用にもなります。若い葉も花もサラダのつけ合わせに重宝します。未熟の種子は酢漬けにします。

サラダバーネット

学名＝*Sanguisorba minor, S. officinalis*　バラ科

　サラダバーネットは、乾燥した石灰岩台地や南ヨーロッパの海岸地帯に野生しているのが見られます。鍬の入っていない自然の放牧地では、多くのハーブと同様、土着化しています。草丈の低い越冬性の多年生の灌木で、葉は根頭から直接生え、細長い軸に沿って小葉が並んでいます。

　栽培　春に種子をまき、新しい葉の育ちをよくするためにも葉を収穫し続けながら、肥料をやり続けます。生け垣としてもすばらしいものです。

　採種　生育期の終わりに、よく茂った羽状複葉から長く細い花茎を伸ばします。先端には、目立たない硬くしまった、バラ色と白色の小花のかたまり（頭花）をつけます。この小さな頭花は気をつけていないと、熟した種子を落としてしまいます。こぼれ種で繁殖することもあります。いくつかの株が同時に種子をつけるほうがたくさん種子ができるようです。

　乾燥した穂を手のひらで揉みころがし、ふるいにかけ、もみ殻をあおぎ飛ばすと、それぞれに二つずつの種子がとれます。株分けもできます。

　保存　種子は2年から3年もち、1グラムで150粒。

　利用　乾燥に耐えられるとはいうものの、乾燥にさらすと、葉が硬くなってしまいます。若くて柔らかい葉のみが食用に適しています。冬のグリーンサラダに入れてもよいでしょう。加熱すると苦みが出るので、生で食べましょう。

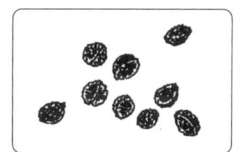

ボリッジ

学名＝*Borago officinalis*　ムラサキ科

　地中海東部沿岸地方の原産で、十字軍が西ヨーロッパに持ち込みました。古代ギリシャ人は戦士を勇気づけるように戦いの前にその花を食べさせました。中世には、ボリッジのお茶が馬上槍試合や馬上模擬戦の前に飲まれました。一年生で、大ぶりなざらざらした葉で、毛の多い茎から星の形をした青い花の房がたれさがります。

　栽培　肥えた土地を好みますが、やせた土壌にも順応します。丘の上に植えると、こぼれ種で下へ下へと増殖します。

　採種　花をたくさん咲かせるには、肥料を控えめにします。肥料をやりすぎると葉ばかりになってしまいます。輝くような青色の花はとぎれることなく咲き続け、ミツバチを引き寄せます。先が尖ったサクには丸い種子が一つか二つ入っていますが、乾いたら一つずつ摘みとります。少し干して、貯蔵します。ボリッジの種子は品種の特徴を伝えます。厳しい選抜は必要ありません。

　保存　種子は5年以上保存できます。1グラムあたり65粒。

　利用　花や若芽はサラダに利用します。東ヨーロッパでは葉がスープに使われるほか、若い葉はゆでて食べます。青緑の葉には、細かな鋭い毛が生えていて、指で触るとチクチクします。

　ボリッジは絶えず落葉しますが、この葉が肥沃で黒いふかふかの堆肥になります。ボリッジは究極のマルチ生産植物です。イチゴとは共生関係にあります。

レモングラス

イネ科
学名＝*Cymbopogon spp.*

　レモングラスとコウスイガヤを含みます。原産地はアジアの高原地方。密集して生長し、揮発性の精油を含有しています。細長い葉が密生しているようすは、庭の装飾によく、花壇の周囲の雑草除けの柵として利用価値があります。葉鞘の中央部がより大きい広葉の品種があり、タイで好まれています。

栽培　十分な日光を好みますが、軽い霜が降りても回復します。オーストラリア南部の雪を頂く山脈でも、温かい場所なら育ちます。移植時に水さえあれば育っていく、かなり丈夫な植物です。

繁殖　増やすには、よく育ったレモングラスの茂みを掘り上げます。葉を葉鞘のすぐ上で切り、かたまりを根づいている個々の株ごとに分けます。植えつけ用に長い根は切ります。もし雑草除けのために一列に植えるのなら、30cmおきに植えましょう。根と伸びてくる茎の先端部は土壌中にしっかりと埋め込み、植えたあと数週間は水を十分にやってください。この作業は雨期におこなうとよいでしょう。

利用　米を蒸すときには葉を結んだ形にして上にのせ、香りづけとして用います。葉鞘の白い中央部は、刻むか全体を砕いて、東南アジア料理に使用されます。

　レモングラスティーには、食あたりを防ぐ作用があります。結ぶか細かく刻んだ乾燥葉または生葉に、沸騰した湯を注ぎ、5分間煎じて茶を入れます。

アマランサス

ヒユ科
学名＝*Amaranthus spp.*

　南アメリカの高地原産。アマランサスの白い種子は、かつて先住民族の主食でしたが、スペイン侵略以後、邪教の穀物として栽培が禁止されました。一年生で丈が高く、穂先が垂れます。穀物用のものは実るまでに4〜6ヵ月かかり、いろいろな大きさの白い種子をつけます。葉を食べるものは、小さな黒いキラキラ光る種子をつけます。

栽培　栽培には肥沃な土壌と生長期の高温が欠かせません。種子はじかにバラまきします。こぼれ種で自生する品種がいくつかあるので、新しく栽培する場合はまわりへ広がらないよう、注意が必要です。

採種　交雑しやすいので、たくさんの変種があります。たいていの品種は日が短くなるにつれ開花します。開花期には400m以内での風による交雑は避けられません。種子は穂先の下から上へ、徐々に実っていきます。採種には、毎日畑を見まわって、成熟間近なものを見つけたら、穂先を紙袋にとり、よく振ります。厚手のシートの上で振ってもかまいません。栽培面積が広い場合には、大半の穂が実ってきたときに穂先を一斉に刈りとります。完全に実ってしまうと種子がこぼれやすいので、その前に刈ります。

　刈り入れた穂先を1週間乾かし、厚手のシートの上で脱穀します。種子は軽くて風に飛ばされやすいので、注意します。

保存　放置しておいても5年はもつでしょう。種子の大きさはさまざまですが、1グラムに800粒の種子が平均です。

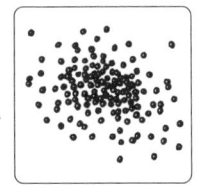

ケープグズベリー

学名＝*Physalis peruviana*　ナス科

ハスクトマト、オオブドウホオズキ、シマホオズキ、ショクヨウホオズキ、トマティロなどの仲間。起源は南アメリカのアンデス地方で、高さ1m、よく分枝して広がります。がくが変形した外皮に包まれた黄色い果実をつけます。多年生で多少の霜にも耐えます。インドでは「ジャム・フルーツ」とよばれ、子どもに人気があります。日本においては一年生で、園芸店などでも手に入るようです。

栽培　日なたでも半日陰でも、またやせ地でも育ちます。温暖な気候を好みますが、気候によく慣れます。

採種　完全花で、自家受粉します。できるだけ多くの株から果実を集めて、ぎっしりつまった種子をかき出し、少量の水を加えて数日間発酵させます。表面が白カビで覆われたら、よく洗って目の細かいざるに上げます。数日間乾かします。種子は小さくて硬く、黄色でレンズ形をしています。

保存　乾いた場所で3年もちます。1グラムあたり400粒。

利用　ビタミンC、カロチンが豊富で、B群も多く含まれます。タンパク質の含有量も高く、干してドライフルーツにもなります。アイスクリームに加えれば、一風変わった香りづけに。インドでは、薬用として苦い葉を食べ、微熱が続くときには外皮や茎を煎じたものを飲み、またキニーネの代用となります。

キャッサバ

学名＝*Manihot utilissima, M. esculentaman*　トウダイグサ科

ブラジル、ギアナ、メキシコ熱帯部が原産で、赤道付近から温帯の高温地域まで育ちます。多年生で、4mにもなり、手のような葉のついた枝を、やぶ状によく広げます。根は、豊富なデンプン質を含み、多くの熱帯の国々で主食になります。大きく甘味群と苦味群とに分けられます。マニオクやタピオカともよばれ、加工品としてのタピオカもキャッサバが原料です。

栽培　頑丈ですが、熱帯か亜熱帯でしか育ちません。乾燥に耐えても霜には敏感です。根を収穫するので、ほぐれやすい土壌が適します。根塊は分かれているので、全草を引き抜かなくても掘り上げることができます。根を収穫したらすぐに処理する必要があるので、この特徴は役立ちます。焼き畑地域では、地力更新のために耕作放棄される前、最後に作付けされる作物です。吸肥力が強いので肥沃な土地ではかなり高い生産性を示します。

繁殖　熱帯のよい土壌では、1年以内に根は収穫に適した大きさまで育ちます。冬に葉が枯れたあと、成熟した枝を剪定して、30cm程度の棒状に整え、翌シーズンの苗とします。植え込むまで日陰で2、3週間ふせておくことも可能。土中に3分の1ほど埋め込めば、春にはそれぞれの葉節部から新芽が出てきます。

利用　雨期の新芽は柔らかく、キノコのような味のする濃緑色野菜として使えます。根は、青酸を含んだ青い縞が出てくる前の収穫後24時間以内に食べること。

オカ

カタバミ科
学名＝*Oxalis tuberosa*

　原産のアンデス山地では、ジャガイモの次に主要な作物です。1829年にイギリスに紹介されましたが、少しの間話題になっただけでした。水分が多く、他のカタバミの仲間と同様に、クローバーのような葉で、小さい低木です。塊茎は、ずんぐりした形でしわがより、皮の色は白、赤、黄色です。

栽培　春か雨期の初めに植え、ジャガイモと同様に土寄せします。寒暖の差の少ない気候に適し、高地ややせた土壌でも育ちます。ある程度冷涼な天候には耐えられますが、霜にあたると枯れます。28℃以上の温度のときは立ち枯れます。植えてから4ヵ月で塊茎を形づくり始め、6ヵ月で最大となります。通常1エーカーで7トンの収穫がありますが、南アメリカの作物に詳しい人によれば40トンという記録もあるそうです。塊茎の収穫はジャガイモと同じですが、新鮮なものは柔らかいので、ジャガイモよりは厄介です。

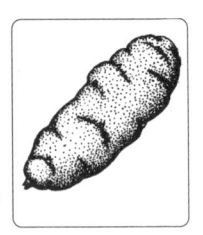

繁殖　オカは挿し芽で増やせますが、ふつうは「目」ができるだけ少ない健康な塊茎を春に植えるために保存します。早秋に選んで、乾いた砂の中に入れ、冷暗所に保管します。日が長いうちは、この塊茎は土の上に茎を伸ばしますが、日が短くなると土に入ってふくれます。ときには種子をつけることもあり、新しい系統が生み出されます。

利用　塊茎はジャガイモのように焼きます。フランスでは葉と軸をソレルの代わりにします。菓子原料としても使います。

ショクヨウカンナ

カンナ科
学名＝*Canna edulis, C.indica*

　原産地は南アメリカ、西インド諸島で、観賞用のカンナに極めて近い種ですが、大きな地下茎をつくることと、小さなオレンジ色の花をつけることにちがいがあります。アンデス山脈地域で栽培されてきた作物ですが、現在では南アメリカ全土でよく見かける根菜です。ペルーやアルゼンチンではアチラとよばれる換金作物です。氷点下や雪の下でも耐えることができます。

繁殖　地下茎は簡単に分割できます。それらを数日の間、日陰で休ませたあと、葉を取り除いてから定植します。雌雄同体ですが、種子がつくのは希です。

利用　ある有名なビスケットの材料に、このデンプンが使われていました。1年物の地下茎を細切れにして水によくさらすことで、ショクヨウカンナの粉が得られます。粉から繊維分を分離し、乾燥すると肉眼で見えるほどに大きな固まりになります。ショクヨウカンナの粉はジャガイモのデンプンとは異なってつやがあり、調理すると透明になります。エクアドルでは若枝は青菜として食べられていて、アジアや大洋州の国々では料理をするときにその葉でくるんで調理しています。若い地下茎はジャガイモの代用に使えます。非常に若いときには生で食べられる根菜のひとつです。地下茎や葉を粉砕したものは豚や牛の餌になります。搾乳小屋のそばに植えるとよいですね！

　2mもの高さになるので、畑の作物を守る防風林にもなります。

ウコン

ショウガ科
学名＝*Curcuma spp.*

起源は東南アジアで、インドネシアのチーク林で野生化しています。葉ランに似た幅の広い葉の植物です。高さ60cmに育ち、2年目に光沢のある白色、ベージュ色、もしくは黄色の花が株の中央から現れます。ウコンには多くの品種があり、それらの花や塊茎の色、味によって、別々のものに区別されます。

栽培 冬期にウコンの葉は枯れ、土が温まるころに再び塊茎から芽を出します。熱帯林原産のウコンは日陰でもよく生長しますが、日当たりのよい場所でも、そして、緯度の高い地域でも十分育ちます。

繁殖 冬になる前、葉と茎が枯れれば、塊茎を掘り上げます。手のひらの指のような側塊茎は種イモにし、翌年深さ7cmのところに植えます。主塊茎は円錐形で、早く根を生やします。

利用 ウコンは地上部も地下部も食べることができます。新鮮な葉も枯れた葉も、調理前に生魚を包んだり、米料理やカレーの風味づけに使われます。太った塊茎は、ショウガのように刻んだり、つぶしたりして、料理が終わる間際に加えます。インドネシアでは、若い茎は、しばしば野菜として料理され、蒸して食べられます。ウコンの粉末をつくるには、塊茎を2～4時間熱湯で煮てから、2週間乾燥させ、皮をむき、すりつぶします。ウコンは染色用にも使われます。いくつかの色の薄い種類のものは、消化器系の問題を緩和する薬効をもつといわれます。

オオグロクワイ

カヤツリグサ科
学名＝*Eleocharis dulcis*

起源は中国で、イヌクロクワイともよばれます。葉はアシによく似て、葉の基部の泥の中に球茎ができます。この優雅で高収量の水生の野菜は、長い間東南アジアの珍味でした。オーストラリアには、中国からの移民によってもたらされました。

栽培 池の縁や水田で栽培されます。球茎は苗床で若芽が10cmの高さになったころ、湛水した土壌に移植します。水位が上がるにつれて、葉も長くなります。また、洗面台などどんな容器の中でも容易に育てることができます。暖かい時期は、5～15cmの水位を保ちます。在来の小魚がいれば、ボウフラを引き受けてくれることでしょう。酸素を茎を通して根へと移動させる性質があることから水を浄化するのに有用で、堆肥場などからの排水を施すこともあります。土が乾ききった寒い時期に収穫します。そのころには、葉は乾燥、黄変し、球茎は十分に発達しています。

繁殖 晩春に球茎を植えます。よく熟した厩肥と堆肥の混合物や、よく肥えた土に、少なくとも7cmの深さに植えます。球茎から芽が出て、細長い円柱状の茎になります。地下茎が植物の下部から広がり、横向きに伸びて、より多くの球茎を形成し、上向きになって新しい芽が出てきます。次の植えつけのためには、密封して冷蔵庫に、また冷たく湿った砂の中に保管します。室温で放置してはいけません。しおれてしまいます。

第IV部
「たねとりくらぶ」へのお誘い

「たねとりくらぶ」をはじめませんか？

❦「たねとりくらぶ」とは❦

　出版委員会では、日本の栽培植物の多様性を守るために、たねとりをする仲間が集う「たねとりくらぶ」のような存在が、各地にできることを願っています。

　これは地域で自家採種をする人々が独自につくり上げていくグループで、その呼び名を仮に「たねとりくらぶ」として自家採種種子を保存・発展させていこうという趣旨です。

❦情報集め❦

　現在、在来種・固定種を保存しようというこころみが、各地で始まっています。おじいちゃん、おばあちゃんが採りつづけてきた家宝のたね、篤農家が鋭い目で選抜をしてきた優れた種、以前は、ひとつの品種の見た目がよく似たものにも、少しずつ個性があったのです。みなさんの地域にも、その土地の気候、風土、各家庭の使い道に合った個性のある野菜や穀物があったかもしれません。自慢の野菜や生活に役立つ薬用植物、棉、藍など生活必需品、たくさんあるかもしれません。もう後継者がいないから、という理由でなくなりつつある種があるかもしれません。

　そんな種子を残していきたいですね。

　今どんな種が残っているのか、またはあったのか、どんな風にたねとりをしていたのか、どんな風に利用していたのかなど、いろんな情報を集め、残っている種子を増やし、種子と情報を残していきたいですね。

❦たねとりをしてみよう！❦

　まず1品種からはじめてみませんか？　たねの保存を考えたとき、いろんな条件で、分散して栽培・保存をすることが大切です。みなさんのところにも野菜や穀物の花を咲かせて、種を採ってみませんか。

❦「たねとりくらぶ」❦

　一人では限界があります。たねとりの楽しみと手間隙を分かち合いませんか？

オーストラリアや太平洋諸島の国々では、仲間、グループでたねとりをし、支えあっています。ぜひ仲間やグループのメンバーで、少しずつたねを残して、より安全な保存状態にできるといいですね。学校やシニアの園芸クラブ、市民農園などでもたねとりをしてみませんか？　農家のみなさんも手間隙が大変だから、種は買うものになっていると思います。仲間をつくって分担すれば、手間隙軽減です。

　兵庫のある町で「たねとりくらぶ」がはじまろうとしています。周りを林に囲まれた畑を借り、自家採種できる種ばかりで野菜づくりをしています。今年の春にはその中から選抜された株に花を咲かせ種をとることになっています。たくさんの種子の情報をもったたねとり実践家と、農業体験の場を提供している人が手を携えてはじめているのです。

　各地の「たねとりくらぶ」同士が交流会をして、たねとり技術や種子の交換をおこなうのも楽しいですね。

　江戸時代など参勤交代で、行った先のすばらしい種を自分のお国へ持ち帰り、栽培して、さらに自慢の野菜を作ったという話をききます。野菜をつくる人自身が自分の自慢の種も管理する喜びや自由を分かちあえるのです。

　各地のたねとりをする人々——「たねとりくらぶ」が増えますように。

「たねとりくらぶオンラインのご案内」

　インターネット上に日本各地（いや、海外も？）のたねとる人たちのためのページを開設予定です。名付けて「たねとりくらぶオンライン」。参加資格は特にありません。自家採種に関心があり、インターネットにアクセスできる方なら、現時点でまだ始められていなくても、すでに活動を始められた方でもどなたでも参加できる場としてご提供する予定です。詳細は今後、

　　　　http://seedsavers.fubyshare.gr.jp/

にてご案内させていただきます。

ローカルシード・アクションリスト

　本を読んで自家採種に興味を持ったり、呼びかけに呼応してグループをつくろうと感じた人が、では具体的に誰に連絡をとったらいいのかを記したリストです。このリストには、種子の入手先である種苗店や伝統野菜の情報をもっている機関、市民団体などに加えて、何よりも各地で実際に自家採種に関心をもち、取り組んでおられる実際家の方を掲載しています。実際に種子をとる人たちが相互の連絡をつけ、地域内で、地域にあった情報や種苗を交換していくことが、最も重要と考えるからです。

須賀　貞樹
　【TEL】01396-6-2088　【FAX】01396-6-2088
　【所在地】〒043-1362　北海道檜山郡厚沢部町字須賀18-5
　【自己紹介】現在30品目以上を自家採種。東北地方北部の在来種で道南に適するものをさがしています。
　【分野】自家採種実践　【種苗について】交換可能、情報提供可能

農業法人　共働学舎　新得農場
　【TEL】01566-4-6330　【FAX】01566-5-5877
　【所在地】〒081-0038　北海道上川郡新得町字新得9-1
　【自己紹介】北海道で野菜の栽培・販売をしています。前任者がやっていた在来種のネギとインゲンの自家採種を続けるつもりです。自家採種全般にとても興味をもっています。
　【分野】野菜栽培・販売をしていて、少しだけ自家採種をしています。
　【種苗について】交換可能

野間田　研司
　【TEL】090-4874-3074　【FAX】01527-4-2567
　【E-mail】18980069@cp.bioindustry.nodai.ac.jp
　【所在地】〒099-2373　北海道網走郡女満別町字大成14-2
　【自己紹介】自家採種可能な種や在来種は、有機農業をする上で必要不可欠と感じ日々活動しています。運良くカナダでお世話になった人からカナダの在来種をいただくことができました。また、同じくカナダで知り合った日本人から九州の在来種をいただくことができました。その後も種集めに取り組んでいます。その種を自分の家で育てることにチャレンジしています。
　【分野】自家採種実践勉強中　【種苗について】もっている種が増殖可能になればそれも該当するが、いまは勉強中　【専門の作目】特にないが多くの作物を手がけようとしている

自然農園ウレシパモシリ　酒匂　徹
　【TEL・FAX・E-mail・URL】登録なし
　【所在地】〒028-0113　岩手県和賀郡東和町東晴山1-18
　【自己紹介】食生活の中心となる穀類、豆類を中心に自家採種。ニュージーランドからもらってきた自給にむいた個性的な在来種も数年育て続けていて、よく適応してくれているものもある。
　【分野】自家採種実践　【種苗について】交換可能、情報提供可能、販売、技術アドバイス

三浦　隆弘
【TEL】022-382-4606　【FAX】022-382-4606　【E-mail】miura@zephyr.dti.ne.jp
【所在地】〒981-1223　宮城県名取市下余田字飯塚410-3
【自己紹介】宮城県名取市で、芹、茗荷は自家採種してつくっています。ほかにも、自給用に、細々といろいろつくっています。
【分野】自家採種実践、市民団体　【種苗について】交換可能、情報提供可能
【専門の作目】芹、茗荷など

丸森かたくり農園
【TEL】0224-78-1916　【FAX】0224-78-1916
【所在地】〒981-2401　宮城県伊具郡丸森町小斎字一ノ迫56
【自己紹介】今はまだ、10種類くらいの種とりですが、これからも有機農業に向く野菜の種とりを増やしていきたいと思います。
【分野】自家採種実践　【種苗について】情報提供可能　【専門の作目】露地野菜

いるふぁ・ライフシードキャンペーン
【TEL】0238-65-2775　【FAX】0238-65-2056　【E-mail】millet@ilfa.org
【URL】http://www.ilfa.org/
【所在地】〒999-1212　山形県西置賜郡小国町大石沢944-1
【自己紹介】昔からつい最近まで庶民の主食だった雑穀をもっと見直そうと種の配布をおこなうとともに雑穀生産者のリストづくりと品種管理を目指している。雑穀の新しい料理法も開発している。
【分野】自家採種実践、市民団体　【種苗について】情報提供可能、販売　【専門の作目】ヒエ・アワ・キビ・タカキビ・シコクビエなどの雑穀

山田かかしの会　代表　大場　繁寿
【TEL】0233-33-2641　【FAX】0233-33-2641
【E-mail・URL】http://green.sakura.ne.jp/~kakasi/
【所在地】〒999-4605　山形県最上郡舟形町長沢1238
【自己紹介】楽しみで集めた地域の種を保存していきたいです。毎年更新できない状態ですが、ヒエ、アワ、キビ各数種類、赤・黒・青・茶豆、きなこ豆、なっとう豆、赤・黒・香米など。
【分野】自家採種実践　【種苗について】交換可能、情報提供可能

日本エゴマの会　会長　村上　周平
【TEL】0247-86-2319　【FAX】0247-86-2319
【所在地】〒963-4543　福島県田村郡船引町大字中山字田代380-4
【自己紹介】福島県で先祖から伝わった田村黒種の原種播種している。(脂肪含有量47.19%)食油の成分も飽和脂肪酸30%、リノール酸10%、αリノレン酸60%と最もバランスのよい自給油脂作物で、葉、実、油と多種のおいしい料理可。
【分野】自家採種実践　【種苗について】情報提供可能、販売、技術アドバイス
【専門の作目】エゴマ（田村黒種原種。1950年福島県農業試験場より入手）

小川　光
【TEL】0241-38-2463　【FAX】0241-38-2463　【E-mail】chardjou@akina.ne.jp
【URL】http://www.akina.ne.jp/~chardjou/
【所在地】〒969-4103　福島県耶麻郡山都町大字木幡字芦倉58-2

【自己紹介】トルクメニスタンから食味や香りの良いメロンの原種を多数持ち帰り、会津在来の瓜と交配して耐病性を導入。在来南瓜、インゲンの選抜、イチゴ、春菊独自品種の育成。
【分野】自家採種実践（元公的機関研究者）【専門の作目】メロン、その他瓜類、春菊、イチゴ
【種苗について】大部分は交換可能。情報提供可能、販売・技術アドバイスいずれも有、その他（イチゴのみ交換・販売等不可）

浅見　彰宏・晴美　ひぐらし農園

【TEL】0241-38-2985　【FAX】0241-38-2985　【E-mail】asami@akina.ne.jp　【URL】登録なし
【所在地】〒969-4109　福島県耶麻郡山都町早稲谷
【自己紹介】福島県会津地方に96年に就農。自家採種の量はわずかですが、会津在来の豆類、もちなどがあります。今後は様々な種類の作物を自家採種したいと思っています。
【分野】自家採種実践　【種苗について】交換可能

片山　佳代子

【TEL】0298-58-1659　【FAX】0298-58-1659　【E-mail】kayokatayama@nifty.ne.jp
【URL】http://homepage1.nifty.com/kayoko
【所在地】〒305-0035　茨城県つくば市松代4-11-2-420-103
【自己紹介】日本綿の栽培を始めて今年で4年目です。白綿は茨城在来、茶綿は知多半島在来を育てています。
【分野】自家採種実践　【種苗について】交換可能　【専門の作目】日本棉

人見　亮

【TEL】029-225-1098
【所在地】〒312-0035　茨城県ひたちなか市枝川349-2
【自己紹介】茨城県で、自然農を始めて3年目になります。今までに自家採種したものは、カボチャ、キュウリ、はぐら瓜、キャベツ、ニンジンです。種の自給100%を目指しています。
【分野】自家採種実践　【種苗について】交換可能

魚住　道郎

【TEL】0299-43-6826【FAX】0299-43-6826
【所在地】〒315-0114　茨城県新治郡八郷町嘉良寿理348
【自己紹介】遺伝子組み換えには反対です。日本に持ち込まれないようにするには自分たちの有機種子を作っていくことが大事です。ナタネ、大豆、トウモロコシ、ジャガイモ、小麦、米など近年、種どりを始めました。
【分野】自家採種実践　【種苗について】情報提供可能

磯貝　香津夫

【TEL】0274-63-4998　【FAX】0274-63-4998
【所在地】〒370-2451　群馬県富岡市宇田681-1
【自己紹介】アブラナ科の野菜に関心あります。採種の技術を身に付けたいと思っています。
【分野】自家採種実践　【種苗について】交換可能

針塚　藤重

【TEL】0279-22-0381　【FAX】0279-24-5424
【所在地】〒377-0002　群馬県渋川市中村66

【自己紹介】東京農業大学で遺伝・育種学を専攻した。育種は生命の歴史学だと信じている。原種の生命力に学ぶことがわかってきた。土づくりと育種は21世紀農業の基本である。
【分野】自家採種実践、研究者　【種苗について】交換可能、販売、技術アドバイス
【専門の作目】白菜固定種「青慶」、稲・麹・甘酒加工米

田下農場

【TEL】0493-74-3790　【FAX】0493-74-3790
【所在地】〒355-0312　埼玉県比企郡小川町上横田609-1
【自己紹介】有機農業の経営の中で自家採種してみあうものを中心に種どりしています。種どりしていくうちに畑を覚えて種の生命力が強くなるのがわかる時はたのしいです。
【分野】自家採種実践　【種苗について】交換可能　【専門の作目】ゴマ、大豆、スイカ、まくわウリ

ぶくぶく農園／バイオガスキャラバン　桑原　衛

【TEL】0493-72-7991　【FAX】0493-72-7991
【所在地】〒355-0334　埼玉県比企郡小川町笠原227
【自己紹介】雑穀（あわ・在来たかきび・きび、固定種とうもろこし、在来大豆）の種を自家採取しています。その他、固定種としてすいかがあります。
【分野】自家採種実践　【種苗について】交換可能、情報提供可能、販売、技術アドバイス
【専門の作目】雑穀

野口のタネ／野口種苗研究所

【TEL】0429-72-2478　【FAX】0429-72-7701　【E-mail】tanet@saitama-j.or.jp
【URL】http://www.saitama-j.or.jp/~tanet/
【所在地】〒357-0038　埼玉県飯能市仲町8-16
【自己紹介】埼玉県で、40年以上小カブの育種販売を続けています。他、アブラナ科を中心に、地場野菜の採種も継続しています。
【分野】種苗店　【種苗について】情報提供可能、販売、技術アドバイス　【専門の作目】小カブ

井澤　博之

【TEL】048-583-3181　【FAX】048-578-1162　【E-mail】izaru@ps.ksky.ne.jp
【所在地】〒369-1107　埼玉県大里郡川本町大字畠山313
【自己紹介】百姓を始めて6年になります。穀類のタネに関心があり、現在、作り継いでいるのが9種。同じタネの作物でも、土地が違うと違ったものができるのですね！
【分野】自家採種実践　【種苗について】交換可能　【専門の作目】大豆類、麦類、雑穀類

秋山　武男（土を愛する会）

【TEL】043-274-1486　【E-mail】tenkei.higuchi@nifty.ne.jp
【所在地】〒262-0023　千葉県千葉市花見川区検見川町3-302-10
【自己紹介】自然農法を実践する生産者団体の種苗部担当者。完全自家採種の野菜を流通させることをめざし、年2回種苗交換会を開いている。
【分野】自家採種実践　【種苗について】交換可能、情報提供可能

佐久間　清和

【TEL】0478-87-0351
【所在地】〒289-0624　千葉県香取郡東庄町小南967
【自己紹介】千葉県で固定種を中心に野菜を作りお客さんに届けています。種とりの方法はいい加減かもしれませんが、できるだけ来年への種を残すようにしています。

【分野】自家採種実践、自然農実践家
【種苗について】交換可能（種によって少量ならば）、情報提供可能
【専門の作目】オクラ、キュウリ、モロヘイヤ、サトイモ、ゴボウ、小松菜、ホウレン草など。作業の合間なのできちんとした方法ではないかもしれない。

熱田　忠夫

【TEL】0479-67-3367　【FAX】0479-67-3367
【所在地】〒289-3182　千葉県匝瑳郡野栄町今泉6357
【自己紹介】特別注意深く種とりをしているわけでもないので自然交配になっている可能性大。まだ自家採種の種類は少ないが今後拡げたい（スイカは15年以上自家採種）。
【分野】自家採種実践　【種苗について】交換可能、情報提供可能

新庄水田トラスト（ネットワーク農縁）事務局（阿部文子）

【TEL】0436-61-3077　【FAX】0436-61-3077　【E-mail】masa-fly@titan.ocn.ne.jp
【URL】http://www5.ocn.ne.jp/~suiden/
【所在地】〒299-0117　千葉県市原市青葉台1-9-1ファミール青葉台2-106
【自己紹介】寒冷地に強く、化学肥料を好まない"さわのはな"。収穫量は少ないが、胚芽が大きく七分づきでも取れにくい。また、各家に伝わる独自の大豆（青畑豆）がつたえられ、作られてる。
【分野】自家採種実践、市民団体
【種苗について】交換可能、情報提供可能、販売、技術アドバイス。
【専門の作目】稲作"さわのはな"

鴨川和棉農園　（代表）田畑　健

【TEL】0470-92-9319　【FAX】0470-92-9319
【所在地】〒299-2856　千葉県鴨川市西317-1
【自己紹介】日本の気候・風土に適したワタです。かつて庶民の衣の中心素材として100％自給されていました。栽培から糸紡ぎ、ハタ織り、フトン作り等々もワークショップで指導しています。
【分野】自家採種実践、研究者（毎年1月〜4月末まで日本棉のタネを無料配布しています）
【種苗について】交換可能、情報提供可能、技術アドバイス　【専門の作目】日本棉（和棉）

日本有機農業研究会　種苗部会

【TEL】03-3818-3078　【FAX】03-3818-3417　【E-mail】joaa@jca.apc.org
【URL】http://www.jca.apc.org/joaa
【所在地】〒113-0033　東京都文京区本郷2-40-13　本郷コーポレイション1001
【自己紹介】20年前に開いた交換会を縁に種苗部会発足。種苗に関する各種事業を展開。『有機農業に適した品種100撰』も発行。生産者の自家採種リストも400弱収集。一部種の冷凍保存も開始。
【分野】市民団体　【専門の作目】作物全般
【種苗について】交換可能、情報提供可能、販売の斡旋、技術アドバイス、その他（近々販売も）

福岡正信・本間裕子　グリーンピック／福老緑之道

【FAX】03-3869-7666
【所在地】〒134-0088　東京都江戸川区西葛西3-14-15-1408
【自己紹介】生ゴミとして捨てている種も不毛の土地を緑によみがえらせる命をもっている。何気なく捨てている種の命や生命力に私たちがもうちょっと気付けば、世界は変わる

んじゃないかな。
【分野】緑化のための種集め
【種苗について】ふだん生ゴミとして捨ててしまっている果物や野菜の種をはじめ、庭、公園、街路樹などの種の収集の協力を呼びかけている。

ナマケモノ倶楽部
【TEL】03-3638-0534　【FAX】03-3638-0534　【E-mail】nao-babi@sa2.so-net.ne.jp
【URL】http://www.sloth.gr.jp
【所在地】〒136-0072　東京都江東区大島6-15-2-912
【自己紹介】ナマケモノをモデルに地球環境と人にやさしいゆっくりとしたライフスタイルを探求。エクアドル山間部にあるコタカチを拠点に、シードセーバーズネットワークと熱帯雨林情報センター（共にオーストラリア）との共同で種子保存プロジェクトを計画中。
【分野】市民団体　【種苗について】交換可能、情報提供可能、販売、技術アドバイス
【専門の作目】記載なし

「みんなの種」宣言事務局
【TEL】03-3442-3575　【FAX】03-3442-3575　【E-mail】kmbs@mvj.biglobe.ne.jp
【所在地】〒150-0012　東京都渋谷区広尾5-7-2-1403
【自己紹介】「みんなの種」宣言は、遺伝子組み換えに反対の立場から多国籍企業の種子の独占に反対し、地域の財産である種子を守る運動である。2001年から市民が種採りに参加する「市民ブリーダー」をスタートさせた。
【分野】市民団体

なんちゃって菜園
【TEL・FAX】登録なし　【E-mail】iwatsuru-ka@mx2.ttcn.ne.jp
【自己紹介】神奈川県藤野町の空き地で3年間ほど、家庭菜園を楽しんでいます。今のところ自家採種を継続しているのは、小麦と千葉の有機農業実践家のお宅で食べたスイカの種ぐらいです。
【分野】自家採種＆パーマカルチャー試行錯誤中　【種苗について】交換可能

WILD RICE CLUB（ワイルド ライス クラブ）代表　松浪 滋
【TEL】045-561-7658　【FAX】045-561-7658　【E-mail・URL】登録なし
【所在地】〒223-0064　神奈川県横浜市港北区下田町3-10-34
【自己紹介】インド、東南アジアの国々で野生稲の自生地が開発のため失われている。そのため、遺伝的多様性に富むこの集団を自生地保全することが急務であり、このクラブの目的である。
【種苗について】稲の原種であるワイルドライスの自生地での保全の啓蒙や支援など
【専門の作目】WILD RICE（野生稲―日本にはない）

ストップ遺伝子組み換え汚染種子ネット
【TEL】046-276-1064　【FAX】046-276-1064　【E-mail】makikoiri@hotmail.com
【所在地】〒242-0007　神奈川県大和市中央林間3-17-30　L M201
【自己紹介】種子ネットは、遺伝子汚染を防ぐための種子栽培と頒布が目的です。情報の提供もします。トウモロコシ、菜種、大豆、綿、米について、目的に添った活動をします。
【分野】市民団体（自家採種農家、専門家、流通、消費者等）
【種苗について】情報提供可能、技術アドバイス（会として、協力できる部分あり）

萌叡塾（ほうえいじゅく）
【TEL】07797-3-2421
【所在地】〒910-2464　福井県足羽郡美山町中手清水
【自己紹介】自給的暮らしを始めて18年です。風土に適った、生命力の強い、香味豊かな在来種に興味があります。
【分野】自家採種実践、その他（自給的暮らしを勧め、体験できる塾）
【種苗について】交換可能。在来種と思われる紫色のモチトウモロコシの種あります。滋味、モチモチ感あり。

窪川　眞　織座農園
【TEL】0267-88-2641　【FAX】0267-88-4060　【E-mail】oryzafarm@aol.com
【所在地】〒384-0704　長野県南佐久郡八千穂村大字八郡3078
【自己紹介】トマトの自家採種を15年続けています。20種以上の品種を作り、圃場の選択圧との調和のなかで、いくつかが定着してきました。ほかには、葉ものとねぎとかぼちゃ。
【分野】自家採種実践　【種苗について】交換可能　【専門の作目】記載なし

（財）自然農法国際研究開発センター　農業試験場
【TEL】0263-92-6800　【FAX】0263-92-6808
【所在地】〒390-1401　長野県東筑摩郡波田町5632
【自己紹介】自然農法に適する品種の育成と普及に取り組んでおります。
【分野】記載なし　【種苗について】販売　【専門の作目】雑穀類、野菜

河崎　宏和（あおむし農場）
【所在地】〒399-4511　長野県上伊那郡南箕輪村南原9610-12
【自己紹介】去年、枝豆の種とりをしたところ、発芽が悪かった。種とりは簡単だが、採種のむつかしさを再確認させられました。
【分野】自家採種実践
【種苗について】単に種を採っているという段階で、交雑していたり、発芽率が不安定だったりします。

芽ぶき屋
【TEL】053-426-6200　【FAX】053-426-6200　【E-mail・URL】mebukiya@nifty.com
【所在地】〒430-0816　静岡県浜松市参野町378
【自己紹介】より自由により豊かにより健康に生きるための食。特に在来種、固定種を中心に、それを支える農園芸資材を提供しています。300円分切手同封しカタログをご請求ください。
【分野】種苗店　【種苗について】販売

岡田農園　岡田千恵子
【TEL】0593-83-3426
【所在地】〒513-0801　三重県鈴鹿市須賀1-17-1
【自己紹介】自然農法を始めて10年ほど、安全性を重視し、自家採種につとめてきました。現在出荷している野菜、豆類の種子、種イモはほとんど自給しています。
【種苗について】情報提供可能

種取まさみ
【所在地】〒513-0801　三重県鈴鹿市神戸1-22-27
【自己紹介】「種子にも心がある、水、土、自然、人との相性がある」そうです。自家採種と世界各地の動きに協力して、種子を守っていきたいです。
【分野】自家採種実践　【種苗について】情報提供可能

風伝自然農園・真砂
【所在地】〒519-5326　三重県南牟婁郡御浜町栗須45
【自己紹介】三重県で7年間、自然農（不耕起・不施肥・無農薬）を続けています。熊野市の花の窟神社に大正時代まで供えられていた、タイトウ米という古代赤米の種子を捜しています。

梅垣　誠
【TEL】0773-58-2015　【FAX】0773-58-2015
【所在地】〒620-1313　京都府天田郡三和町字下川合116
【自己紹介】京都で稲品種の保存を中心に、収集、栽培、採種、保存をおこなっています。特に在来種や古い品種に興味があります。
【分野】自家採種実践、研究者　【種苗について】交換可能、技術アドバイス
【専門の作目】稲（水、陸）

たねっと　塩見　直紀
【TEL】0773-47-0458　【FAX】0773-47-0458　【E-mail】inspire@sage.ocn.ne.jp
【URL】http://village.infoweb.ne.jp/~tanet
【所在地】〒623-0236　京都府綾部市鍛冶屋町前地9番地
【自己紹介】種子（種・たね）とは何かに関心があります。種子、自家採種、在来種、エアルーム等の観点から、21世紀の生き方、暮らし方を模索する「種子の哲学誌」を編んでいきたいです。
【分野】市民団体　【種苗について】情報提供可能

松本　敏幸
【所在地】〒629-3133　京都府竹野郡網野町郷1179
【自己紹介】自家採種を始めてまだ月日が浅いですが、一作目でも自家採種を続けていきたいと思っています。
【分野】自家採種実践　【種苗について】交換可能　【専門の作目】カボチャ、オクラ

自給をすすめる百姓たち
【TEL】06-6330-8046　【FAX】06-6330-8046　【E-mail】jikyunet@hotmail.com
【URL】http://jikyu.fubyshare.gr.jp/
【所在地】〒564-0063　大阪府吹田市江坂町1-22-23　江坂中央ビル4F
【自己紹介】以前から自家採種技術講習などを企画してきました。専業農家が相互に支えあう分担採種に取り組みます。
【分野】市民団体　【種苗について】交換可能、情報提供可能

倉本　広文、木戸　将之
【E-mail】humi@mm.neweb.ne.jp　【URL】http://www2.neweb.ne.jp/wc/humi/
【自己紹介】奈良県桜井市で自然農法に取り組んでいます。
【分野】自家採種実践　【種苗について】交換可能

小林　保
【E-mail】fwgh1815@mb.infoweb.ne.jp
【自己紹介】野菜産地の特化が進み、江戸から明治にかけて系統分化した在来種が瀕死の状態です。食文化と密接な種資源を守り、豊かな食を楽しみましょう。
【分野】公立機関研究者【種苗について】情報提供可能、技術アドバイス
【専門の作目】軟弱野菜、マメ類、イチゴ

寺田農園
【TEL】0796-52-6146　【FAX】0796-52-6146　【E-mail】mass@tmn.ne.jp
【所在地】〒668-0204　兵庫県出石郡出石町宮内452-7
【自己紹介】根菜類を中心に種採りを始めています。畑で野菜を育てながら、種も育て、採ってゆくことを、百姓の仕事として、確かなものにしてゆきたい。
【分野】自家採種実践【種苗について】交換可能、情報提供可能

土恋処農園　中村明弘・千恵
【所在地】〒668-0351　兵庫県出石郡但東町畑山1010-5
【自己紹介】百姓始めて4年目。種をとり始めて3年目。露地野菜全般に、米、雑穀、豆類の種をとっています。技術的にはまだまだ未熟で、交雑もしますがそれもまた楽し……でやっています。
【分野】自家採種実践【種苗について】交換可能

小野田　弘之
【TEL】0795-63-7922　【FAX】0795-63-7922　【E-mail】z91106@kgo.kwansei.ac.jp
【所在地】〒669-1545　兵庫県三田市狭間が丘2-12-1
【自己紹介】自給自足できるような、遺伝子組み換えの無い種の交換システムが確立できたらよいな、と思います。
【分野】自家採種実践【種苗について】交換可能

浅田　大輔
【TEL】0795-94-4021　【FAX】0795-94-4021
【所在地】〒669-2222　兵庫県篠山市味間南589-306
【自己紹介】百姓始めて6年。自家採種始めて3年。簡単なものを数種類できる範囲で種とりしています。キュウリ・トマト・マメ・オクラなど。冬野菜はまだ挑戦したことがありません。
【分野】自家採種実践【種苗について】交換可能

長田　明彦
【E-mail】daicon@d1.dion.ne.jp　【URL】http://www.caps.ne.jp/yamazaru/index.html
【所在地】〒669-2601　兵庫県篠山市中23
【自己紹介】兵庫県で、自給のための米、野菜づくりを行っています。自然農に適した種を自家採種し、つなげていければと思っています。
【分野】自家採種実践【種苗について】交換可能

あ〜す農場　大森ケンタ
【TEL】0796-75-2959　【FAX】0796-75-2959
【所在地】〒669-5238　兵庫県朝来郡和田山町朝日字下戸
【自己紹介】種子に関してはまだまだでやっているのは米や一つ二つの野菜ぐらい。僕はま

だ葉が出て、苦いとうがのびているところかな。春の花にもなれず、種にもなれず、ま、ゆっくりと…。
【分野】自家採種実践 【種苗について】交換可能

山根　成人
【TEL】0792-84-1546　【FAX】0792-84-3330
【所在地】〒670-0903　兵庫県姫路市立町34
【自己紹介】最近、種のことが見直され喜んでいます。18年前から種をとり始め、現在40種類余り自給しています。実際栽培する者同士の情報を集めています。
【分野】自家採種実践 【種苗について】交換可能、情報提供可能
【専門の作目】除虫菊、岩津ネギ、ニガウリ

すこやかファーム　福本　裕郁・麻由美
【TEL・FAX】登録なし　【E-mail】sukoyaka-farm.fukumoto@nifty.ne.jp
【URL】http://member.nifty.ne.jp/notosoho
【所在地】〒673-0701　兵庫県三木市細川町瑞穂1938
【自己紹介】農業を始めて5年です。周りの方からいろいろと教えていただき、自分でも種を採り始めました。
【分野】自家採種実践 【種苗について】情報提供可能

山中　幸弘
【TEL】0791-52-0398　【FAX】0791-52-0398
【所在地】〒678-1231　兵庫県赤穂郡上郡町上郡365-1
【自己紹介】兵庫県南西部にて穀類（古代米・麦・雑穀）を中心に10数年、自家採種を実践しています。最近は豆類全般に興味関心を持っています。
【分野】自家採種実践 【種苗について】交換可能

牛尾　武博
【TEL】0790-27-0564　【FAX】0790-27-0564
【所在地】〒679-2301　兵庫県神崎郡市川町上牛尾577
【自己紹介】市販されていない品種、どうしても残しておきたい在来種、とっても気に入っている品種等を採種しています。自分だけ持っている品種は、ワクワクしますね。
【分野】自家採種実践 【種苗について】情報提供可能

三浦　雅之（清澄の村）
【TEL】0742-50-1055　【FAX】0742-50-1055
【所在地】〒630-8411　奈良県奈良市高樋町843　清澄の里(粟)内
【自己紹介】種のもつ可能性にひかれ、いろいろな種を集めています。採種の楽しさ、たいへんさを感じつつ、栽培保存をしています。また、教育・文化的な結びつきを強く思っています。
【分野】自家採種実践 【種苗について】交換可能、情報提供可能

芳田　忠男
【TEL】07472-2-5715　【FAX】07472-2-5715　【E-mail】tadao@gojo.ne.jp
【所在地】〒637-0035　奈良県五條市霊安寺町486
【自己紹介】在来種をさがしています。自家採種は初心者ですが、特に在来種は自家採種で保存に努めたいと思っています。

【分野】自家採種実践

農業生産法人（有）蒼生舎
　【TEL】0737-34-3119　【FAX】0737-34-3066
　【所在地】〒643-0122　和歌山県有田郡金屋町瀬井934
　【自己紹介】自家採種で少しでもやってみたいと思っています。現在は豆類・小麦・雑穀の自家採種に力を入れています。
　【分野】農業生産法人　【種苗について】自分たちで使うので精一杯

田中　正彦
　【TEL】0739-22-7731　【FAX】0739-22-7731　【E-mail・URL】登録なし
　【所在地】〒646-1111　和歌山県西牟婁郡上富田町市ノ瀬1020
　【自己紹介】稲は十数年自家採種を続けています。麦も。野菜は最近採種するようになりました。
　【分野】自家採種実践　【種苗について】情報提供可能　【専門の作目】稲

安達　俊博
　【FAX】0859-22-1100
　【所在地】〒683-0311　鳥取県西伯郡西伯町境72193
　【自己紹介】鳥取県西伯町で、昔からの種子を作り続けたいと思います。郵便下さい。
　【分野】自家採種実践　【種苗について】交換可能

園山　由美子
　【TEL】0853-22-4073　【FAX】0853-22-4073　【E-mail】nonkosan@smn.enjoy.ne.jp
　【所在地】〒693-0006　島根県出雲市白枝町1003-3
　【自己紹介】島根県で和棉3年、藍2年、自家採種しています。今後もこの二つはずっと続けていくつもりですが、他の野菜などの種も少しずつ始めてみたいと思っています。
　【分野】自家採種実践　【種苗について】交換可能、情報提供可能、技術アドバイス
　【専門の作目】和棉（大島在来種3年間）、藍（千本、2年間）

雑草たちのパラダイス
　【TEL】0866-48-3243　【FAX】0866-48-3248
　【所在地】〒716-0212　岡山県川上郡川上町下大竹2085　百姓屋敷わら内
　【自己紹介】食糧の自給が基本にある暮らし方なので、米と主な野菜の種も自家採種です。モチ米種の黒米は、玄米食や甘酒づくりに欠かせないので6年前から栽培しています。
　【分野】自家採種実践、市民団体　【種苗について】交換可能、販売　【専門の作目】黒米

山地農園　山地　茂雄
　【TEL】087-898-5252　【FAX】087-898-7615
　【所在地】〒761-0704　香川県木田郡三木町白山846
　【自己紹介】自家採種実践したいと思います。在来種（種のとれる種）も、できればたくさん欲しいです。
　【分野】半農半業（山地農園　山地デザイン工房）
　【種苗について】交換可能、情報提供可能、販売、技術アドバイス
　【専門の作目】米、小麦、野菜。有機無農薬にて8年目です。

筒井　和光
【TEL】087-875-0716　【FAX】087-875-0716　【E-mail】tutu@niji.or.jp
【所在地】〒769-0102　香川県綾歌郡国分寺町国分636-1-611
【自己紹介】アメリカのSEED SAVERS EXCHANGEの10年来の会員。各地の伝統野菜、特に料理方法に興味あり。おいしいナスの種もっています。
【分野】育種家　【種苗について】交換可能、情報提供可能、技術アドバイス
【専門の作目】タマネギ、ニンジン

パーマカルチャリストNW「手掛けよう！自分の暮らし」
【E-mail】enjutei@ninus.ocn.ne.jp
【自己紹介】とった種を特別に管理していません。寒冷地、湿度低め。
【分野】素人の種とり　【種苗について】交換可能
【専門の作目】マメの類、コリアンダー、香菜、ナスタチウム、リーフ系レタス、ネムノキ、あけび、どんぐり他

付表　交配方法と寿命

野菜の名前	学名	英名
アーティチョーク	Cynara scolymus	Artichoke
アズキ	Phaseolus angularis	Adzuki Bean
アスパラガス	Asparagus officinalis var. altilis	Asparagus
アブラナ・在来ナタネ	Brassica campestris L. var. rapa	
アマランサス	Amaranthus spp.	Amaranth
アメリカボウフウ	Pastinaca sativa	Parsnip
インゲンマメ	Phaseolus vulgaris	Bean
ウコン	Curcuma spp.	Tumeric
エシャロット	Allium cepa var. aggregatum	Eschallot
エンサイ	Ipomoea aquatica	Water Spinach
エンダイブ	Cichorium endivia	Endive
エンドウ	Pisum sativum var. hortense	Pea
オオクログワイ	Eleocharis dulcis	Water Chestnut
オカ	Oxalis tuberosa	Oca
オクラ	Abelmoschus esculentus (Hibiscus esculentus)	Okra
カブ	Brassica campestris L. rapa	Turnip
カボチャ	Cucurbita maxima, moschata, ficifolia	Pumpkin, Squash
カリフラワー	Brassica oleracea var. botrytis	Cauliflower
カルドン	Cynara cardunculus	Cardoon
カレンデュラ	Calendula officinalis	Calendula
キクイモ	Helianthus tuberosus	Jerusalem Artichoke
キャッサバ	Manihot utilissima, M. esculentaman	Cassava
キャベツ	Brassica oleracea var. capitata	Cabbage
キュウリ	Cucumis sativus	Cucumber
キンレンカ	Tropaeolum majus	Nasturtium
グアダビーン	Trichosanthes anguina	Guada Bean
クロダネカボチャ	Cucurbita ficifolia	Chilacayote
ケープグズベリー	Physalis peruviana	Cape Gooseberry
ケール	Brassica oleracea var. acephala	Kale
コールラビー	Brassica oleracea var. gongylodes	Kohlrabi
コーンサラダ	Valerianella locusta	Corn Salad
ゴボウ	Arctium lappa	Burdock, Cockle button
ゴマ	Sesamum indicum	Sesame
コマツナ	Brassica campestris L. rapa perviridis	
コラード	Brassica oleracea, var. acephala	Collard
コリアンダー	Coriandrum strivum	Coriander
コリラ	Cyclanthera pedata	Korila
ササゲ	Vigna unguiculata, V. unguiculata var. sesquipedalis	Cowpea, Snake bean
サツマイモ	Ipomoea batatas	Sweet Potato
サトイモ・タロイモ	Colocasia esculenta	Taro
サラダバーネット	Sanguisorba minor, S. officinalis	Salad Brunet
サルシファイ	Tragopogon porrifolius	Salsify
シソ	Perilla frutescens var. crispa	Perilla
ジャガイモ	Solanum tuberosum	Potato
シュンギク	Chrysanthemum coronarium	Garland Chrysanthemum
ショウガ	Zingiber officinale	Ginger
ショクヨウカンナ	Canna edulis, C.indica	Queensland Arrowroot
シロウリ	Cucumis melo var. conomon	Oriental Cooking Melon
スイカ	Citrullus lanatus	Watermelon
ズッキーニ	Cucurbita pepo	Zucchini
セイヨウタンポポ	Taraxacum officinale	Dandelion
セージ	Salvia officinalis	Sage
セルタス	Lactuca sativa	Celtuce
セルリアック	Apium graveolens, var. rapaceum	Celreriac
セロリ	Apium graveolens	Celery
ソラマメ	Vicia fava	Broad Bean
ソレル	Rumex spp.	Sorrel
タアサイ	Brassica campestris L. var. narinosa	
ダイコン	Raphanus sativus	Radish
ダイズ	Glycine max	Soya Bean
タイム	Thymus vulgaris	Thyme
タカナ・カラシナ	Brassica juncea var. integrifolia・cernua	Mustard Greens
タマネギ	Allium cepa	Onion
タラゴン	Artemisia dracunculus	Tarragon

異名	漢名	1年草(A) 2年草(B) 多年草(P)	繁殖方法 栄養繁殖(V) 種子による場合 他家(C)自家(S)	受粉の方法 風媒(W) 虫媒(I)	良い貯蔵 条件の下 での寿命	1gに対 する種子 の数	本書の ページ
チョウセンアザミ	朝鮮薊、菜薊	A,P	V,C	I	5（年）	30	183
		A	S		*	*	165
マツバウド	石勺柏	P	V,C	I	3-5	50	141
		A	C	I	*	*	86
		A	C	W	5	800	210
パースニップ、シロニンジン	欧防風	B	C	I	1	200	190
ナマメ、サイトウ	隠元豆、菜豆	A	S		3	5-10	155
ターメリック	鬱金	P	V				213
	胡葱	A	V				199
		A	V,S		3	150	206
ニガヂシャ、キクヂシャ	苦苣、紅毛萵苣、牡丹萵苣、菊萵苣	A	S		5	900	182
	豌豆	A	S		3	5	161
イヌクログワイ	烏芋、地栗	P	V				213
		P	V				212
オカレンコン、アメリカネリ		A	S		5	15	116
		B	C	I	5	300	83
トウナス		A	C	I	3-10	4	105
ハナヤサイ	花椰菜	B	C	I	4	500	75
		P	C	I	4	25	183
ポットマリゴールド、トウキンセンカ		A	C	I	4	100	186
	菊芋、洋薑	P	V,C	I			185
イモノキ	木薯、樹薯	P	V				211
カンラン、タマナ	甘藍	B	C	I	4	250	71
	胡瓜、黄瓜	A	C	I	4-10	40	102
ナスタチウム、ノウゼンハレン	金蓮花、旱蓮	A,P	V,C	I	3	30	208
ヘビウリ	蛇瓜	A	C	I	2	6	196
		P	C	I	5	5-8	194
シマホウズキ、食用ホウズキ、フィサリス	酸漿	A,P	S		3	400	211
	緑葉甘藍	B	C	I	4	250	77
カブカンラン、キュウケイカンラン	球茎甘藍	B	C	I	4	250	201
ノジシャ、マーシュ		A	C	I	4	700	207
	牛蒡	B,P	S,C	I,W	5	70-100	128
	胡麻	A	S		*	*	168
		A	C	I	*	*	85
		B	C	I	4	200	202
コエンドロ、パクチ	香菜、芫荽	A	S,C	I	3	90	188
		A	C	I	3	30	196
		A	S		5	50	164
カンショ	甘藷	P	V				172
	里芋	P	V				174
オランダワレモコウ		P	V,C	I	3	150	209
バラモンジン、セイヨウゴボウ		B	C	I	3-5	100	187
	紫蘇	A	S,C		数年	*	130
バレイショ	馬鈴薯	P	V				169
キクナ	春菊、菊菜	A	C	I	3	300	127
ハジカミ	生姜、薑、姜	P	V				179
		P	V				212
	白瓜、越瓜、菜瓜	A	C	I	5	70	114
	西瓜	A	C	I	5	6	110
		A	C	I	3-10	6-8	107
	西洋蒲公英	P	S		2	1000	184
		P	V,C		3	250	193
カキヂシャ、クキヂシャ	掻萵苣、萵筍、萵笋	A	S		5	1000	184
カブミツバ		B	C	I	5	2000	189
オランダミツバ	塘蒿、芹菜	B	C	I	5	2000	146
	空豆、蚕豆	A	S,C		4	1	159
スイバ、スカンポ		P	V,C	I	2	1000	205
		A	C	I	*	*	82
	蘿蔔	A,B	C	I	4	100	88
		A	S		3	5-10	153
タチジャコウソウ		P	V,C	I	5	6000	193
		A	C	I	4	600	87
	玉葱	B	C	I	2	250	134
エストラゴン、カワラヨモギ	竜蒿	P	V				187

付表 交配方法と寿命　231

付録　交配方法と寿命

野菜の名前	学名	英名
チコリー	Cichorium intybus	Chicory
チャービル	Anthriscus cerefolium	Chervil
チャイブ	Allium schoenoprasum	Chives
チンゲンサイ	Brassica campestris L. var. chinensis	
ツリーオニオン	Allium cepa var. proliferum	Tree Onion
ツルムラサキ	Basella alba, B.alba var. rubra	Basella
ディル	Anethum graveolens var. esculentum	Dill
トウガン	Benincasa hispida	Wax Gourd
トウモロコシ	Zea mays	Corn
トマト	Lycopersicon lycopersicum	Tomato
トロロアオイ	Abelmoschus manihot	Hibiscus Spinach
ナス	Solanum melongena, S. macrocarpon & S. integrifolium	Eggplant
ニガウリ	Momordica charantia	Bittergourd
ニラ	Allium tuberosum	Garlic Chives
ニンジン	Daucus carota	Carrot
ニンニク	Allium sativum	Garlic
ネギ	Allium fistulosum	Spring Onion
ハクサイ	Brassica campestris L. var. pekinensis	Chinese Cabbage
バジル	Ocimum basilicum, O.gratissimum, O.sanctum O.canum	Basil
パセリ	Petroselinum crispum	Parsley
ハマヂシャ	Tetragonia tetragonoides	New Zealand Spinach
ハヤトウリ	Sechium edule	Choko
パンジー・スミレ	Viola spp.	Pansy & Violet
ビート	Beta vulgaris	Beetroot
ピーナッツ	Aracbis hypogaea	Peanut
ピーマン・トウガラシ	Capsicum annuum (ピーマン), C. frutescens, C. pubescens, C. baccatum, C. annuum (トウガラシ)	Capsicum, Chilli
ヒマワリ	Helianthus annuus	Sunflower
ヒョウタン	Lagenaria siceraria	Gourd
フェンネル	Foeniculum vulgare	Fennel
フキ	Petasites japonicus	Butterbur
フジマメ	Dolichos lablab var. niger	Hyacinth bean
フダンソウ	Beta vulgaris var. vulgaris	Silver Beet
ブロッコリー	Brassica oleracea var. italica	Broccoli
ヘチマ	Luffa cylindrica, L. acutangula	Luffa
ベニバナインゲン	Phaseolus coccineus	Runner Bean
ペルーサトウニンジン	Arracacia esculentum	Peruvian Parsnip
ホウレンソウ	Spinacia oleracea	Spinach
ポピー	Papaver spp.	Poppy
ボリッジ	Borago officinalis	Borage
マクワウリ・メロン	Cucumis melo	Rockmelon
マジョラム	Origanum majorana	Marjoram
マスタード	Brassica nigra, B. juncea & B. birta	Mustard
マリーゴールド	Tagetes species	Marigold
ミズナ	Brassica campestris L. var. japonica	Mizuna
ミツバ	Cryptotaenia japonica, canadensis	Mitsuba
ミント	Mentha spicata	Mint
メキャベツ	Brassica oleracea var. gemmifera	Brussels Sprouts
モロヘイヤ	Corchorus olitorius	
ヤマイモ・ヤム	Dioscorea alata, esculenta	Yam
ヤマホウレンソウ	Atriplex hortensis	Orach
ヤムビーン	Pachyrrhizus erosus	Yam Bean
ラッキョウ	Allium chinense	
ラディッシュ	Raphanus sativus	Radish
リーキ	Allium ampeloprasum var. porrum	Leek
リママメ	Phaseolus lunatus	Lima Bean
ルッコラ	Eruca sativa	Rocket
ルバーブ	Rheum rhabarbarum	Rhubarb
レタス	Lactuca sativa	Lettuce
レモングラス	Cymbopogon spp.	Lemongrass
ローズマリー	Rosmarinus officinalis	Rosemary
ロゼラ	Hibiscus sabdariffa	Rosella
ワケギ	Allium fistulosum	

注）この表は原著の記載に基づいて作成しました。一部、日本向けに加筆した品目についてはデータのないものがあります。

異名	漢名	1年草(A) 2年草(B) 多年草(P)	繁殖方法 栄養繁殖(V) 種子による場合 他家(C)・自家(S)	受粉の方法 風媒(W) 虫媒(I)	良い貯蔵 条件の下 での寿命	1gに対 する種子 の数	本書の ページ
キクニガナ、ヤセイヂシャ	菊萵苣、野生苦苣	B	C	I	8(年)	600	182
		A	C	I	1	450	189
		P	V,C	I	1	600	199
		A	C	I	*	*	80
		B	V				200
	落葵	A,P	V,S		5	50	152
イノンド	蒔蘿	A	C	I	3	900	188
	冬瓜	A	C	I	3	10	108
	玉蜀黍	A	C	W,I	2-10	3-8	117
アカナス	蕃茄	A	S	I	4	400	93
クサダモ	黄蜀葵	P	S		3	70	204
ナスビ	茄子	P	S,C	I	5	200	97
ゴーヤー、ツルレイシ	苦瓜	A	C	I	5	12	109
	韮、起陽草	P	V,C	I	1	250	139
	人参、胡蘿蔔	B	C	I	3	1000	143
	葫、大蒜、胡蒜	A	V				140
	葱	A,P	C	I	2	250	132
		A	C	I	5	350	79
バジリコ、メボウキ		A,P	V,C	I	5	600	191
オランダゼリ	皺葉洋芹	B	C	I	3	200	147
ツルナ	蕃杏	P	V,C	I	6	20	208
センナリ、チョヤテ	隼人瓜、仏手瓜	A,P	C	I	*	*	114
		A	V,C	I	1(スミレ47日)	1-2000	206
		B	C	W,I	5	50	202
ラッカセイ、ナンキンマメ	落花生、南京豆	P	S,C		1	12	166
バンジョウ	蕃椒	A,P	S,C	I	5	150	100
ニチリンソウ、ヒグルマ	向日葵	A	C	I	5	10-20	185
ユウガオ、カンピョウ	瓢箪、扁蒲、葫蘆	A	C	I	5	30	195
ウイキョウ	茴香	B	C	I	4	500	190
	蕗	P	V				129
センゴクマメ	鵲豆、扁豆	P	S		4	4	197
		B	C	W,I	10	60-90	203
ミドリハナヤサイ、コダチハナヤサイ	木立花椰菜	A,B	C	I	5	300	73
	糸瓜	A	C	I	5	20	195
	紅花隠元、花豆	B	S,C	W,I	3	1	197
		P	V				191
	菠薐草、菠菜	A	C	W	5	70	149
		A	S,C	I	2	10000	207
ルリヂサ	瑠璃苣	A	C	I	5	65	209
		A	C	I	5	30	112
		A,P	V,C	I	5	12000	194
		A	C	I	3-7	600	201
		A,P	C	I	3	300	186
キョウナ	水菜、京菜	A	C	I	2	600	82
	三葉、野蜀菜、鴨児芹	A	C	I	3	500	148
オランダハッカ、スペアミント		P	V,C	I	1	40000	192
コモチカンラン	子持甘藍、姫甘藍	B	C	I	4	270	76
		A	*	*	長期	*	151
		P	V				177
	山菠薐草	A	C	W	5	250	203
クズイモ	葛薯、豆薯	P	V,S		5	5	198
	辣韮	P	V				137
	蘿蔔	A,B	C	I	4	100	91
	洋葱、韮葱	B,P	V,C	I	3	400	200
ライマメ、アオイマメ	莱豆	P,A	S,C	I	3	1	198
ロケット		A	C	I	2	500	92
ショクヨウダイオウ	食用大黄	P	V,C	I	1	250	205
チシャ	萵苣	A	S		5	1000	123
		P	V				210
マンネンロウ	迷迭香	P	V,C	I	1	900	192
ロゼリソウ		A	S		3	70	204
	分葱	P	V				138

用語解説

IRRI フィリピンにある国際稲研究所。「緑の革命」で改良品種IR 8を農薬、化学肥料とともに大規模に普及。

IBPGR ローマの植物遺伝子資源国際委員会（International Broad for Plant Genetic Resources）。国際植物遺伝資源研究所（IPGRI）の前身。

一代交配種（F_1品種） 一代雑種、一代交配種、ハイブリッド品種ともいう。好ましい形質（高収量、味、耐虫、耐病性、など）をもつ異なる品種を人為的に交雑させ、その両方の形質を兼ね備えた最初の子ども。F_2（雑種第二代）には、多くの株にF_1と異なる形質が現れる。そのため自家採種が難しく、同じものを求めるには毎年種子を購入しなければならなくなる。

一年生 1年またはそれより短い期間しか育たない植物。暖かい季節に芽吹き、寒くなるまでに開花し、種子を生み出し、枯死する。レタス、スイートコーン、オクラなどは一年生である。

遺伝子 ある世代から次世代に遺伝形質を伝える細胞核の生体成分。

遺伝的侵食 遺伝的多様性が徐々に失われること。

FAO イタリア、ローマにある国連食糧農業機関（Food and Agricultural Organization）。

がく 花弁を包む数枚のがく片から成る包皮。

がく片 がく（花弁を包む包皮）を構成する1枚1枚。

果梗 枝や茎から分かれて細くのび、その先に果実をつけている部分。

花粉 花の雄性器官（雄しべ）でつくられる粉末状の粒子。

花蕾球 食用に適した球状の花のつぼみ（例：カリフラワー）。

稈 イネ科植物の穂軸をつける茎。

球茎 地下茎の一種で、デンプンなどの養分を貯蔵している。

休眠打破 熟した種子は、発芽が抑制されている休眠期間がある。その期間は種子によって異なり、数分のものから数年のものまである。休眠をとくことを休眠打破という。

近交弱勢 種子生産用に他家受精させるために選んだ植物が少なすぎることが原因でおきる、生長力と変異の喪失。

原原種 （政府機関、農務省、大学、民間の植物育種家などの）育種家から提供されたおおもとの種子を繁殖させた最初のもの。すべての増殖は原原種よりおこなわれる。したがって、種の純系度は当然非常に高いと考えられ、隔離距離は大事をとって十分にとられている。

絹糸（トウモロコシ） トウモロコシの雌花穂から出る糸状の受粉の際に花粉を受け取る部分。それぞれの絹糸は1つの子房に付いており、穀粒が発育するためには受粉されなければならない。

原種 採種、種子をとるために必要なもとになる種子のこと。

交雑と交配 受精をすることとして、交雑と交配を同義とする場合もあるが、本書では、自然にまたは人為的に異なる2品種を受精させることを交雑とし、同一品種間の受精を交配として扱う。

固定種 交配種とは異なり、遺伝的に安定した品種。自家採種によって、次世代の種子をとることができる。ある程度の遺伝的多様性をふくむが、代を

重ねても極端に形質が分離することはない。

根頭（アスパラガスの） 根と茎との境目の、地上部の生長点。（根の先端の生長点ではない）。苗条が始まるところ。ダイオウの根茎やペルーパースニップ（サトウニンジン）の根など。

コンパニオンプランツ（共栄作物） よりよい生育環境をつくり出す作物どうしのこと。たとえば、トマトとバジル、マリーゴールドと根野菜など異なる作目を近くに植えることで、より健康に育ったり、害虫をよせつけない例など。

催芽 種子をまく前に、発芽を早めたり、発芽の時期をそろえるための方法。ジャガイモの種イモの場合、光をあてて催芽することを浴光催芽という。

散形花序 パセリ、ニンジンなどセリ科の花に見られるような、傘のように見える花のつき方。

三倍体 染色体の数が、基本的な染色体数の3倍ある生物。ふつう、生殖細胞の分裂では染色体は2つに分かれるので、多くの生物は二倍体である。四倍体であれば生殖細胞の分裂は正常におこなわれるが、三倍体であると生殖細胞の分裂がうまくいかないため、三倍体植物の多くは種子をつくらず、栄養生殖でふえる。

「シードセイバーズ」 オーストラリアシードセイバーズ・ネットワークの略。

ジーンバンク 種子、花粉、または培養組織が保存されている公的機関あるいは民間施設。

自家不和合性 自家不稔性ともいう。雌しべ、雄しべが共に健全でありながら自家受粉で受精しない性質。

自家受粉 ある花の雌しべに同じその花の花粉がつくこと、または同一株の異なる花の花粉がつくこと。または、それらの花粉をつけておこなう交配のこと。⇔他家受粉

自家受粉植物 主に自家受粉をする植物のことであるが、虫の媒介や気候条件によって、他家受粉をする可能性がある。

雌性器官 花の雌しべを中心とした部分。

自然受粉品種 一代交配種と異なり、過度の人の手によらずに自然に交配する品種。植物間に花粉の自由な流れがある。（調節、閉鎖受粉の反対）。

雌雄同株 ウリ科のように、雄ばなと雌ばなが同じ株上に生ずる植物。

雌雄異株 アスパラガスのように、異なる株に雄ばなと雌ばなが生ずる植物。

雌雄異花 一つの株に雌ばな、雄ばなの両方がつくこと。ウリ科植物のように、異なる花に雄性器官と雌性器官があるもの。

馴化種 外来の品種が、地方に定着したもの。

子葉 種子の中の胚にできる最初の葉。マメ類などでは、栄養を貯蔵している。

小花 頭状花の中の小さい花。

小鱗茎 地下茎の一種で、短い茎の周囲に生じた多数の葉が養分を蓄えて多肉となり球形、卵形になったものを鱗茎とよぶ。その一片。

生殖質 植物の遺伝物質が繁殖するための、種子、挿し木、塊茎など。

生物多様性 生態系内のすべての生物と環境の変異の全体。多様性によって、生態系は安定する。

叢生 灌木状に多数の枝を出す草姿のこと。

側花蕾 頂花蕾のわきから出る花のつ

ぼみ。

他家受粉 ある株の雌しべに別の株の花粉をつけておこなう交配のこと。⇔自家受粉

多年生・宿根生 2年以上育つ植物。地上部が枯れるものを宿根生という。

珠芽 花茎上に着生する小球茎。繁殖力がある。

多様性の中心 植物種の大きな遺伝的変異が起こる地域。ふつう「原生中心」と訳すが、本書では栽培植物の多様性を重要視する立場からより原語に忠実に訳出した。

地下茎 地下にある茎。しばしば肥大する。

窒素固定 空気中にある窒素を、窒素をふくむ化合物に変換して、植物が利用できるようにすること。たとえば、マメ科植物は、植物の根と共生している根粒菌の助けにより、土壌中の空気に含まれる窒素を植物が利用できる形に変換する。このとき、窒素は、肉眼で見ることのできる根のこぶである根粒に蓄えられる。

虫媒花 虫がある花から花に飛ぶ際に体の一部に花粉をつけるなどして媒介となり、他家受粉する花。

中性 日長に関わりなく植物が球根、花、種子を成形すること。日長の変化によるスイッチ機構を必要とする、短日あるいは長日植物に対して使う。

柱頭 花粉を受ける花の雌しべの先。

頂花蕾 株のいちばん上端にできる花のつぼみ。

接ぎ穂 台木の上に接ぎ木するために使われる植物の切り枝。果実の質が良くなるような植物が選択される。

つる性 つるを出す草姿のこと。マメ類などでは、矮性に対して使う。

とうが立つ 通常、温暖・長日で花茎が伸びること。抽臺（ちゅうだい）ともいう。

頭状花序 キク科の植物の花のように、花軸の先端が太く広がり、その上に柄のない小さな花を無数につけ、全体が1つの花のように見える花のつき方。

トラスト 本来は信託財産の意味であるが、イギリスに発したトラスト運動の成果から、特に、自然の遺産を後世に伝えるための運動をさすことが多い。

軟白 茎や葉が緑になることを防ぐために、植物を被覆すること。ウドやネギ、セロリ、アスパラガスなどでおこなわれる。

二次的な多様性の中心 伝来してきた植物から多様な品種が生み出された地域。

二年生・越年性・隔年植物 通常の条件のもとで種子を実らせるのに、中間に寒期のある二季にわたる生長季節が必要な植物。ニンジン、キャベツ、アメリカボウフウなどは二年生である。

稔性 植物が発芽能力をもつ種子をつけることができる性質。発芽能力のある種子をつくること（有性生殖）ができない植物を、不稔性であるという。

パーマカルチャー 永久的農（Permanent Agriculture）の略称。持続可能な未来をデザインする環境の科学と技術。ビル・モリソンはパーマカルチャーの指導的人物。

風媒花 風によってある花から花に花粉が運ばれ、他家受粉する花。

腐植質 土中で分解された有機物質。土壌の物理性や肥沃度に関係する。

ほふく性 根をはり塊茎を発育させることのできる、地面をはっている枝をほふく枝という。ほふく枝を伸ばして

生長する草姿。
母本 改良や採種のために選びだした特定の株。よりよい形質をもつ親株。
実生 種子からその発芽によって育った植物。栄養繁殖によって育った植物に対比する言葉。
葯（やく） 花の内部で花粉が作られるふくろで、そこから花粉が放出される。雄しべの先にある。
優性花粉 次世代に強く発現される形質を支配している遺伝子を優性という。この遺伝子を別の植物へ伝達する花粉。
雄性器官 花の雄しべを中心とした部分。
葉腋 葉の付け根（そこから出る芽は腋芽という）。
幼芽 発芽の後に種子から出現する最初の葉。
幼根 発芽の後に種子から生える最初の根。生長して主根になる。
両性花 雄しべと雌しべ両方をもつ花。完全花ともいう。ほとんどの野菜は両生花を持っている。
矮性 園芸的には主として草丈の低いことをいう。マメ類などでは、つるを出さず、立性の低い草姿のこと。
早生、中生、晩生 ある品種の中で、種子をまく時期のちがい。早くまくもの（早生）、晩くまくもの（晩生）、その中間（中生）のこと。

参考図書

●循環型生活・農業
パーマカルチャー──農的暮らしの永久デザイン　農山漁村文化協会（農文協）
妙なる畑に立ちて　川口由一著　野草社
完全版　農薬を使わない野菜づくり──安全でおいしい新鮮野菜80種　徳野雅仁著　洋泉社
有機農業ハンドブック　日本有機農業研究会編　農文協
無農薬有機農法──大平農園の野菜づくり　大平博四著　学研

●種子全般
現代農業（2001年2月号）農文協

●各野菜の栽培・利用方法
日本の野菜　青葉　高著　八坂書房
野菜園芸大百科　全15巻　農山漁村文化協会
こんなにおいしい地方特産野菜110　芦澤正和監修　同文書院
くらしを彩る近江の漬物　滋賀の食事文化研究会編　サンライズ印刷出版部
穀物・豆　新・食品事典1　河野友美編　真珠書院
野菜・藻類5　河野友美編　真珠書院
ふるさとの野菜　日本野菜誌　成文堂新光社
園芸作物名編　園芸学会編　養賢堂
ぜひ知っておきたい昔の野菜　今の野菜　板木利隆著　幸書房
日本の野菜　野菜生産流通問題研究会編　地球社
栽培学大要　江原　薫著　養賢堂
食用作物　戸苅義次　菅六郎共著／星川清親著　養賢堂
新編　食用作物　星川清親著　養賢堂
育てて遊ぼうシリーズ　トマト、ナス、サツマイモ、ジャガイモ、トウモロコシ、イネ、ムギ、ソバ、ダイズ、ワタ、キュウリ、カボチャ、メロン、イチゴ、ラッカセイ、ヒマワリ、ケナフ、アイ〜　農文協
まるごと楽しむダイコン百科　佐々木寿著　農文協
まるごと楽しむナス百科　山田貴義著　農文協
まるごと楽しむトマト百科　森俊人著　農文協
まるごと楽しむキュウリ百科　稲山光男著　農文協
まるごと楽しむじゃがいも百科　吉田稔著　農文協
まるごと楽しむサツマイモ百科　武田英之著　農文協

●豆
ビーン・ブック──世界の豆科　パトリシア・グレゴリー著　新井雅代訳　朝日新聞社

●穀類
　穀類をもっと楽しもう　林弘子著　晶文社

●米
　新特産シリーズ　赤米・紫黒米・香り米──「古代米」の品種・栽培・加工・利用
　　猪谷富雄著　農文協

●雑穀
　「いのちの種」を食卓に呼び戻す　雑穀──つくり方生かし方　古澤典夫監修　ライフシード・ネットワーク編　創森社
　雑穀──取り入れ方とつくり方　創森社
　健康食　雑穀　農文協編　農文協
　油も葉も種も丸ごと健康の素「エゴマ」──つくり方生かし方　古澤典夫監修　日本エゴマの会編　創森社
　よく効くエゴマ料理　村上みよ子／田畑久恵著　日本エゴマの会編　創森社

●小麦・大麦
　国産小麦＆天然酵母でパンづくり　片岡美佐子著　創森社
　コムギ粉の食文化史　岡田哲著　朝倉書店

●トウガラシ
　トウガラシの文化誌　アマール・ナージ著　晶文社

●西洋種などズッキーニ、オオグロクワイ……
　新しい野菜、珍しい野菜　社団法人日本施設園芸協会
　目にもおいしい野菜たち　天野美保子著　婦人生活社
　無農薬・プロも知らない野菜をつくる　新野菜研究会監修　学研発行
　根も葉もあってみになる本　下野新聞社
　熱帯アジアの野菜　チャールズ・イー・タトル出版

●ヒョウタン・ヘチマ
　百科　ヘチマ・ヒョウタン育て方と楽しみ方　堀保男著　ひかりのくに

●綿
　はじめての綿づくり　大野泰雄・広田益久編　木魂社

参考図書　239

●遺伝子組み換え
　安全を食べたい非遺伝子組み換え食品製造・取扱元ガイド　遺伝子組み換え食品いらない！キャンペーン事務局編　創森社
　遺伝子組み換え　イネ編／食物編　天笠啓祐著　現代書館
　全集世界の食糧・世界の農村26「世界の食品安全基準」脅かす要因と安全確保の道すじ　嘉田良平著　農文協編
　バイオテクノロジーと植物資源　井上浩著　加島書店

●緑の革命・多様性、海外
　緑の革命とその暴力　ヴァンダナ・シヴァ著　浜谷喜美子訳
　食料・農業のための世界植物遺伝資源白書　国際連合食糧農業機関編集　国際食糧農業協会出版

●食
　日本の食生活全集　全50巻　（各県の食事を紹介）　農文協
　図録農民生活史事典　柏書房

●野菜の起源、伝来
　作物のなかの歴史　塩谷格著　法政大学出版局
　野菜の起源と文化　藤枝國光著　九州大学出版局
　栽培植物の進化　G.ラディジンスキー著　農文協
　野菜探検隊アジア大陸縦横無尽横断──野菜探検隊世界を歩く　池部誠著　文藝春秋

日本語版出版にあたって

シードセイバーズ・ネットワーク設立者
ミッシェル・ファントン（Michel Fanton）
ジュード・ファントン（Jude Fanton）

　シードセイバーズ・ネットワークはオーストラリアの農業の多様性を守るために1986年に公式に設立され、15年たった現在、種子のストックの維持・増殖に関わっている何千人ものガーデニング愛好家や各地域ごとのシードセイバーズ・ネットワークから構成されています。その作業の多くはボランティアによって支えられ、活動資金はたった一冊の『シードセイバーズ・ハンドブック』の売り上げ（すでに何度も版を重ねてきましたが）、シードセイビングのコースの参加費、ニュースレターの購読費や多数の人々のご厚意によるものです。

　オーストラリアでシードセイバーズ・ネットワークに託されてきた5500種はすべて記録され、メンバーの間で交換されています。

　なかにはそれぞれの家に代々受け継がれてきた品種、利用されなくなってしまった植物、移民してきた人たちが持ち込んだ出身地の在来種、市販のカタログからどんどん姿を消してゆく品種などが含まれます。

　受け入れられる種子はデータベースに記録され、さまざまな方法で保管されます。

* 冷蔵による長期保存──湿度5％以下、温度5℃以下（後世に残すためのサンプル）
* 即時使用目的の種子の乾燥保存──湿度5％〜8％、室温
* 各メンバーの畑での栽培保存や各家庭での種子の貯蔵
* 各地域のシードセイバーズ・ネットワークによる貯蔵

森に学ぶ──「シードセイバーズ」設立まで

　私たちは1978年から90年まで、ニューサウスウェールズ州北部のニンビン村近郊の社会的実験とも言うべき生活共同体、オーストラリア最大規模のコミューンに参加していました。そこは1200ヘクタールの亜熱帯雨林の広がる渓谷で、落差

100mにも及ぶタンタブルフォールズという大きな滝があり、周囲をナイトキャップ国立公園にとり囲まれた場所でした。そこで私たちは森からとった枯れ木や廃材を使って家を建て生活していました。

生物の種の多様性や自然からインスピレーションを受けることは、私たちが守ろうとした森に培われたものです。私たちは当時ヨーロッパ・アメリカ諸国の中で初めて成果をあげた森林救済活動に参加しました。それは私たちの住んでいたコミューンのそばの小さいながらも大切な、湿潤で涼しい亜熱帯雨林でした。今でも私たちが守ることに成功した樹齢1200年を超える雨林を訪れることができます。たくさんの蘭の咲く美しいその森は、テラニアクリーク国立公園内にあり、バイロンベイの「シードセイバーズ」の本部から車で1時間のところにあります。

また、私たちは、1979年にパーマカルチャー運動の創始者ビル・モリソン氏と出会い、草創期だったパーマカルチャーの実践者となり、亜熱帯地方での草分け的存在としてパーマカルチャーの講義をもつようになりました。

森からさまざまな啓示や知恵を受けた後、福岡正信氏の『わら一本の革命』により自然農の哲学を知りました。

私たちは森と同じように畑でも、いろいろな種類の生き物がお互いに依存し合って生きていることを実感しました。そして何百種類もの果物、スパイス、豆科の木、灌木、根茎や地下茎、飲料の原料となる植物、この世から姿を消す寸前の希少な野菜等の救出収集を始めました。いつしか私たちの畑は、他の人々にとって貴重な資源の入手先になりました。その後、数々の雑誌にとりあげられ、多数のラジオのインタビューやテレビ出演を経て自分たちの持っている種子を希望者と分かち合うようになりました。

🌱シードセンター🌱

「シードセイバーズ」は私たちの住まいに本部があって、平日にはスタッフ、研修生、ボランティアが多いときには畑と事務所を合わせて10人も常駐しています。メンバーへの配布を含む即時使用目的の乾燥保存された種子は、特別にしつらえた低温保管庫の中に収められています。

来訪者の方々には新鮮で多様な材料からつくられる食事や日本語の文献を含む1400冊の蔵書、オーストラリア最東端の手つかずの自然の残る海岸線や7マイルにおよぶビーチ、イルカやクジラのウォッチングや海岸沿いから内陸部に広がる亜熱帯雨林の散策などを楽しんでいただけます。人気の地バイロンベイは、斬新

なアイディアにあふれた世界的に著名な人々と出会う機会に恵まれた地でもあります。

現在、シードバンクと事務所専用に200平方メートルの建物を建設中です。ここには1階に種子保存庫、2階に乾燥や選別のためのベランダ、事務所、受講者と研修生のための寝室が備えられ、また、食品加工室やキッチン、バスルームなども設置予定です。

「バイロンベイ・シードガーデン」は前向きな解決方法を求める人々にインスピレーションをもたらすように工夫してあります。わずか人口1万人ほどのバイロンベイには1日3000人、年間100万人もの観光客が訪れます。「シードセンター」はオルタナティブなアプローチ（通常一般のやり方ではなく、ちがった側面からの環境を考慮した方法）が実際に機能している現場を見ようとする人を惹き付けるには格好の地にあるといえるでしょう。「シードセンター」は将来にわたって人々に希望を与え続け、行動を促すための拠点となってほしいと願っています。

バイロンベイの「シードセンター」にやってきた数々の研修生のうち特筆すべきはまさみさんです。まさみさんの努力により私たちの日本縦断講演が2000年8月に実現しました。この本は、その講演旅行の中で出会った人々の献身的な努力で日の目を見たものです。

この本の出版にあたっては、翻訳にとどまらず、日本の風土や必要に応じて相当な加筆、改訂がおこなわれています。私たちの貢献はわずかにすぎません。

これまでも「シードセンター」は多くの海外からの訪問者を受け入れてきましたが、なかでも日本からの人々の思い出は素晴らしいものばかりです。言葉に表すのは容易ではありませんが、これまでに日本から多くの人々がやって来て「シードセンター」に足跡を残し、有意義な経験を持って帰られたと同時に私たちにも忘れられない思い出をくれました。「シードセンター」にはこの季節、何百種類もの果物や木の実、多くの民族に珍重されてきたさまざまな植物が実っています。

🌱 海外の人をトレーニングする意義 🌱

ほとんどの援助機関は、地域で種子を生産することの重要性や将来展望に対して無神経なことはもとより、現存する現地のNGOの努力を支援することはまずありません。種子の支援というと、農薬、化学肥料、融資などたくさんのインプットを要する種子と、化学肥料の安直なパッケージを与えるのが現状です。緊急

援助、開発援助につきもののこのパッケージは、ほとんど手をかけないですむ地域の品種をたくさんのインプットを必要とする種子に置き換え、交雑によって汚染し、援助国との依存関係をつくり上げていくのです。

よい種子を安定供給する最もよい方法は、家庭菜園家、自給に近い耕作者、自給をする農家自身が自由に採種できる、品質の高い種子を自分の畑で生産し、配布、普及を続けることです。複数の場所で生産し、分散型のネットワークをつくることも、農業における生物多様性を守ることや巨大化するグローバルな種子独占企業に抵抗する保険として、最も効果的な戦略となります。

作物の多様性の情報を集めて記録することは、企業の特許攻勢に抵抗する手段となります。このような状況には、幅広い戦略をもって取り組む必要があります。

たとえば地域の種子のシステムで利益を受ける援助国側の教育や、現地での種子生産者のネットワークづくりなどです。このふたつの戦略の効果は2000年にソロモン諸島ではっきり示されました。この国で起こった人種問題による紛争の結果、移住を余儀なくされた人々に、「シードセイバーズ」の支援で5年前に結成された「栽培資源ネットワーク」が、オーストラリア政府の援助機関を通して、ごく短期間に160種の在来野菜を十分に供給することができたのです。

シードセイバーズ・ネットワークが各コミュニティで地域内食糧生産に取り組んでいるグループに対して種子を保存するためのトレーニングをおこなっている、ということが国際的な報道を通じて知られるようになると、NGOからの問い合わせが殺到するようになりました。「シードセイバーズ」がオーストラリアでおこなってきた種子保存と交換をモデルにして、いわゆる第三世界の数ヵ国の農家組織に同様の仕組みが取り入れられました。15年間の活動と経験の蓄積と、評価の定着から、私たちの組織がまた新たな組織を支援することができるようになってきています。NGOからの要請を評価検討し、資料や必要に応じて特別に用意した種子を送ること、トレーニングやアドバイスをおこなうことが私たちの仕事のやりがいでもあります。

「シードセイバーズ」が種子問題に関してトレーニングをおこなったり、顧問となってきた地域内の自給のプロジェクトは、それぞれ独自の種子生産ネットワーク形成に結びついてきました。地域内、あるいは地方レベル、国家レベルで、そんな成果が四つの大陸で現れています。

「シードセイバーズ」はこれからもさらに、「シードセンター」において種子に関するプロジェクトのための研修生を受け入れていく予定です。過去４年にわたり、ガーデニング愛好家メンバーから寄せられた技術的サポートと少額の活動資

金を使って、「シードセイバーズ」の研修生は東南アジア、南アジア、南アメリカ各地で種子に関する教育活動をおこない、地域での種子自給のプロジェクトを立ち上げてきました。発展途上国での活動の志望者はトレーニングプログラムへ応募してください。シードセイバーズ・ネットワークのホームページ、www.seedsaver.netは、日本語を含む数ヵ国語表記で定期的に更新されています。

❦ ジュード、ミッシェルからのメッセージ ❦

　私たちは畑や庭を持つ人皆に「少なくとも１品種は種子をとりましょう」と呼びかけています。確かに貴重な畑の一角を占領してしまうかもしれませんが、それによって得られる歓びは補ってあまりあるものです。日本を訪れた際、有機農家で洗練された日本料理をご馳走になりました。種をとるということは、このような料理に適した日本の在来種を保存するための最も安全かつ確実な方法なのです。そして、それはあなたの手中にそして一歩進めばあなたの畑にあるのです。とはいうものの、たった一人ではできることに限りがあります。そこで種子保存のネットワークが役立つのです。種子をとる人は、自分が必要とする以上の量をとるのが普通です。余ったものを分かち与え、自分ではとる余裕のなかった品種、有機栽培や自然農法に適した珍しい品種と交換するのです。皆さんの種子採取とネットワークの形成がうまくいきますように。

　Imagine all the people.... (John Lennon)

シードセイバーズ・ネットワーク連絡先

Box 975, Byron Bay, NSW 2481, Australia
Tel. 02-6685-7560　　Fax. 02-6685-6624
E-mail info@seedsavers.net　　www.seedsavers.net

あとがきにかえて

　雪の降る奈良の山奥で集まりがあった。ひとりの少女が、百姓の輪の中で熱心に話をしていた。外国の友人が来るので、講演会を五つくらい開いてほしい、ということを訴えているらしい。どんなルートでこの「自給をすすめる百姓たち」（略称：自給の会）の集まりを知ったのかよくわからなかったが、初対面にしてはずいぶんあつかましいお願いだと思った。しかし「一つくらいならやってみよう、詳細は後日」ということになった。

　外国の友人というのが、この本の原著者ミシェル＆ジュード夫妻だった。その夏に神戸で講演会が開催された。ミシェル＆ジュードに深い印象を持ったのは、「種子の保存はその地その地で作り続けること」だ、というプリンシプルな主張だった。講演会の後、セットした飲み会で、早速「おもしろい話だった。一度家に遊びに行ってもいいか？」と尋ねたら、「OK」という返事。9月の上旬なら家にいるということだった。この後、彼らは日本各地を2週間、少女・種取まさみの案内で講演・交流にまわった。「栽培植物の減少、種の独占、F1や遺伝子組み換えの問題、伝統的な種のメリット、日本の第三世界への影響」等、オーストラリア発の思考トレーニングプログラムは、種に関心のある日本の人々にインパクトを与えた。この間に、彼らは自著『シードセイバーズ・ハンドブック』の日本での出版を働きかけていた。その受け手が定まらないままに私はオーストラリアに出発することになる。

　1週間のオーストラリア滞在の中で、出版の話は一度だけ朝食をとりながらのテラスであった。どの部分を日本向けに書きかえるか、どの部分がカットできるか等、ミシェルからの熱心な話を私は聞き流していた。かつて、アメリカのCSAの本を持ちかえり、仲間を集め学習会をしながらボランティアで翻訳・出版まで2年かかった苦労を思い起こしていたからだ。しかしやるならあのときの仲間だと思っていた。帰国したらあの人に連絡をとってみよう、と。

　もうオーストラリアから帰って3ヵ月が過ぎようとしていた。ミシェルからもらった英文の本は、ほこりをかぶっていた。

　年も変わろうとする師走の頃、脱サラ百姓・「自給の会」世話人の福本裕郁から、出版に関心を持つメンバーで集まりをもったらどうかと連絡が入った。

福本(裕)：若い女性が、非常に熱心に活動されており、その意義に賛同し、お

一人で抱え込むには重すぎる課題だと思い、できるだけそれを軽減できない
かという思いで、いろいろな人に協力をお願いした。……「後はお任せして」
という仲人の心境であった。……「潤滑油」のようなものとして。

🌱

　この集まりは年が明けて1月20日に開かれた。集まったのは20代、30代の世代
で私とは一回り以上ちがう顔ぶれだった。このメンバーなら仕事ができそうだ
と感じながら、出版プロジェクトの提案をして私の思いを語った。
　「かつて共に翻訳・出版を進めた有機農業の仲間が死んだ。ちょうどこの本を
オーストラリアでミシェルから受け取った頃、彼女は亡くなっていたことを帰国
して知らされた。だから、私は彼女の一周忌にこの本を世に送り出したい、そ
のために仕事をする」と。
　私の「浪花節」につきあおうと言ってくれたのが、ごとうまさはる。この直後
にやってきた激動の1ヵ月を縁の下で支えたコンピューターの専門家だ。
　翻訳作業とそれに伴う活動の場所も「自給」するという意図のもとに、イン
ターネットの仕掛け自体が運営スタッフのコントロール下にあることが重要だと彼
は考えていた。自前のソフトには、必要な機能を随時付加していくことも可能に
なる。種子はみんなの共有財産という考え（遺伝子組み換え種子などの略奪的な特
許権に対抗して）があるように、インターネットのソフトウエアはみんなの共有
財産という考え（マイクロソフトの企業戦略に対抗して）がある。この思想は、本
を出版するということにとどまらない次の展開を生む可能性がある。
　ごとう：「たね」という一言に触発された時から、ボクは自分の持っている
　　「たね」について思ってきました。不器用なにわか百姓が首尾良くこれを強
　　健な苗にまで仕立てられたか？　といわれると今でも情けない気持ち半分。
　　そして、それでもここまでできたじゃないかという気持ち半分です。夢見て
　　耕し。夢見て種まき。些細なことから。できることから。それが今の思いで
　　す。

🌱

　出版委員会の立ち上げと役割分担を確認し、仕事はスタートした。期限は6月
原稿完成――9月出版、常識はずれの期限設定だった。1月29日に翻訳作業のメー
リングリストが立ち上がり、出版委員会の呼びかけとともに翻訳ボランティア募
集が始まった。そして、3週間後の2月下旬には、検討用の第1次翻訳本が表紙つ
きで出来上がっていた。翻訳ボランティアの呼びかけに対し、30人に及ぶ方々が

応えてくださった。奇跡としかいいようのない事態が起きたのだった。「私はリーダーの器でない」といいながら、こうした奇跡を実現する技術者しか持ち得ないリーダーシップを彼は果たしている。ぶっきらぼうな表現しかしない彼の内側には、緻密な順列と組み合わせと情熱が確かに存在している。

　ところで、この印刷・製本を仕上げたのが松本淳。『百姓天国』の編集などに関わり田舎暮らしをしてきたが、かつては東京で編集出版業界を生きてきた男だ。第1次翻訳本は2月24日に欲しい、三重の「自給をすすめる百姓たち」の自家採種研修会に日本有機農業研究会の岩崎政利さんを招いている、そこには昨年秋に愛農学園で播いてもらった岩崎さんの野菜が育っている、彼に本を手渡したいし、集まっているメンバーにぜひ本を紹介したい、と私が言い張ったのだ。彼は直前まで仕上げの翻訳をやり、寝ずに製本作業を続け、ミニバイクで兵庫の市島町から三重の青山町まで、寒風吹きすさぶ200kmの道のりを本を積んでやってきた。恐ろしい人だと私は思った。

　3月から始まった日本向け加筆作業でも「恐ろしい」ことがあった。5月、彼はちょっと打ち合わせにまわってきます、といって監修・加筆をお願いした方々の家を訪ねて北海道から九州までの全国行脚をはじめた。

　「5月9日　19:57　丹波竹田発、舞鶴から北海道に出航」
　「関東から18日に一時帰宅。5月23日九州から帰宅」
　6月末に監修者・加筆者会議が開かれた後、加筆部分を入れこんでいく作業が続いた。彼は私と同じく山岳部に所属していたのだが、垂直の壁をにじり登っていくような仕事であろうと推測している。彼は、腕力と細心の注意力でそれをやり遂げていった。ときどきずり落ちるのが本当の彼の魅力だけれど。

松本：アドバイスだけしてさっと逃げるつもりだったのに、気がつくとどっぷり浸かってしまっていました。無責任に種をまくものではないと、反省しています。

🌱

　彼と彼の友人のおかげで、4月に出版社は「現代書館」と決まり、第1次翻訳を精査する翻訳査読作業が続けられた。
　このあたりを仕切っていたのは、福本麻由美。夫・福本裕郁の百姓をしたいというわがままを支えている。子育て真っ最中なのだが動じることなく、肝っ玉母さんというにはかわいすぎる印象なのだが、実質的にはそんな感じで在宅ワークグループなどを組織し、家計も支えている。

福本（麻）：5年前に有機農業を始めてからこのかた、たくさんの方にお世話に

なりっぱなし。農業の傍ら翻訳などの仕事もしており、仕事仲間もできてきましたので、私のようなものでも何かお役にたてるかもしれないと思いました。以前、植物バイオの研究員をやっていたことがあります。今、どちらかというと立場を異にしているわけですが、「種を守る」ことは、自分なりに考えていきたいテーマでもありました。

　ちょっとした思いつきが次の思いつきを呼び、それを実現できる人が必ず現れて、ここまで来ることができたのだと思います。制作過程では、ネット上で多くの方と出会えました。人がつながればきっと種もつながっていくことでしょう。ずらりと並んだ種を見て、にんまりできるような農家もいいかな？　とあれこれイメージを膨らませています。

🌱

　時代を先駆ける入植農家が今、増え続けていることは確かだし、インターネットの広がりはこうした新しいタイプの農業領域を拡大することに貢献している。そのことを実感させてくれたのは、唯一関東から出版委員会に参加した平田理子。百姓ぐらし10年のキャリアがあり、シードセイバーズの研修にも参加した経験を持つ。
　5月、挿絵をどうするのかの会議は東京で開かれた。彼女と私は、メーリングリストでしか意志疎通をしたことがなかった。メル友事件がニュースをにぎわせていたときで、私は生まれて初めての「メル友」と会うことに緊張していた。

平田：種とりも、その為のこの本の出版活動も、普段の暮しにおける「本当に必要な物を見極めて、そしてなるべく自分で作る」という想いの一環です。無理のない範囲から少しずつ、メンバーと過程をシェアしながらだからこそ出来たと思います。苦手のパソコンでの作業には四苦八苦しましたが、田舎でもこのツールをうまく活かして、活動の場を広げられる自信がつきました。

　今、私たちはインターネットの時代を生きている。この出版プロジェクト全体もインターネット抜きに考えられない。こんな仕事を楽しみながらやることができればインターネットも可能性がある。ただここで成否を決するのは、行間から相手の顔をみとどけられる人間が、それを用いるかどうかなのだ。彼女とのメールのやりとりによって、私は世代を超えて時代を発見していく機会を得た。
　身近なコト、身近な人に好奇心を向ける能力をインターネットの時代が要請している、と思う。「労働」はもちろん、「教育」も「福祉」も「環境」も「農業」

も、国家は能力の限界を示している。政治でさえ市場化しバラエティ化し、市場経済と民主主義が対立を深めている。地域こそ問題解決の能力を持っていることがはっきりしてきた。私たちは、その核心のテーマを「種」だと考えた。

したがってこの本はあくまできっかけづくりである。きっかけが広がりを持つために私たちは次の提案をしている。

・「実際に種を採る人やその価値を認める人が増えていく必要があること——その方法論として「たねとりくらぶ」を提案したこと（ページ216）
・この本を手にとった人が行動を起こす助けが必要なこと——その一助として「ローカルシード・アクションリスト」を掲載したこと（ページ218）
・「日本発種とり本」が編集される必要があること——そのための「たねとりくらぶオンライン」を準備すること

福本（裕）：この出版を機に「たねとりくらぶ」の活動が動き出そうとしており、このプロジェクトの終わりは、新たなプロジェクトの始まりなのである。新しいプロジェクトには終わりはなさそう（苦笑）。この「末永く種をつないでいくというプロジェクト」を、私はまた潤滑油として陰ながらお手伝いをすることになるのだろう。

この出版に関わったそれぞれのメンバーにとって、種がこれから生きていくうえでこれまで以上に大切な意味を持つことになったことは間違いない。

ニュートラルであればこその広がりがこの本を制作できた原動力だった。

種取まさみ：オーストラリアのシードセイバーズで研修を受けた3ヵ月、種についてさまざまなことを学びました。たとえば日本が支援をする種がF_1で商業のためのものであれば、その支援こそが、その土地の多様性を失うことをうながすといいます。そんなことをしてほしくない、ぜひこの流れを止めてほしいという思いが一つ。

また、自分も自慢の種と付き合いたい。いろんな問題の解決にも、自分の仲間を増やしていろいろ知りたいという欲求からも、日本でも自家採種をする人が増えたらいいな、という思いでした。

それと自分自身がいろんな豆やカボチャ、ナス、トマトを見てとても美しいし、どんな風に調理しようか、残して飾りにしようか、個性の豊かな野菜があることがうれしいこと、動物みたいに生きているということを実感したり、と種にこだわることでいろんなことを考え、感じることができました。
　ハンドブックづくりには、だれかが出版したいかな、もしそうならお願いします。ということを考えていました。もちろん、彼らに顔つなぎくらいはするつもりでしたが。ところが、結局始まると次々にメールがきて、いつのまにか自分も協力しなきゃと必死になっていました。その中でいろんなことを体験させていただきました。一匹狼の私にはとても考えられないことです。
　入門書は豪で出版されたハンドブックの翻訳に加筆していますが、種について日本にはたくさんの、残していきたい情報が埋もれていることでしょう。そんな情報を集めて、よりすばらしい日本版ハンドブックができることと期待しております。それまでの間、この入門書が多様性を守っていくための手助けになるとうれしいです。みんなで良い伝統を受け継ぎ、発展させ、次の世代に残していきたいですね。

　8月に最後の編集会議を開いた。この会議に先立ち私はとっておきの「自分で作り自分で搾った菜種油」と「自分で作った小麦粉」を使って野菜天麩羅をみんなに振舞った。「たねとりくらぶ」の提案は、この後の議論で共通の認識に固まっていった。
　もう、友人の命日にはだいぶ遅れてしまったけれど、ぎっしりと宝を詰めこんだこの「玉手箱」である本を板に載せて川に流しながら、「精霊ながし」を歌いましょう。そして死んでいった個性豊かなタネたちも一緒に弔いましょう。明日はきれいな空がみえますように。

　この本の制作過程に呼応していただいた多くの人々に感謝します。忙しい農作業の中で困難な加筆作業に参加していただいた北海道の金井さん、須賀さん、石塚さん、千葉の林さん、兵庫の牛尾さん、山根さん、長崎の岩崎さん。専門的な立場からアドバイスいただいた京都の西村さん、兵庫の小林さん。6月に開いた監修者・加筆者会議には私の家まで関東から九州から参加いただき、夜を徹してお付き合いいただきありがとうございました。
　小林さんは、「1ヵ月間、土日と夜はみなつぶれた」とぼやきながら完璧な仕事をやり遂げていただきました。重ねてお礼申し上げます。巻頭言を書いてくださった秋山さん、挿絵を描いてくださった田頭さん、木下さん。オーストラリアで

チームを組んで最後の精読をおこない、著者の意図を完全なまでに入れこんでくださった牧野さん、小形さん、デジャーデン由香理さん、キョウコ・マクマンさん、皆さん、ありがとうございます。
　出版の機会をいただきました現代書館の菊地泰博さん、ありがとうございました。
　ご協力いただいた方々のお名前を掲載させていただきました。すべての皆様にお礼申し上げます。

２００１年１２月吉日
「自家採種ハンドブック」出版委員会
本野一郎

[出版委員会]

本野一郎（兵庫県有機農業研究会）
　　　　　　　　　　　　……プロジェクトリーダー
松本　淳……………………………校正／編集
ごとうまさはる（風媒舎：兵庫県小野市）
　　　　　　　……翻訳グループ運営補佐
　　　　　　　　／成果物管理／翻訳／査読
福本麻由美（在宅ワーカーネットワーク「セカンド・デスク」：兵庫県三木市）
　　　　……翻訳グループ運営／翻訳／査読／校正
福本裕郁（「自給をすすめる百姓たち」世話人：兵庫県三木市）……総務／翻訳作業補佐
種取まさみ（坂番）（自家採種２年目）
　　　　　　　　　　………翻訳／査読／校正
平田理子（パーマカルチャーリストネットワーク）……………………翻訳／査読

[出版協力者]

平田　担……………………………………翻訳
牧野洋子（アマチュア愛菜家・オーストラリア在住コーディネーター）
　　　　　　　……原著者連絡補佐／翻訳／査読
小形　恵……………………………………査読
泉　治子（鈴蘭台食品公害セミナー）……翻訳
土屋比佐子（グループ・ゆうき・らいふ）
　　　　　　　　　　　　　　　　……翻訳
杉田史朗（市民バイオテクノロジー情報室、理学博士）………………翻訳／査読
大里　登（国際協力事業団筑波国際センター野菜コース研修指導員）……翻訳
田中尚美（翻訳，市民農園３年目）………翻訳
酒匂　徹（自然農園ウレシパモシリ；パーマカルチャーリスト）……………翻訳
デジャーデン由香理（エコツアー＆ホリスティック体験民宿「カブンガ」経営；パーマカルチャーリスト、ＯＺ在住）……翻訳／査読
今里佳子（オープンスペース樫ノ森、キッチン・パーマカルチャリスト）……翻訳

山田　明………………………………………翻訳
藤本妙子（環境文化ラボネット／大阪外国語大学修士課程）……………………翻訳
吉田　弓（よろず耕房：長野県阿南町和合）
　　　　　　　　　　　　　　　　……翻訳
藤村みゆき…………………………………翻訳
梅本麻理子（翻訳オフィス「エアーズ」：宮城県名取市）……………翻訳／校正
吉田和美（姫路市）………………………翻訳
多田美佐子（神戸市長田区）……翻訳／校正
市川紀子（京都市）………………………翻訳
川北みゆき（神戸市北区）………………翻訳
堀内典子（神戸市北区）…………………翻訳
増田さおり…………………………………翻訳
高野晃成…………………………………翻訳
岡部恵子…………………………………翻訳
阪本博美……………………………翻訳／査読
野瀬美加子…………………………………翻訳
田中順子…………………………………翻訳
木所晴美……………………………翻訳／査読
小林重仁（ポラン有機農業協会）………翻訳
宮下正義…………………………………翻訳
森　卓司（Synonym:Moria taksii; Habitat:芦屋市）……査読／学名・科名の統一作業
rick tanaka（在カトゥーンバ、オーストラリア）……………………………………査読
福田健二………翻訳／学名・科名の統一作業
キョウコ・マクマン………………………査読
西村和雄（京都大学・農学博士）………助言
塩見直紀…………………アクションリスト作成協力
木下美和子（所属：メロネーズ　百姓イラストレーター志望　長野県伊那市）……扉絵
松本弘子（家庭菜園愛好家）……………写真提供
田頭由起（陶芸家）………………………文中挿絵
秋吉信夫（青泉社）………………………出版交渉
大泉有紀（青泉社）………………………出版交渉

[監修者]

金井　正
北海道有機農業研究会会長

須賀貞樹
同会員

石塚おさむ
同事務局長

林　重孝
日本有機農業研究会常任幹事

監修して日本とオーストラリアの風土のちがいを感じた。日本では難しいトマトがいとも簡単に栽培できるとなっている。今度日本独自の自家採種の本を出そう。とりあえずはこれで楽しい種とりが各地で始まるのを期待したい。

牛尾武博
NPO法人兵庫県有機農業研究会会員　　有機JAS検査員

1948年生まれ。1982年脱サラ、有機農業をめざす。自家採種も20種近くやっているが、年老いた母親が手伝ってくれるから可能だ。将来は、多くの仲間が一人数種ずつ採種して、多品種の確保をめざすのがGoodだと思っている。

山根成人
専農商家・兵庫県有機農業研究会

「昔からの種さがし」を各地で始めてください。思わぬ成果もあり、まだまだ捨てたものではありません。小さな種屋さんが全面協力してくれていろんな情報もいただいています。つい、最近埼玉から「絶対うまい」という平ざやインゲンを家で育てたら、硬くて食えませんでした。地域地域で尻を据えての種とりの大切さがよくわかりました。

小林保
兵庫県立中央農業技術センター 主任研究員　　NPO法人兵庫県有機農業研究会会員

種は人の生き様を伝えるタイムカプセル。食卓にのぼる食べ物は、太古の昔からそこに存在したものではない。一粒の種は時空を超えて、われわれに語りかける。崇高な宗教哲学のみならず、私欲に溺れた侵略者の驕りも。

岩崎政利
日本有機農業研究会種苗部幹事　　長崎自然農園の会

1950年9月15日生まれ、諫早農業高校卒。卒業と同時に農業従事、農協の中で生産部会長として産地づくりに励むが……病に倒れて……有機農業へ転換（1976年）。農法の中で種子に重要性を見出し、農民の手による自家採種運動を展開中。農民の手から遠くへ離れてしまった種子を再び農民の手にとり戻す自家採種の大きな扉がこの本によって開かれようとしている。消えようとしている種子の復活や自らの選抜の中で育つ新しい種子、各地で種子と保存のネットワークが、種ものがたりが生まれていくことでしょう。

著　者　ミシェル・ファントン、ジュード・ファントン
　　　　（Michel & Jude Fanton）
訳　者　自家採種ハンドブック出版委員会
　　　　［連絡先］郵便番号 651-2275
　　　　兵庫県神戸市西区樫野台 3-26-2
　　　　本野一郎　気付

自家採種ハンドブック──「たねとりくらぶ」を始めよう

2012 年 2 月 10 日　第 1 版第 1 刷発行
2022 年 11 月 20 日　第 1 版第 9 刷発行

著　者　ミシェル・ファントン、ジュード・ファントン
訳　者　Ⓒ自家採種ハンドブック出版委員会
発行者　菊地泰博
発行所　株式会社現代書館
　　　　郵便番号 102-0072
　　　　東京都千代田区飯田橋 3-2-5
　　　　電話（03）3221-1321
　　　　FAX（03）3262-5906
　　　　振替 00120-3-83725
　　　　http://www.gendaishokan.co.jp

DTP　アイメディア
印　刷　平河工業社（本文）
　　　　東光印刷所（カバー）
製　本　鶴亀製本

制作協力／岩田純子
2002. Printed in Japan.　ISBN978-4-7684-6816-6
定価はカバーに表示してあります。落丁・乱丁はおとりかえします。
原書　the Seed Savers' Handbook Ⓒ Michel & Jude Fanton 1993

本書の一部あるいは全部を無断で利用（コピー等）することは、著作権法上の例外を除き禁じられています。但し、視覚障害その他の理由で活字のままこの本を利用できない人のために、営利を目的とする場合を除き、「録音図書」「点字図書」「拡大写本」の製作を認めます。その際は事前に当社までご連絡ください。

現代書館

にっぽんたねとりハンドブック

プロジェクト「たねとり物語」著　2000円＋税

日本の風土に合い、日本で広く栽培されてきた品目64種類の誰にでもできる種採り法と保存法、美味しいレシピをカラーで紹介。次々と野菜の在来品種が姿を消してゆく中、種から育てて種を採り、豊かな農業と食を自分の手で守って次代に引き継いでいくための一冊。

種と遊んで

山根成人 著　2000円＋税

「農」の出発点は「種」にあり、「種」の自給がすべての基にある。〈日本三大ネギ〉のひとつ岩津ネギや茄子・瓜・豆・小麦など先人達が長い時間をかけ育ててきた作物。それぞれの土地ならではの「美味くてやめられない」味を守り、次世代に引き継ぐ作業の記録。

サツマイモの世界 世界のサツマイモ
新たな食文化のはじまり

山川 理 著　2000円＋税

サツマイモ研究の先駆者が、栄養価、品種、用途や栽培法はもとより、新品種開発やルーツ調査、最新の国内・海外事情などを語り尽くす。歴史・植物・民俗・農政学など多彩な観点からサツマイモを深掘りした、すべてのおいもファンに贈る至極のガイドブック。